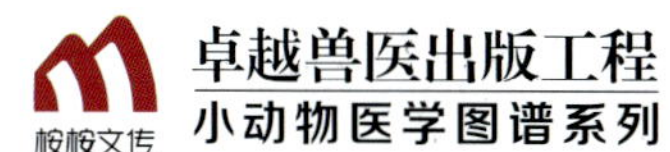

Atlas for the Diagnosis of Tumors in the Dog and Cat

犬猫肿瘤诊断图谱

（美）安妮塔 · R. 契尔（Anita R. Kiehl）
（美）马龙 · 布朗 · 考尔德伍德 · 梅斯（Maron Brown Calderwood Mays） 编著

俞 峰 师福山 刘 波 主译

北方联合出版传媒（集团）股份有限公司
辽宁科学技术出版社
· 沈 阳 ·

Atlas for the Diagnosis of Tumors in the Dog and Cat
By Anita R. Kiehl and Maron Brown Calderwood Mays
ISBN-13: 9781119051213

图书在版编目（CIP）数据

犬猫肿瘤诊断图谱 /（美）安妮塔·R. 契尔，（美）马龙·布朗·考尔德伍德·梅斯编著；俞峰，师福山，刘波主译. —沈阳：辽宁科学技术出版社，2022.5
ISBN 978-7-5591-2100-4

Ⅰ. ①犬…　Ⅱ. ①安…　②马…　③俞…　④师…　⑤刘…　Ⅲ. ①犬病—肿瘤—诊疗—图谱　②猫病—肿瘤—诊疗—图谱　Ⅳ. ① S858.292-64　② S858.293-64

中国版本图书馆 CIP 数据核字（2021）第 112586 号

出版发行：辽宁科学技术出版社
（地址：沈阳市和平区十一纬路25号　邮编：110003）
印 刷 者：北京顶佳世纪印刷有限公司
经 销 者：各地新华书店
幅面尺寸：210 mm × 285 mm
印　　张：15
字　　数：181 千字
出版时间：2022 年 5 月第 1 版
印刷时间：2022 年 5 月第 1 次印刷
责任编辑：陈广鹏　朴海玉
封面设计：义　航
版式设计：义　航
特邀编辑：任晓曼　于千会
责任校对：赵淑新

书　　号：ISBN 978-7-5591-2100-4
定　　价：248.00元

联系电话：024-23280036
邮购热线：024-23284502
http：//www.lnkj.com.cn

译者委员会

主译

俞　峰　中国农业大学
师福山　浙江大学
刘　波　中国农业大学

参译（按姓氏笔画排序）

马心仪　中国农业大学
王华南　浙江大学
尹佳佳　浙江大学
石　昊　中国农业大学
朱　国　浙江大学
刘皓乾　中国农业大学
江　蓝　中国农业大学
许　晔　浙江大学
李勇辉　中国畜牧兽医学会科普部
杨　杨　浙江农林大学
杨　洛　中国农业大学
易梓文　中国农业大学
周雪影　中国农业大学
郑方宇　中国农业大学
郑梦洁　浙江大学
路心怡　中国农业大学
樊艾琳　中国农业大学

这本书的灵感来自于兽医从业者，他们付出了很多努力来救治宠物，这些宠物是温馨家庭不可或缺的成员，在未来也可能加入到一个新的家庭。

前言

医者学习去理解身体作为一个器官系统的共同体是如何在健康的稳态中协同运作的，又是如何由于感染、创伤或机械损伤而造成不同程度的功能丧失的。在许多情况下，这不是“全有或全无”的。

对癌症的诊断或怀疑有时会引起不同的反应，就好比非黑即白，只有“你有癌症”或“你没有癌症”这两种答案。当我们发现肿块时，常常会立即怀疑为致命疾病。这可能会延迟对病变的评估和治疗，如果及早处理，一些病变或许可以减轻或治愈。

本书的第 1 章将概述从组织活检进行诊断和判断预后的方法。在随后的章节中，通过光学显微镜显示的活检样本照片与通过细针穿刺获得的细胞显微照片将被同时呈现，并将适用于这两种方法的某些标志性发现作为新添的诊断参考。

最后一章讨论了样本的处理、染色和运送，如果你想实现有效的诊断，就从这里开始阅读吧！

致谢

首先我想感谢我的家人：Arland、Nick、Isabelle 和 Marlon，感谢他们的鼓励和支持。我想感谢我的朋友 Laura Hockett 博士、Rachel Hill 博士和 Jim Benson 博士，感谢他们的启发以及对这一临床医学新旅程的帮助。我想感谢 Rose Manducca 博士、Karen Trainor 博士和 Rachel Hill 博士，感谢他们帮助我打样、编辑，以及给予我精神支持；还有 Susan Shipp，感谢她帮我处理手稿。非常感谢国家生物兽医实验室和阿肯色州西北部病理学工作室所提供的优质的组织学切片。最后，我要感谢佛罗里达兽医之路的工作人员，特别是 Lacie Laielli，感谢他们的组织协助和对办公场所的支持。

Anita R. Kiehl DVM, MS, DACVP

感谢我的丈夫 David Mays 博士，他很有耐心并为我提供编辑建议，感谢他定期帮助我处理需要使用带锯机的大标本。同样感谢组织学技术服务公司 Gainesville、FL-Beverly、Doug Robinson 和 Andrew Brown，感谢他们精心修剪标本，制作出完美无瑕的组织学切片，感谢他们对无数特殊染色知识的知悉使我的工作能顺利进行。我还要感谢我的转录员 Analee McLain、Susan Allee 和 Vicky Baldwin，感谢他们注意细节、保持准确性和对稿件快速修改，感谢他们帮助我们开发了庞大的兽医病理学拼写检查词典。此外，我还要感谢快递员 Gloria Neff，她每周高效工作 5d，为佛罗里达兽医之路公司（Florida Vet Path, Inc）在遍及北一中佛罗里达的各地取走并递送样品和切片。感谢我们的办公室工作人员跟踪所有的样品和报告，每天为客户解答问题。最后，感谢我们的客户——尽责的兽医朋友们，他们在临床实践中不断地与我们分享样本和详细的病史记录，并经常附有病例回访。若没有这些了不起的人，这本书是不可能诞生的。

Maron Brown Calderwood Mays VMD, PhD, DACVP

目录

第 1 部分

肿瘤诊断过程概述

第1章 肿瘤的分级与分期概述

明确诊断过程

肿瘤（tumor）最初在拉丁文中出现，是指肿胀或凸起的“肿物”。广义上，肿瘤包括由炎性细胞浸润，机体可控的细胞增生，以及不可控的癌细胞增殖（癌症）形成的肿物。机体可控的细胞增生会呈现明确的细胞排列方式，仍然发挥其正常的生理作用，不侵犯周围组织，而且会经历衰老和细胞程序性死亡（细胞凋亡）。机体不可控的癌细胞增殖可能呈现多种细胞排列方式，可能仍具有或不具有生理功能，会侵犯周围组织或因挤压导致局部组织坏死；细胞复制方式混乱，而且不会经历细胞程序性死亡。

发现动物病征是成功治疗肿瘤的开始，通常由犬、猫主人或美容师在护理动物时，或是兽医在常规体检时发现。下一步是确定病理分类，一般有以下几种类型：炎症、增生、肿瘤或上述几种的混合型。病理分类在动物就诊的医院或诊所就可以完成，具体方法是用细针穿刺并抽吸获取病变组织，将其涂片后观察单个细胞。这也是我们常说的细针抽吸（FNA，fine needle aspiration）。有些肿瘤，尤其是乳头状瘤，可以用按压或者刮取的方法获得具有诊断意义的细胞，但不是一个理想的采样方法，因为表面污染物会干扰判读。除特殊说明外，本书中所有细胞学检查样品均为瑞氏－吉姆萨染色。

图 1.1 所示为一例顶泌腺瘤的 FNA。图中成簇的小型上皮细胞是顶浆腺中基底细胞样上皮细胞或管状上皮细胞的增生。细胞核小且规则；另外，该视野中存在中性粒细胞，说明存在炎症迹象。

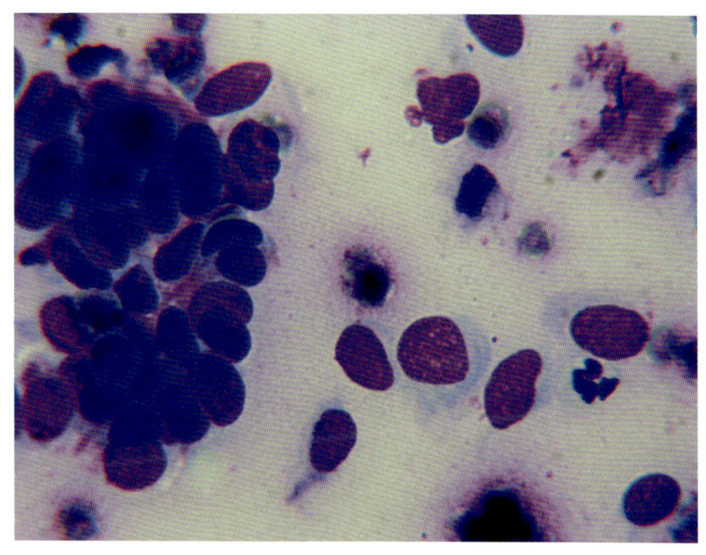

图1.1 顶泌腺瘤 FNA（50×）

当肿物的 FNA 发现成群的增生细胞，并伴有炎性细胞浸润，且采取药物治疗后仍不缓解时，应进行活组织检查，从而评价病变组织的病理学变化。因为活组织检查（简称活检）可以观察到细胞的结构排列，给出更明确的诊断。而增生性生长和肿瘤性生长正是基于细胞的结构排列方式来区别的。FNA 不能准确评价细胞的结构排列，因为抽吸操作会破坏细胞间的结构连接。活检常采取两种取样方式，切开式活检是切取肿物的一部分，而切除式活检是将整个肿物切除。如何取样应考虑 FNA 预判的肿瘤类型、病变的大小、位置、疾病的发展阶段以及其他因素（如动物的整体状况和主人意愿），最终取决于医生的临床判断。除特殊说明外，本书中活检样品均为苏木精伊红染色（hematoxalin and eosin stain，H&E 染色）。

图 1.2 与图 1.1 来自同一病变，图 1.2 所示为该腺体的细胞结构排列。增生的小型上皮细胞呈双行排列，且没有侵入周围基质，说明这是一例良性顶泌腺肿瘤，被称为管状顶泌腺瘤。

有时，可以通过 FNA 的细胞形态或密度确认明显的异常细胞，预判出肿瘤的诊断。

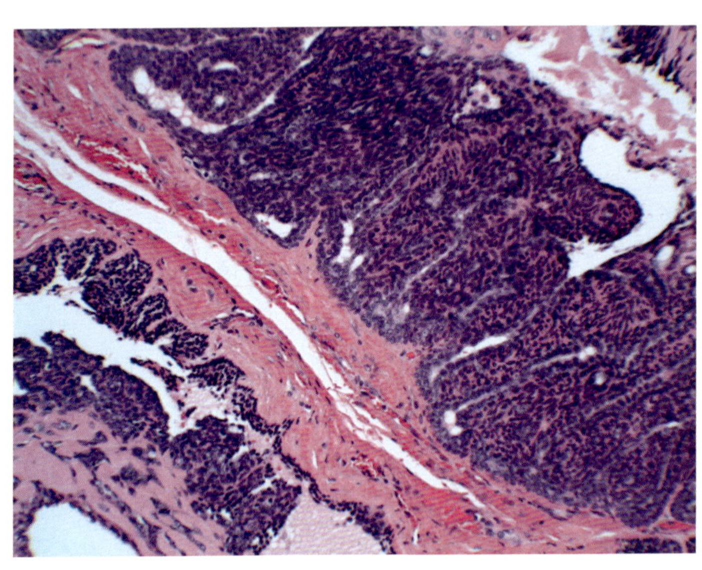

图1.2　管状顶泌腺瘤活检（40×）

图 1.3 所示为一例移形细胞癌的 FNA。患者为一只成年雌性混血犬，因血尿和排尿困难就诊。根据临床症状假定为膀胱炎，膀胱穿刺取尿后进行常规尿液分析和尿沉渣检查。细胞学检查发现许多成簇的大型上皮样细胞，伴有大小不一的细胞核，细胞质呈嗜碱性染色。另有散在的中性粒细胞、红细胞和细胞碎片。未见传染性病原体。初步诊断为肿瘤，很可能为移形细胞癌。仅根据临床症状按照感染性膀胱炎治疗不仅无效，而且会延误正确诊断。如初次就诊时怀疑肿瘤，用导尿法采样更为可取。

如活检结果确认病变为增生性质，且样品边缘细胞均无异常，则可以认为该病变已成功切除。但并不排除已切除肿物周围会长出新的病变。

如活检结果确认病变为肿瘤性质，则可以将其进行分类分级，采用的指导标准应该是根据活检结果的评分和肿瘤生物学行为的统计分析总结得出的。本书旨在让读者掌握常见肿瘤病变的显微镜图像，同时省却阅读原始研究资料中的详细描述。但是，希望有探索精神的你，可以重新仔细研读参考文献中提及的期刊和图书。

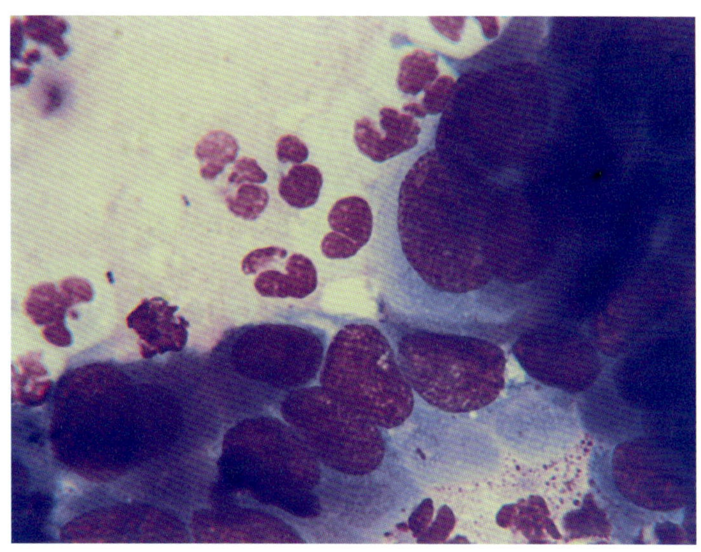

图1.3 移形细胞癌 FNA（50×）

确定肿瘤类型

最宽泛的肿瘤类型是根据其组织起源分类。上皮起源的肿瘤为上皮瘤或腺瘤（良性）和上皮癌（恶性)。间质起源的肿瘤一般在其起源组织名称之后加“瘤”（良性）或“肉瘤”（恶性)。起源于一些特化组织和免疫系统的分散细胞的肿瘤属圆形细胞肿瘤，一般在其起源组织之后加“瘤”(良性或恶性)。这类分散细胞无细胞间连接，例如淋巴细胞，浆细胞，组织细胞，肥大细胞，以及传染性性病肿瘤。传染性性病肿瘤是一种可转移的嵌合型肿瘤。黑色素瘤属于一个单独类别，不论良性恶性，在同一肿瘤中均可见上皮样、梭形细胞和圆形细胞特点。

肿瘤分级

肿瘤分级通常由病理学家进行，评定肿瘤分级的参数只能从活检样品中获得。评定分级的参数包括高倍镜（40×）视野（HPF，high power field）下的有丝分裂活性、细胞生长排列方式以及对周围正常组织的侵犯程度。有丝分裂活性是多数分级系统中的重要部分。有丝分裂率或有丝分裂计数是指每个高倍镜视野下的有丝分裂相（MF，mitotic figure）数目（MF/HPF)。有丝分裂指数（MI，mitotic index）一般认为是 10 个高倍镜视野下的有丝分裂相数目（MF/10HPF)，但如果使用其他高倍镜视野个数，则必须在数字结果旁说明。有丝分裂率和有丝分裂指数都可能因肿瘤的部位不同而有巨大差异。视野中有坏死灶或大量炎性细胞浸润时，很难发现有丝分裂相；而当活检切片过小，不足 10 个高倍镜视野时，是无法完成有丝分裂指数计数的。因此，肿瘤分级不只是根据有丝分裂计数，还应根据增生细胞的其他特点，如坏死量（主观评定指标，也取决于取样部位）和组织生长方式。由于病理学家总想要找到最好的分级评定系统，这种活检结果的不均一性引起了肿瘤分级评定的一些变化，并导致了一些肿瘤出现多种分级系统（表 1.1)。

表1.1 淋巴瘤的多种分级系统

肿瘤	系统	特征
淋巴瘤	NCI WF	生长方式，生物学特点，存活率
	Kiel	生长方式，形态学特点，免疫表型
	WHO	生长方式，形态学特点，免疫表型

分级系统可能用量化描述性术语（如高、中、低级），或直接使用数字标记分类（表1.2），也可对几种重要特征打分，加和后按照总分分级（表1.3）。所有分级系统都是为了简明地描述一个肿瘤侵犯周围组织或转移的可能性。病理学家可以根据分级给临床医生提供详细具体的信息，协助其选择合适的治疗和监测方案。普通兽医师和肿瘤学家或内科医师可能偏好不同的分级方法和治疗方案，会采用不同的信息资源，所以在一份病理报告中可能会列出适用于一种肿瘤的多种分级方法。即使在某个分级方法正在进行阶段性修改，这些汇编数据仍然实用。由于数据库的更新和诊断工具不断分子化，肿瘤分级系统也需要不断调整。一些新的诊断参数包括：肿瘤生长分数，c-KIT基因变异（可激活KIT酪氨酸激酶受体）分析，以及抗原受体位点重排的聚合酶链式反应（PCR）。临床医师和专科医师应该保持充分交流，关注新技术的发展和分级系统的调整。

表1.2 肥大细胞瘤（MCT）的多种分级系统

肿瘤	系统，参考章节	分级；特征
MCT	Patnaik，1.27	1；局限于真皮，0 MF/HPF，细胞核均一
		2；侵犯皮下组织，0 - 1 MF/HPF，罕见双核细胞
		3；侵犯深层组织，某些高倍镜视野下 MF > 3，细胞核形态多样
	MSU，1.28	低；罕见 MF，局限于真皮，细胞核均一
		高；易见 MF，侵犯其他组织，细胞核形态多样

表1.3 犬肉瘤和犬乳腺肿瘤的积分式分级系统

肿瘤	参考章节	特征
肉瘤	1.20	分化程度
		1；正常形态
		2；分化不良
		3；形态多样
		MF
		1；0-9
		2；10-19
		3；> 19
		坏死量
		1；无坏死
		2；< 50% 坏死
		3；> 50% 坏死
		分数
		1；≤ 3
		2；4-5
		3；≥ 6

续表

肿瘤	参考章节	特征
乳腺肿瘤	1.14	腺管形成 1；＞75% 2；10%-75% 3；＜10% 细胞核形态 1；均一 2；形态变化 3；形态多样 MF/10 HPS 1；0-9/10 HPF 2；10-19/10 HPF 3；20+/10 HPF 分数 1；低，3-5 2；中，6-7 3；高，8-9

图 1.4 所示为一例鳞状细胞癌（SCC，squamous cell carcinoma）的活检样品，图中有 2 个有丝分裂相。此活检样品中的细胞分化程度较高，为鳞状上皮细胞，有丝分裂相（箭状指针）清晰。判定分级时建议至少观察 10 个高倍镜视野。碎裂或压坏的组织和小于 1.0cm 的活检样品都可能没有足够的镜下视野用来合理评价有丝分裂指数。

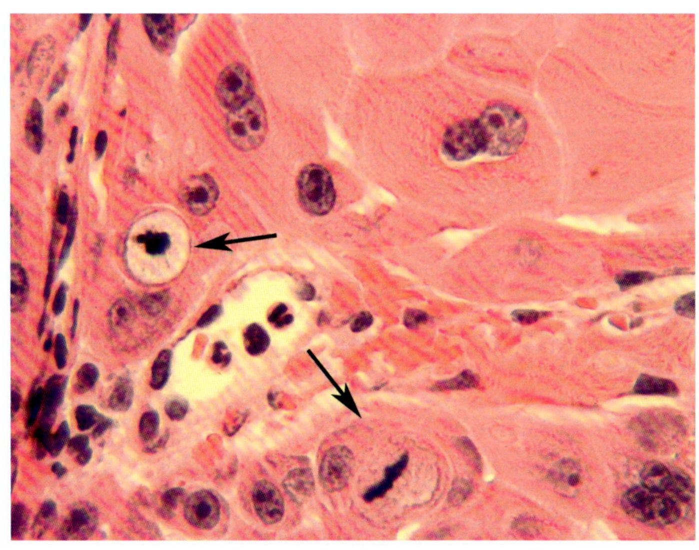

图1.4 鳞状细胞癌活检（50×）

图 1.5 所示为一例顶泌腺癌活检结果，图中有 3 处明确的（箭状指针）和 2 处存疑的（箭头）有丝分裂相。细胞核固缩模糊时，不易观察有丝分裂活性，导致一些肿瘤的分级判定结果不一致。坏死和炎症则可导致视野中非肿瘤的活细胞和濒死细胞增多，给肿瘤分级评定造成困难。如果活检采的样品非常小，则不可能观察到 10 个高倍镜视野。

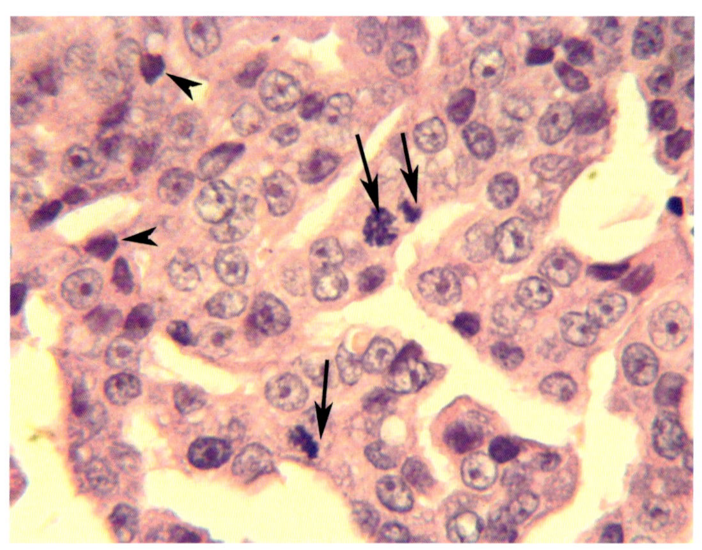

图1.5 顶泌腺癌活检（50×）

肿瘤分期

分期是肿瘤的临床评估，可以将一系列信息量化处理，包括肿瘤的具体位置、大小，以及是否有局部淋巴结或远处转移。临床医师必须进行肿瘤分期，但也需要病理学家根据周围基质或淋巴组织提供信息，给出活检组织的淋巴和血管入侵情况。

图 1.6 所示为乳腺癌的淋巴转移。此乳腺癌活检片可见淋巴管扩张，内有浸润性癌细胞。之所以能看到上述异常，是因为活检采样时包括了肿瘤周围含淋巴管的正常组织。表皮下通常是最容易发现异常淋巴管的位置，因此活检样品最好可以包括肿物上方及侧缘的皮肤，以及深部组织。

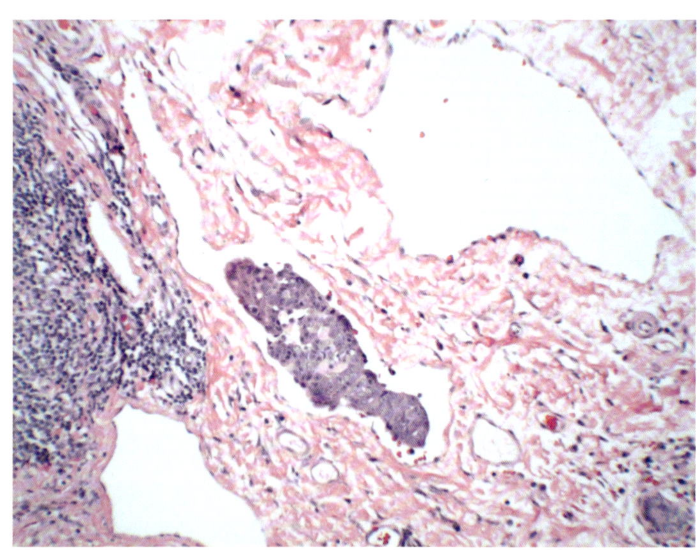

图1.6 乳腺癌淋巴转移活检（20×）

图 1.7 所示为乳腺癌的淋巴结转移。此乳腺肿瘤的活检样品包括了局部淋巴结，从图中可见淋巴结中有浸润性癌细胞分布。于是，病理学家可以通过该淋巴结活检结果帮助进行肿瘤分期。

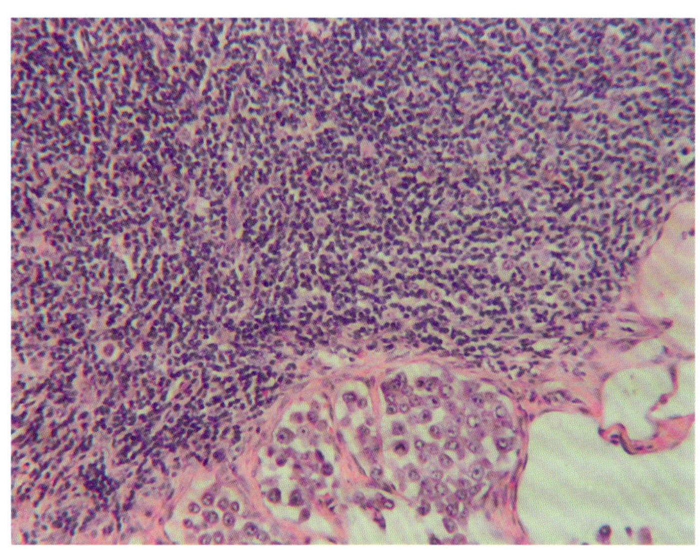

图1.7　乳腺癌淋巴结转移活检（10×）

一些因素会影响肿瘤分级和分期的使用。分级和分期是动态的，不是静态的，可分别发展到不同水平。分级和分期有主观成分；分级是基于一部分病变组织的其中一个切片，所以采样误差在所难免，而分期则受诊断操作的质量和类型影响（如X线检查与磁共振成像）。如需利用分级和分期预测肿瘤行为，分类系统必须有良好的基础，要针对具体物种和疾病过程。例如，犬的组织细胞增生极其不可预测，可能蔓延到多个部位，也可能完全退化消失；而猫的组织细胞增生，目前看来都是逐步发展，且呈迅速恶性蔓延。所以了解肿瘤在某个物种，甚至品种的行为特点非常重要。

暹罗猫的MCT(肥大细胞瘤）有时会出现自发性退化，但美短或任何犬中都不会出现这种情况。一些肿瘤会因不同的起源部位而有不同的行为表现，可能有根据肿瘤位置而设置的多种分期系统。另外，对一些黑色素细胞肿瘤和乳腺肿瘤的研究发现，局部淋巴管中是否存在肿瘤细胞可能与存活时间不相关。由于数据库不断扩大，想要获取最新的临床建议可以咨询专科医师。

分期与临床表现

由于导致肿物形成的过程复杂多样，对多个肿物的患病动物的诊断结果也有多种可能；其中多病灶感染或炎症的预后要比广泛转移的肿瘤好得多。第一步建议对所有肿物做抽吸涂片检查，确认这些肿物是由同一种疾病还是多种病因导致的，并判断是感染性还是肿瘤性病因。此举可以确定疾病性质，开始及时治疗，产生最有利的临床结果。不管临床表现如何，在疾病确诊之前进行肿瘤分期没有任何意义。

图1.8所示为一例真菌性肉芽肿。一只成年去势公猫因多处皮肤肿物就诊，FNA结果显示散在的组织细胞，小淋巴细胞，巨噬细胞和新型隐球菌。出现真菌说明可以使用抗真菌药物治疗，不能使用免疫抑制药物或化疗药物，而使用抗细菌药物则不会有任何疗效。在这个病例中，FNA的诊断结果使得治疗可以及时开始，不必等待活检结果。

图1.9所示为一例新型隐球菌感染的活检。这只成年去势公猫的头部和下颌有多处皮肤肿物，经治疗后患处结节并未好转，活检结果显示皮肤结节和淋巴结中均有隐球菌存在。即使治疗方案合理，隐球菌感染仍可能继续发展。隐球菌为嗜神经组织病原，可渗入鼻腔组织，扩散到局部淋

巴结，最终入侵脑组织。此时应检测患猫是否感染免疫抑制病毒，确保其免疫系统完好。

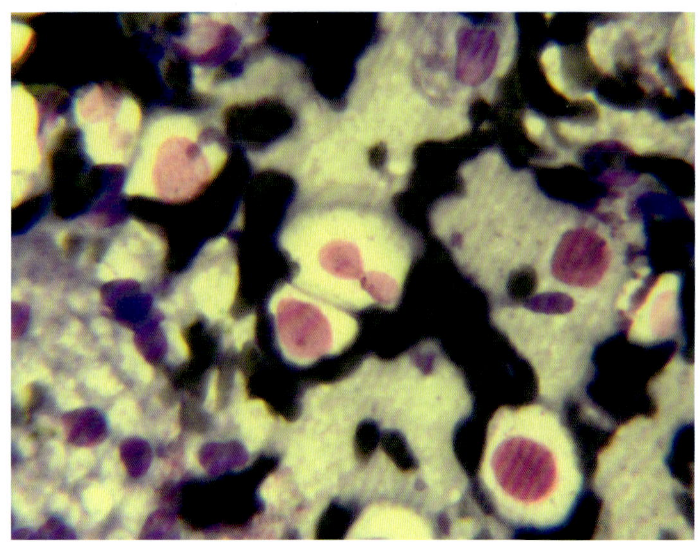

图1.8 真菌性肉芽肿FNA（50×）

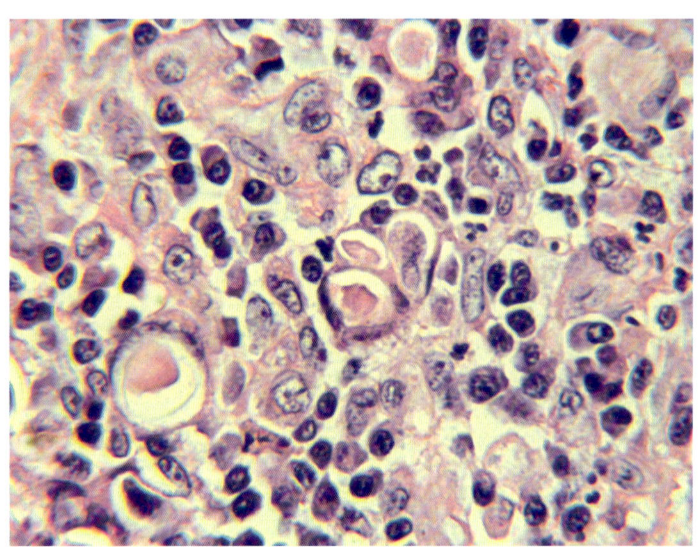

图1.9 新型隐球菌活检（40×）

图 1.10 所示为一例犬组织细胞瘤。患犬 2 岁，FNA 采样检查多处皮肤肿物，结果显示肿物中有许多圆形细胞，染色质细腻且胞质浅染，另有散在的小淋巴细胞和中性粒细胞。初步诊断为多病灶组织细胞瘤，由于病灶多，病程长，建议活检确诊。通常犬组织细胞瘤首次就诊时只有 1 个病灶且逐渐退化时不必进行活检。

图 1.11 所示为一例犬皮肤组织细胞瘤。此活检结果显示该年幼犬的复发性皮肤肿物由多层圆形细胞构成，胞质中度浅染，偶见有丝分裂相，罕见单个细胞入侵上皮层。预期此病变会逐渐退化。如果没有退化，可从相同部位取样制片进行 H&E 染色，同时用吉姆萨染色排除低颗粒 MCT。还可以使用 T 和 B 淋巴细胞的免疫组化标记物处理新鲜切片，以排除皮肤淋巴瘤。如伴发生殖器肿物，应考虑传染性性病肿瘤。现在还可以用组织细胞和其他细胞类型的免疫组化标记物处理切片，可将样品送到一些研究中心进行这些检测。假使出现顽固性或进行性的组织细胞瘤，可以咨询实验室工

作人员，诊断该病例的病理学家，以及接受该病例转诊的专科医师（如肿瘤学家或内科医师），找到特殊染色的最佳方案。

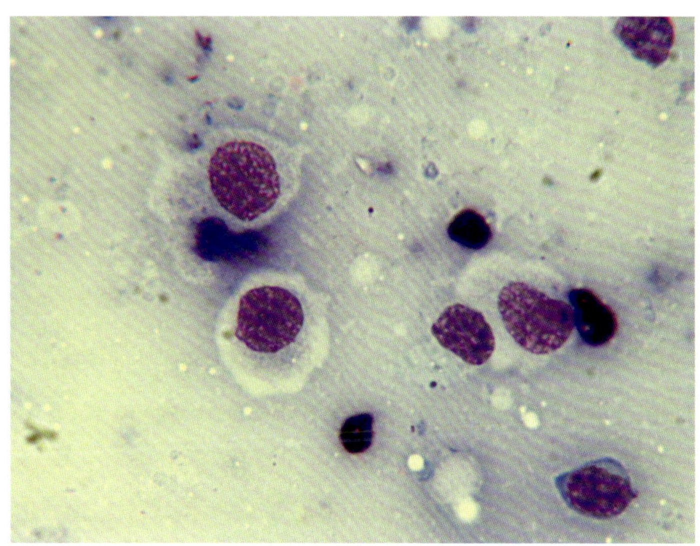

图1.10　犬组织细胞瘤FNA（50×）

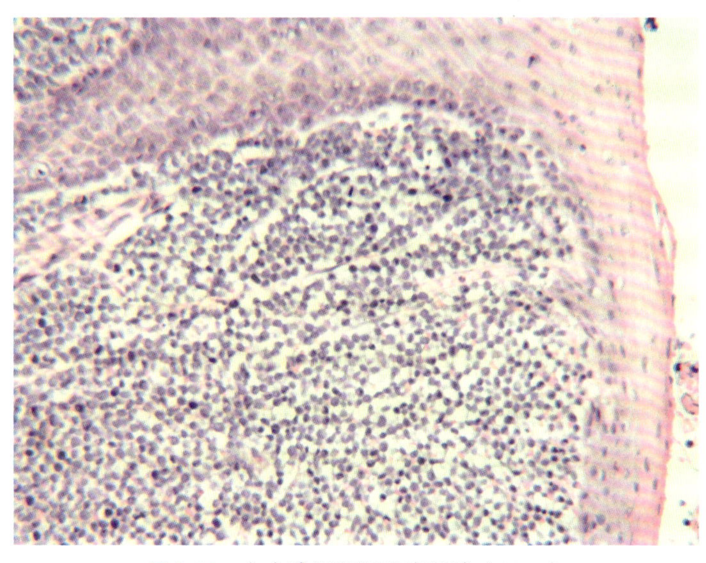

图1.11　犬皮肤组织细胞瘤活检（10×）

图 1.12 所示为一例皮肤淋巴瘤的 FNA。样品取自一只成年雌性绝育混血犬的多处皮肤肿物，结果显示有大量圆形细胞，形态单一，细胞大小与周围中性粒细胞相近，细胞核圆形，偶见分裂核，染色质轻度聚集，胞质嗜碱性浅染。初步诊断为皮肤淋巴瘤。

图 1.13 所示为一例皮肤淋巴瘤的活检结果。与图 1.12 为同一患犬，躯干多处皮肤肿物活检结果显示大量圆形细胞，形态非常一致，大小适中，侵入表皮组织，浸润程度不一，且形成多个小脓肿灶。入侵上皮是嗜上皮皮肤 T 细胞淋巴瘤的标志。与图 1.12 中的组织细胞瘤不同，这种疾病是逐步发展的，通常建议早期治疗。如果是惰性 T 细胞淋巴瘤，在病程早期发展速度可能比较慢。

这 3 种疾病可出现相当类似的临床表现，但细胞学和组织学特征完全不同，只有精确诊断才能给出合理的预后判断和治疗方案。3 种疾病都会出现多处皮肤肿物和淋巴结肿大，但意义大不相同，所以必须拿到确诊结果才能进行分期或预后分类。

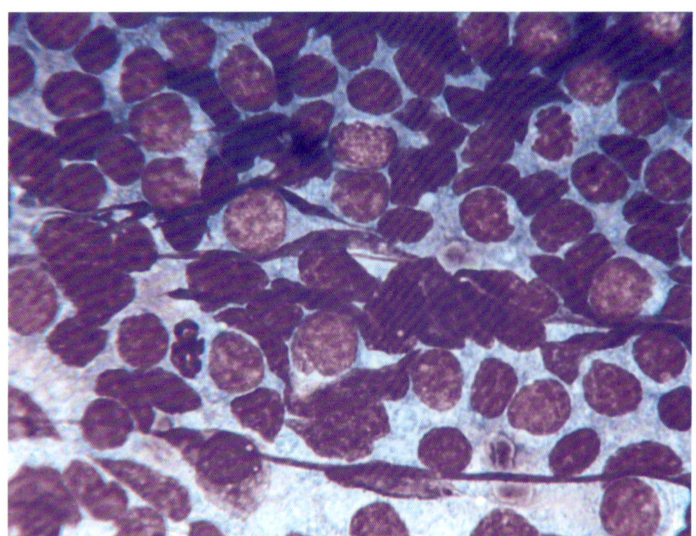

图1.12 皮肤淋巴瘤FNA（50×）

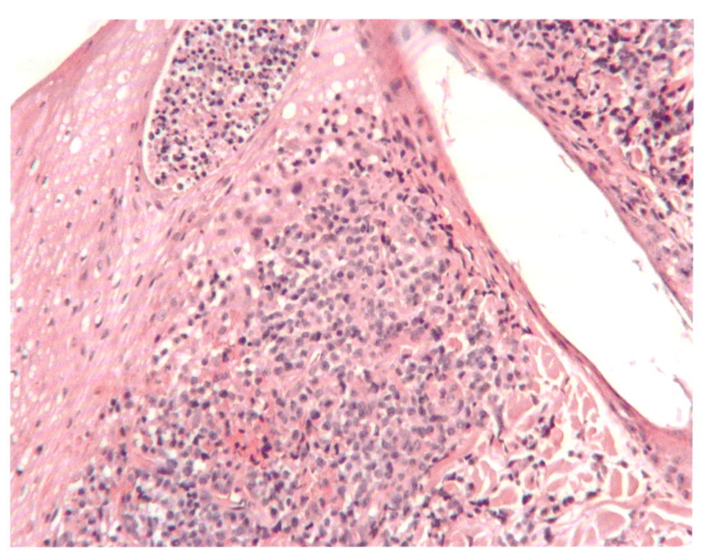

图1.13 皮肤淋巴瘤活检（20×）

上皮肿瘤

上皮肿瘤可能是良性（上皮瘤、腺瘤）或恶性（上皮癌）肿瘤。良性肿瘤可能转化为恶性肿瘤。

图 1.14 所示为一例顶泌腺瘤的活检。此皮肤肿物为囊状结构，覆盖内层的是单层到双层分化良好的顶泌腺上皮细胞，细胞核小，胞质少、未入侵下层基质。此肿瘤为良性，距肿瘤边缘 0.2cm 完整切除肿瘤，应当可以治愈此病。

图 1.15 所示为一例顶泌腺癌的活检。此为侵袭性肿瘤，起源于皮肤顶泌腺，并迅速入侵周围基质和淋巴组织。可能仍有残存腺体，其中充满肿瘤细胞；或是肿瘤细胞在基质中形成细胞层，只能隐约看出之前的腺体结构。细胞核大，核仁大且染色质呈空泡状。即使在腺体结构保留的区域，也可见细胞结构破坏。应评估局部淋巴结和胸腔 X 线片，判断肿瘤是否转移。此时需要完整且广泛地切除肿瘤，然后监测肿瘤是否再生或转移。应咨询肿瘤学专家，制定当下最有效的化疗方案。

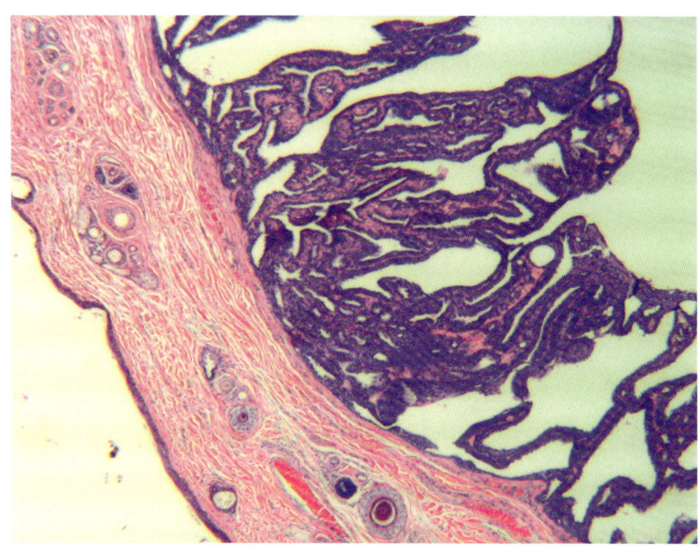

图1.14 顶泌腺瘤活检（10×）

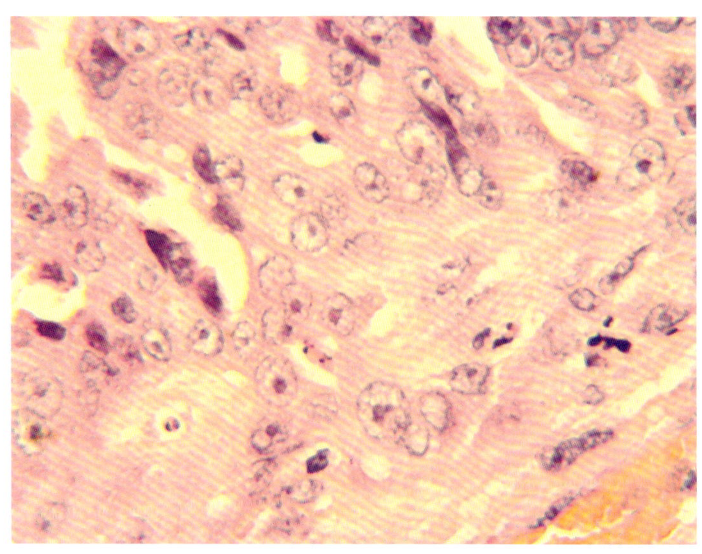

图1.15 顶泌腺癌活检（40×）

乳房淋巴链与促成乳腺肿瘤的全身性因子相接触，因此对于犬猫来说，多处乳腺患有肿瘤以及单一乳腺患有同种或多种类型的肿瘤并不是罕见现象。另外，乳腺增生或者良性乳腺肿瘤若不及早切除或者切除不完全，则可发展为恶性肿瘤。

图 1.16 显示了一例复杂的乳腺腺瘤活检，在其附近的乳腺小叶有点状至管状的乳腺癌病变。右下方较大的肿物（箭状指针）是一复杂的低级的乳腺肿瘤，并未入侵周围的基质。在该图上方中间的位置，有一呈管状至滤泡状的增殖物（箭头）展现了点状非典型病变，其管内充满中等多形性上皮细胞，这些细胞失去了作为正常管道上皮细胞所应有的细胞核靠近基底膜的特征。这在光学显微的角度上可以显示出肿物的增生细胞是如何逃避正常调控而使管腔内充满杂乱的上皮细胞，并最终入侵周围的基质的过程。

图 1.17 为图 1.16 中正在发展的乳腺管内腺癌的放大图。不规则增生的细胞并未沿管道排列，而是充满管道，其细胞核大于正常值且有开放染色质，可能为核分裂相，且附近小管中的细胞呈现深染的嗜碱性细胞质。另外，亦有早期管旁纤维化及管旁小淋巴细胞和浆细胞的炎性浸润。在该乳腺小叶中，正在生成更具入侵性的乳腺肿瘤。在此病变中可观察到小淋巴细胞和浆细胞的炎性浸润。

带有毛发的皮肤、毛囊及相关腺体中的多种结构均可产生上皮肿瘤。这些上皮肿瘤通常为良性或者低级，但随着时间的推移可转变为恶性。

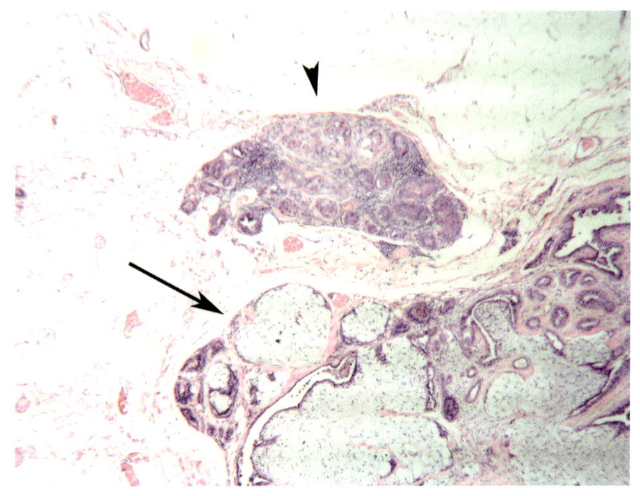

图1.16　复合乳腺腺瘤伴管内腺癌的活检（10×）

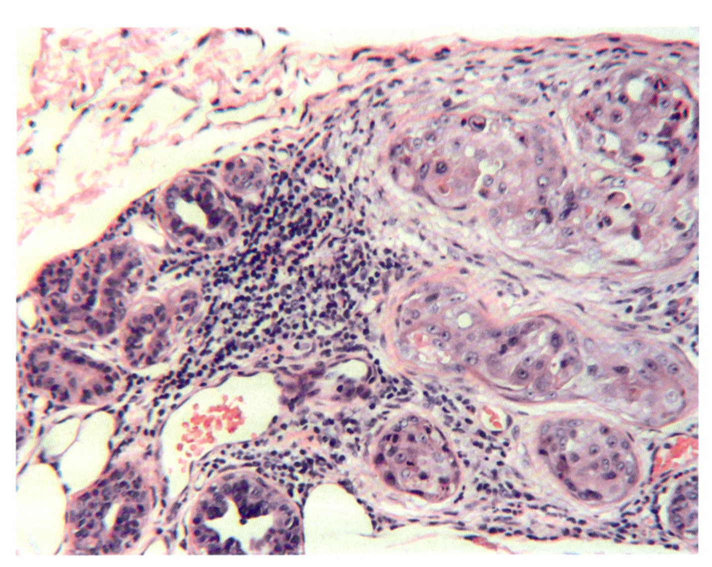

图1.17　乳腺管内腺癌（40×）

图 1.18 为毛发上皮瘤活检。皮肤附属腺体肿瘤，特别是囊状肿瘤，十分常见且通常为良性。这些肿瘤常常沿着充满角蛋白而扩张的毛囊周围生长。对沿着毛囊壁排列的上皮细胞的评估，对肿瘤类型的诊断以及预后的准确判断是十分重要的。手动挤出毛囊内容物并对角蛋白团块进行活检的方法会让人一无所获，因该样本中并未含有毛囊壁。若肿瘤在被切除前毛囊破裂，将导致严重的蜂窝组织炎，并伴有多形性巨噬细胞（巨噬细胞和多核巨细胞）的 大量涌入，后者看起来与肿瘤细胞十分相似。在肿瘤切除前，FNA 可用于排除诸如 MCT 等更具侵袭性的肿瘤类型。切除肿瘤时，在其边缘保留 0.2cm 的正常组织是可以接受的，一般不会出现再生。肿瘤的边缘性切除（剥落法）并不可取，因该方法可能会留下少量肿瘤细胞从而导致肿瘤的再生或者恶化。

图 1.19 为皮脂腺腺瘤活检。皮脂腺增生对犬而言是第 5 种最常见的皮肤肿瘤，对猫而言是第 8 种最常见的皮肤肿瘤。该肿瘤的特征为皮脂腺上皮细胞增生；这些细胞分化良好且含数量不等的空泡，被较小的类基底上皮细胞（为储备细胞）包围，通常位于充满杂物的皮脂管或毛囊周围。肿

瘤的命名可基于细胞的排列结构，包括皮脂腺增生（含皮脂腺上皮细胞、外围单层类基底上皮细胞，后者从毛囊延伸至皮脂管和皮质小叶），皮脂腺腺瘤（含增生的皮脂腺上皮细胞、外围单层类基底上皮细胞，后者从皮脂管延伸而出且排列杂乱），以及皮脂腺上皮瘤（因皮脂腺细胞并不总是从皮脂管延伸而出，有时也聚集成团，增生的类基底储备细胞位于皮脂腺上皮细胞偶尔聚集成团的外围）。表 1.4 从低入侵性到高入侵性的顺序依次列出了各种类型的皮脂腺肿瘤。对于该肿瘤，保留 0.2cm 正常组织边缘的完全切除通常可治愈该病。

图 1.20 为皮脂腺癌活检。与良性的皮脂腺肿瘤不同，皮脂腺癌为恶性肿瘤，包含皮脂腺不受限制地增殖并伴有与皮脂管无关联地储备类基底细胞入侵正常基质。其细胞核呈非典型形态，偶有囊泡状染色质，显著的核仁，以及密集至有空泡的细胞质。术前的 FNA 若显示多形性细胞核，则广泛性的边缘切除是必须的，完全切除肿瘤并留下足够宽的边缘正常组织来评估邻近淋巴管的侵袭性。

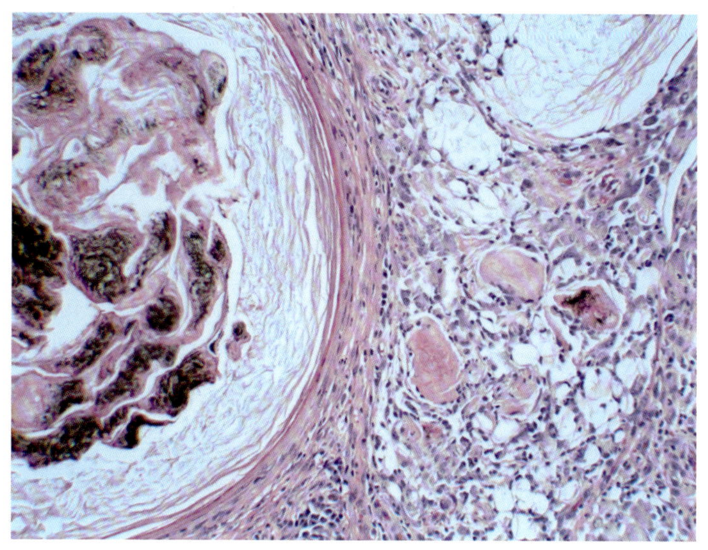

图1.18 毛发上皮瘤活检（20×）

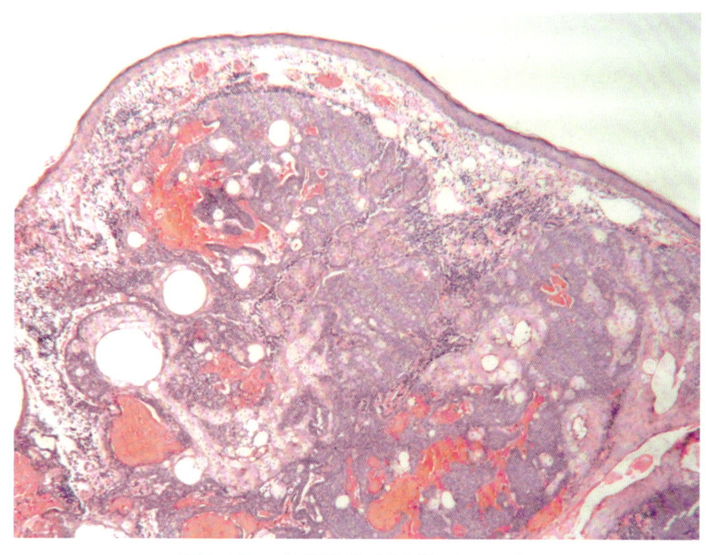

图1.19 皮脂腺腺瘤活检（2.5×）

表1.4 皮脂腺增生类型及其预后

种类	预后
皮脂腺增生	良性
皮脂腺腺瘤	低级
皮脂腺上皮瘤	低级至中级
皮脂腺癌	高级，有入侵性

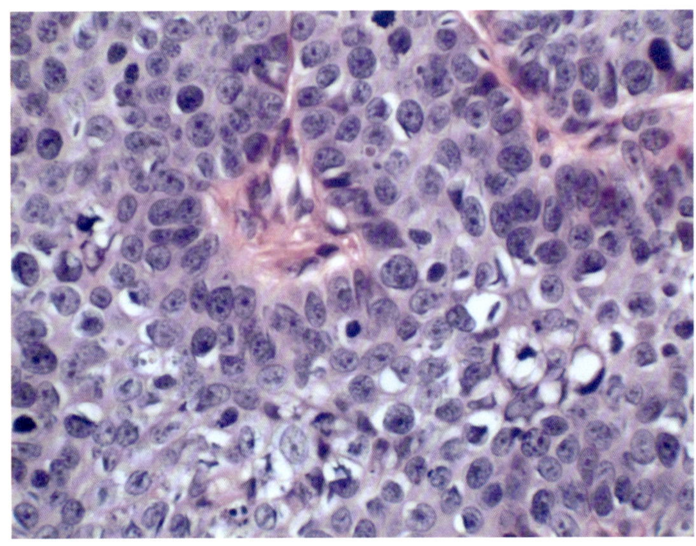

图1.20 皮脂腺癌（40×）

图 1.21 为鳞状上皮细胞原位癌活检。原位癌（鲍恩病）最常见于猫，为鳞状上皮细胞从肿瘤前期到肿瘤早期增殖的复杂转化，这些细胞局限于表皮且不会侵袭基底膜进入表皮下层。该上皮细胞可因嗜黑色素细胞的移行而呈色，聚集的色素亦可进入表皮下层。该病变可因日光照射（光线性角化病）或乳头状瘤病毒感染而加剧，并可发于多处。若不能完全切除，该肿瘤会进一步恶化成为入侵性上皮细胞癌。

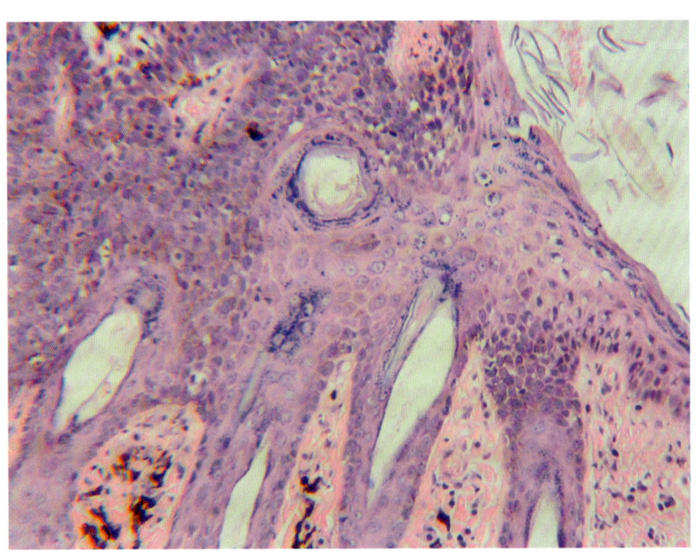

图1.21 鳞状上皮细胞原位癌活检（10×）

图 1.22 为鳞状上皮细胞癌活检。鳞状上皮细胞癌为角化程度不同的鳞状上皮细胞的无组织增殖，后者穿过基底膜并入侵下层基质。这些细胞或分化良好形成角化细胞结节（角化珍珠），或分化不良形成多形性类上皮细胞层。其细胞核通常呈非典型形态，胞核大，染色质有小泡，核仁显著且通常为单个，其细胞质有不同程度的角化，与胞核成熟并不同步（角化不良）。这种肿瘤类型可轻而易举地侵袭基质和周围淋巴，转移至局部淋巴结甚至更远的部位。FNA 能显示这种非典型形态特征，从而作出上皮细胞癌的初步诊断。在这种情况下，可联系转诊至专家门诊；若转诊被拒，可进行局部淋巴结、胸部 X 线片的评估以及广泛性手术切除。

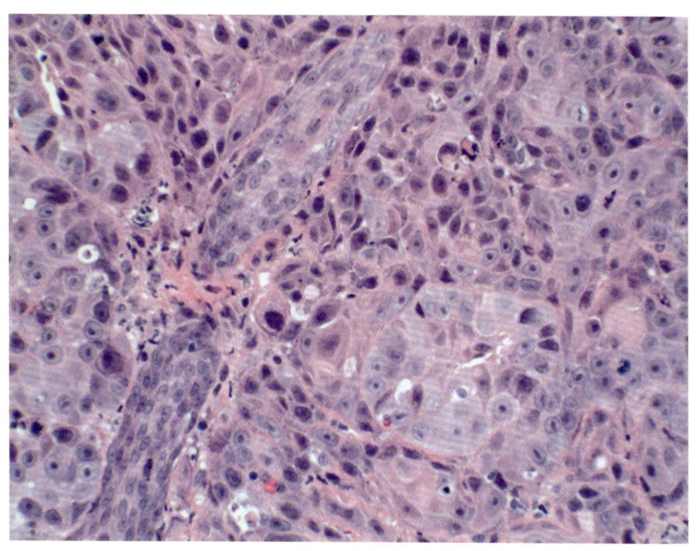

图1.22 鳞状上皮细胞癌活检（20×）

黏膜的上皮细胞肿瘤（口、结膜、阴道、膀胱、肠道）表现为快速生长并在早期入侵基质，从而轻而易举地转移至淋巴结。不过需要注意的是，龈瘤和乳头状瘤是例外，它们通常为良性肿瘤，但随着时间的推移可表现出局部入侵性。

图 1.23 为犬龈瘤活检。此粉色、坚硬的犬牙龈肿物展现了相互交织的上皮细胞从上皮延伸而出，进入纤维性基质中增殖，但并未观察到基底膜的破损，表明没有基质的侵袭。完全切除通常能治愈该病，不过该病变可能存在于多处而导致肿物再生。

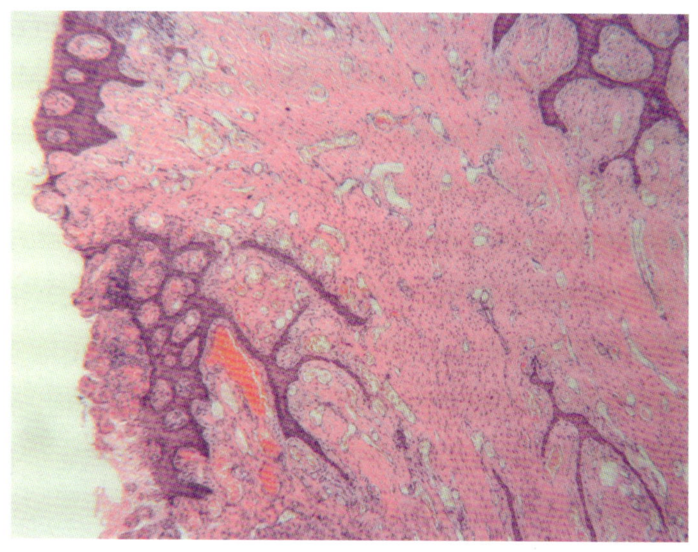

图1.23 犬龈瘤（外周牙源性纤维瘤）活检（2.5×）

图 1.24 为犬骨化棘皮瘤型龈瘤活检。该粉色、坚硬的犬牙龈肿块显示了更具增殖性的上皮细胞，并偶有骨质生成。此为低级肿瘤，早期完全切除能治愈该病；若不切除，该病变有潜在的侵袭性并破坏周围骨质。术前的 X 线检查将会有助于判断是否发生骨质侵袭。这种肿瘤通常不会转移。

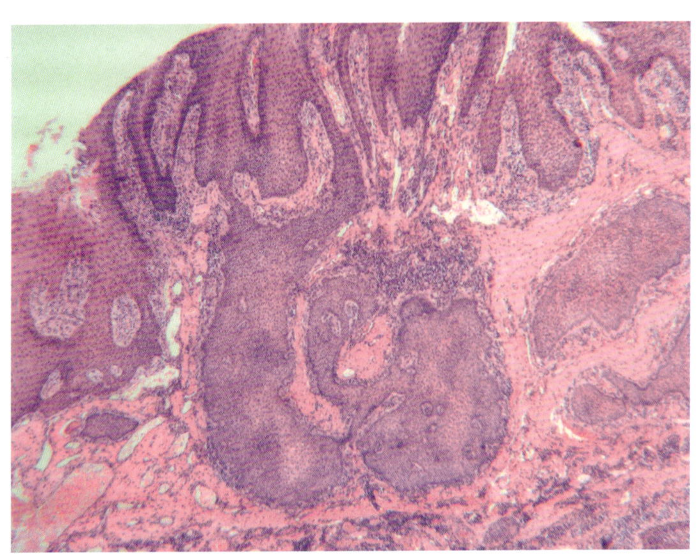

图1.24 犬骨化棘皮瘤型龈瘤（骨化棘皮瘤型成釉细胞瘤）活检（2.5×）

图 1.25 为犬口腔乳头状瘤活检。此口腔肿物为该犬切除掉的众多肿物之一。增厚、角化过度的上皮在纤维性基质上方形成皱褶，并未发现基质浸润。上皮细胞中可能有病毒包涵体和细胞病理学变化。该病变通常是由于乳头状瘤病毒感染导致，可发于多处，可能会出现额外的病变。在肿瘤复发的大龄犬中，应检查动物是否存在免疫抑制。

图 1.26 为犬结膜纤维性乳头状瘤。该肿瘤可能与创伤相关，并易发生于眼睑的黏膜与皮肤结合处。该图并未见到乳头状瘤病毒所引起的细胞病理学改变。增厚的上皮细胞呈中度发育不良且角化不均，在疏松的纤维性基质上方形成皱褶，未发现其入侵基质。未见显著的角化过度。病毒的遗传物质缺失，亦未发现病毒抗原。这些病变通常着色过度，肉眼看起来可能与黑色素瘤相似，因此建议在肿物还小的时候就切除。

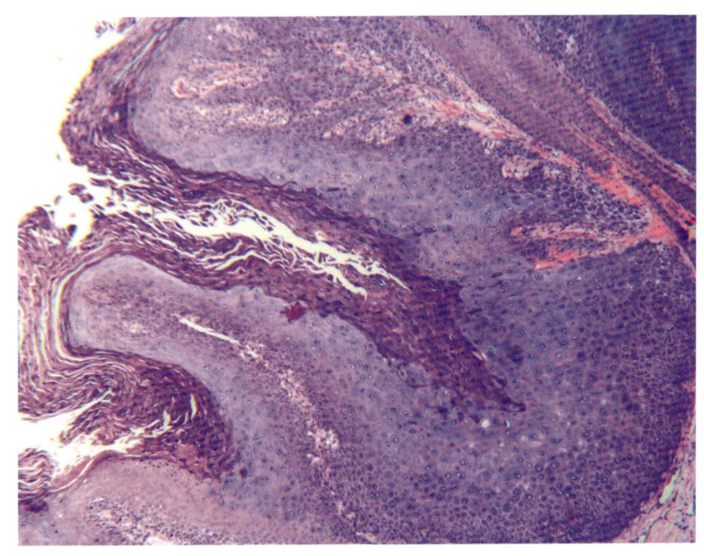

图1.25 犬口腔乳头状瘤活检（2.5×）

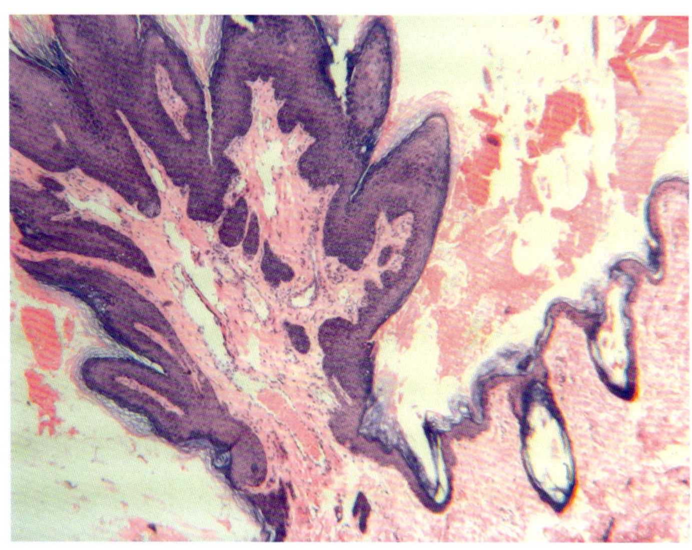

图1.26　犬结膜纤维性乳头状瘤（2.5×）

图 1.27 为犬膀胱移行细胞癌活检。该膀胱肿物的活检显示了多形性上皮细胞的无组织增殖，并入侵下层基质。该肿瘤趋向于转移至局部淋巴结以及其他的组织器官，但是药物治疗作为一种姑息性疗法，可显著延长某些犬的存活时间，且几乎没有并发症。建议咨询肿瘤专家获得最新、最适用的治疗方法。

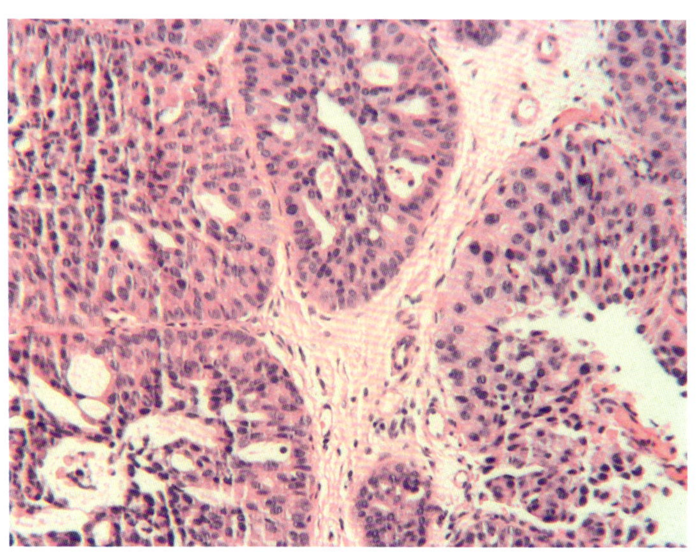

图1.27　犬膀胱移行细胞癌活检（10×）

图 1.28 为鳞状上皮细胞癌的鼻部活检。该切片展现了多形性鳞状上皮细胞的无组织增殖，并伴有非典型细胞核和基质入侵。一些细胞巢中央出现角质化是该病变的典型特征。

鳞状上皮细胞肿瘤通常需要经过核分裂率、基质和淋巴的侵袭以及分级等一系列评估。不过，猫口腔鳞状上皮细胞癌的核分裂率对肿瘤的预后没有什么指示作用，但是肿瘤的分期，特别是是否存在骨质的侵袭，对肿瘤的预后更有指导意义。因此 X 线在判断猫口腔鳞状上皮细胞癌的预后方面有重要作用。

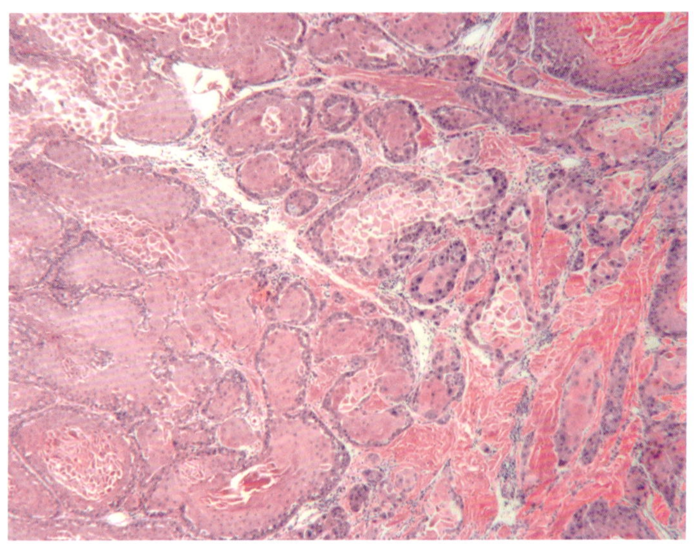

图1.28 犬鳞状上皮细胞癌的鼻部活检（40×）

图 1.29 为犬鳞状上皮细胞癌趾部活检。该成年犬趾部的鳞状上皮细胞癌（箭状指针）已入侵第三趾骨，导致关节软骨（箭头）的分离。这表明此为高等级肿瘤，需用胸部 X 线片评估局部淋巴结作为最小数据库的一部分。切除整趾可移除疼痛的关节，术后也不可能再恢复正常的功能。另外，广泛性边缘切除可能是必须的，以获取正常组织来评估骨质和关节是否被入侵。

图 1.30 为猫鳞状上皮细胞癌口腔活检。该成年猫的口腔鳞状上皮细胞癌在其左侧边缘形成了角化珍珠，明显侵袭黏膜下基质。其右下和左上边缘的密集红染物质为骨质，表明该肿瘤正在侵袭下层的骨质。在该视野中未见有丝分裂相，但因骨质的入侵，怀移为高级肿瘤。

产生于内脏器官上皮细胞的肿瘤，通常在晚期才被发现。某一调查显示，76% 的猫肺癌在发现时已转移至其他部位。

图 1.31 为肺支气管肺泡癌活检。在呼吸困难的临床症状出现以前，非典型且无组织的支气管被覆上皮细胞增殖已取代了大面积的肺实质。

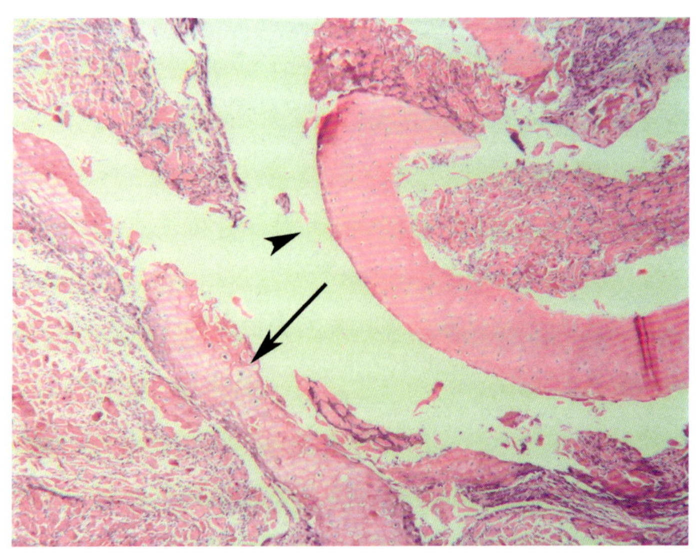

图1.29 犬鳞状上皮细胞癌趾部活检（2.5×）

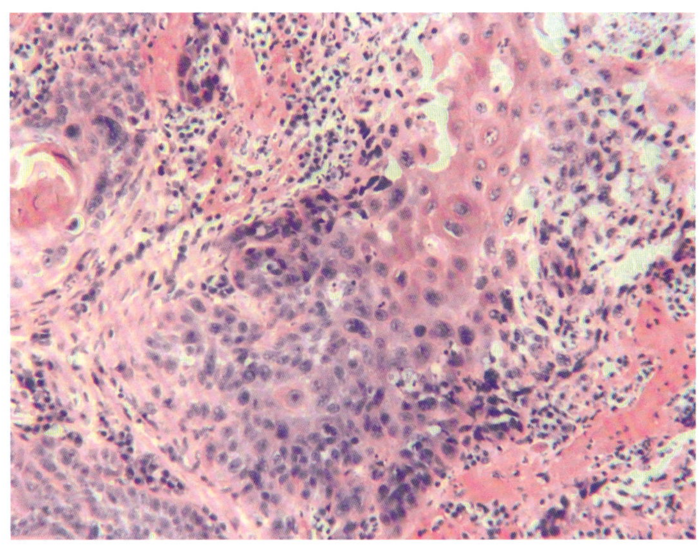

图1.30　猫鳞状上皮细胞癌口腔活检（10×）

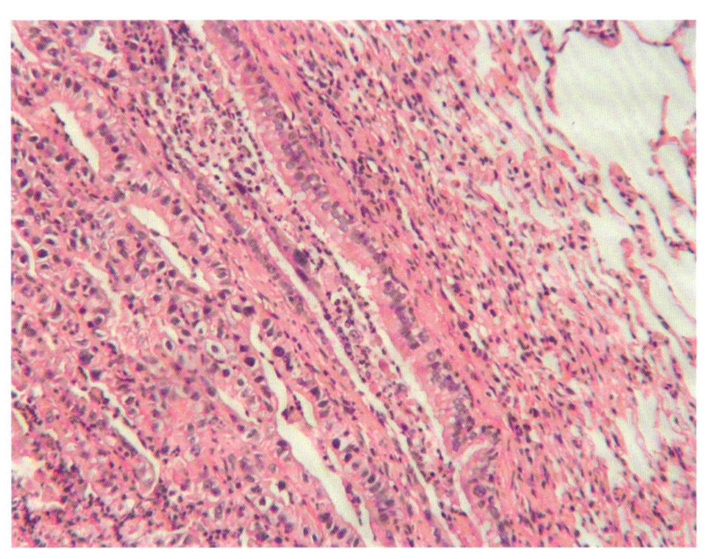

图1.31　肺支气管肺泡癌活检（10×）

图 1.32 为已转移至肝脏的胰腺癌活检。该成年雌性法国斗牛犬的管状癌起源于胰腺，并转移至肝脏等附近器官。在此切片中，既有基质的侵袭（箭头），亦有淋巴的侵袭（箭状指针）。该犬临床症状并不明显，表现为食欲不振，怀疑胃肠道中有异物。在腹腔探查时，发现一胰腺肿物并出现多处器官的转移灶，于是在该犬死后进行了活检。

内脏器官中的肿物可向体腔积液散播肿瘤细胞。对这些积液进行 FNA 是获得初步诊断的快速方法。若检查积液不能得到明确的诊断，则可在术前对该肿物进行 FNA。

图 1.33 为肠腺癌 FNA。一只成年猫临床表现为腹腔积液。FNA 显示有聚集成群的类上皮细胞，其细胞核大小十分不均等、核仁显著、嗜碱性的细胞质似乎含有液体或黏蛋白。当如上所述成群的细胞被发现游离于腹腔积液中时，需要做 X 线或者超声波等额外检查来寻找可用以活检的肿物。

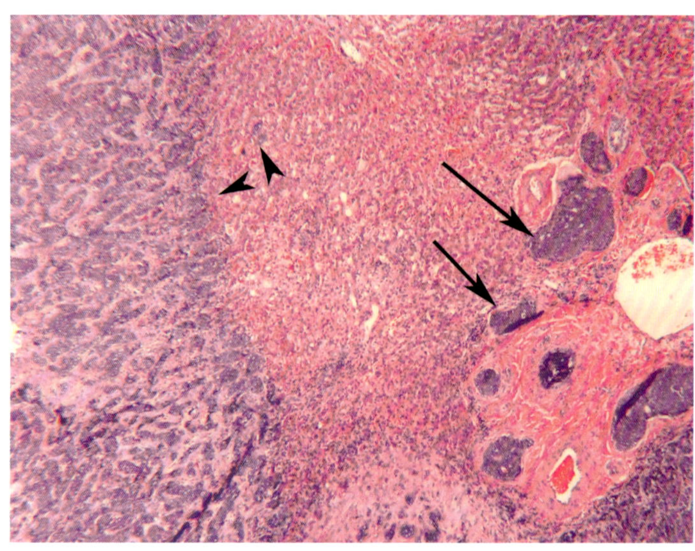

图1.32 转移至肝脏的胰腺癌活检（2.5×）

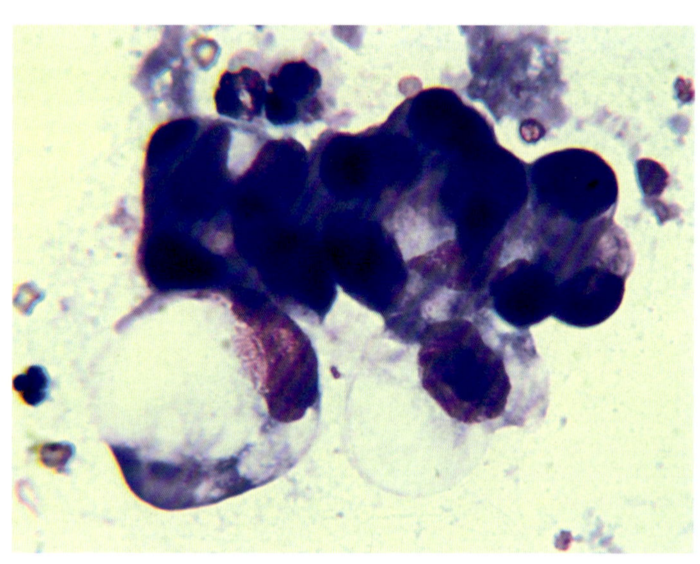

图1.33 腹腔积液中的肠腺癌FNA（50×）

图 1.34 为一成年猫的肠道肿物活检，显示了其固有层的腺体侵袭进入黏膜下层和肌肉层。这些腺体由偶尔不止单层的上皮细胞被覆，并伴有大且多形的细胞核，其染色质有小泡，核仁显著，嗜碱性的细胞质含有大的空泡。局部淋巴被大量细胞入侵，这些细胞具有与图 1.33 细胞相似的形态结构。

乳腺肿瘤可包含增殖的管道和腺体（单纯型），增殖的管道、腺体和肌上皮细胞（复杂型），增殖的管道、腺体、肌上皮细胞以及软骨和 / 或骨质（混合型）。单纯型上皮肿瘤可根据类型、细胞核多形性、核分裂率进行分级，该等级与侵袭风险相关（见表 1.3）。大部分犬乳腺肿瘤为上皮和肌上皮细胞肿瘤（复杂型或混合型），但是为单纯型乳腺肿瘤而设计的分级系统并不适用于复杂型或者混合型肿瘤。犬是否切除过子宫卵巢、肿瘤等级、年龄、肿瘤分期、肿瘤亚型以及淋巴转移与肿瘤复发、转移和存活时间，在某项研究中表现出相关性，而另一项研究却表明并无关联。非典型的管状增生以及基质入侵与犬恶性肿瘤转化相关。53% 的猫乳腺癌在被发现时已经转移。混合型乳腺肿瘤是犬最常见的肿瘤，往往表现出较少的侵袭性，除非是癌肉瘤。混合型乳腺肿瘤尚未见于猫。若肿瘤已延伸至活检组织的所有边缘，则对基质和淋巴侵袭的评估就十分困难，因为样本中并不存在正常基质和淋巴，对后两者的侵袭评估也就无从谈起。

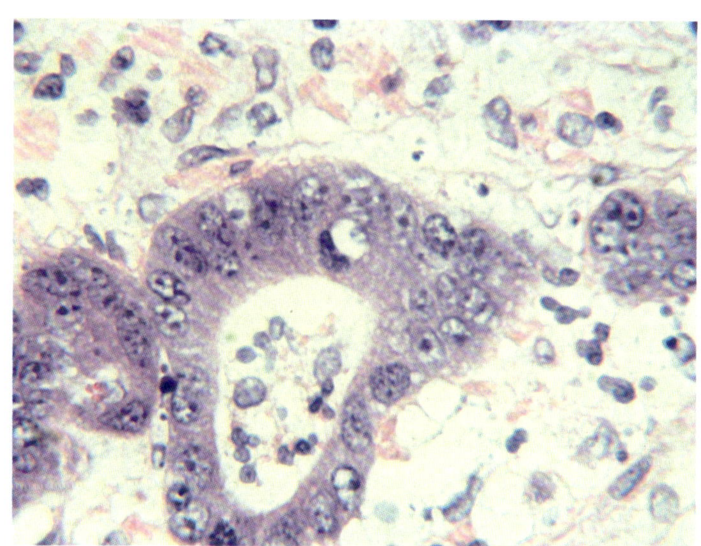

图1.34 肠腺癌活检（40×）

图 1.35 为年轻未绝育雌性猫的活检，显示了由单层饱满的上皮细胞被覆的管状至滤泡状结构，后者被层状的肌上皮细胞包围。此为纤维性上皮细胞增生，为激素刺激下的良性反应，在移除激素刺激后会逐渐恢复。

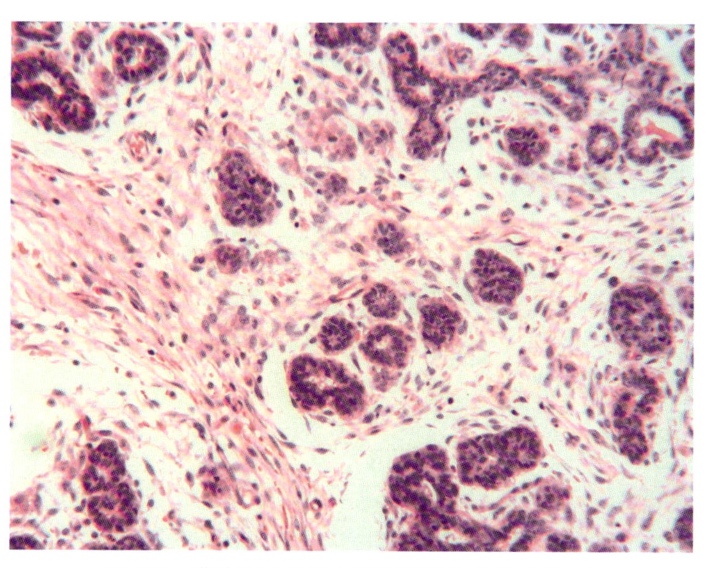

图1.35 猫乳腺纤维性上皮细胞增生活检（10×）

图 1.36 为一中年绝育雌性犬的乳腺腺瘤活检，该切片显示了乳腺小管上皮细胞在扩张的管道和腺体内增殖。因良性肿瘤最终可转变为具有侵袭性的恶性肿瘤，所以需要切除。若在活检前的 FNA 中并未显示多形性细胞以佐证更具侵袭性的肿瘤类型，则在外侧缘中肉眼可见的正常组织以及深层缘中的组织层是切除时的最小边缘。即使 FNA 看似良性，也不建议边缘性切除该肿瘤。

图 1.37 为一中年绝育雌性犬的复杂型乳腺腺瘤活检，该切片显示了乳腺小管上皮细胞在扩张的管道和腺体内增殖，并伴有相应肌上皮细胞增殖。此为复杂型肿瘤，单纯型肿瘤的分级在此并不适用。复杂型肿瘤通常为低级，但还是建议完全切除，因随着时间的推移有可能会转变为恶性肿

瘤。若 FNA 并未发现多形性细胞，可保守性地保留边缘，即在外侧缘中有肉眼可见的正常组织以及深层切缘中的组织层。

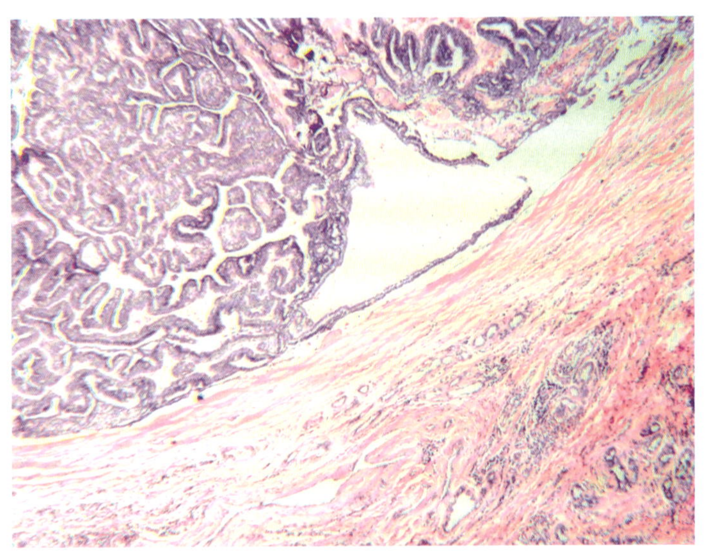

图1.36 犬乳腺腺瘤活检（10×）

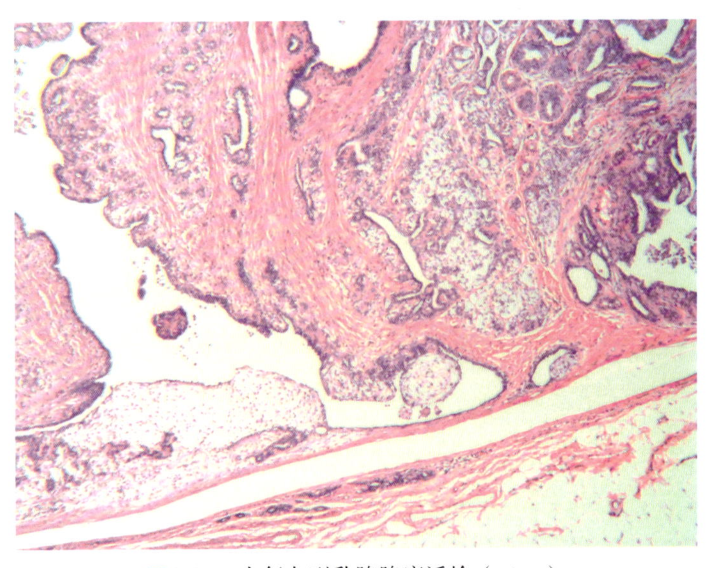

图1.37 犬复杂型乳腺腺瘤活检（10×）

图 1.38 为一中年绝育雌性混种犬的混合型乳腺肿瘤活检。该切片显示了乳腺小管上皮细胞在扩张的管道和腺体内增殖，并伴有相应肌上皮细胞增殖，且可见点状骨化和软骨化生。该肿瘤为低级，但建议在早期切除，因随着时间的推移有可能会转变为恶性肿瘤。若 FNA 并未发现多形性细胞，可保守性地保留边缘。

图 1.39 为一例犬侵袭性硬癌的活检结果。患犬为一只成年混种犬，其乳腺肿瘤具有广泛侵袭性，图中可见核多样性，多个有丝分裂相，及细胞排列异常。这类肿瘤对淋巴系统具有高度侵袭性，进而发生转移。通过 FNA 检查这类肿瘤可以发现其细胞多样性，从而决定术前是否拍摄 X 线片以排除肺部转移。对肿瘤进行宽边缘的完全切除可检查是否有肿瘤细胞入侵淋巴。如局部淋巴结出现肿大，应一并切除送检，帮助确定肿瘤分级。

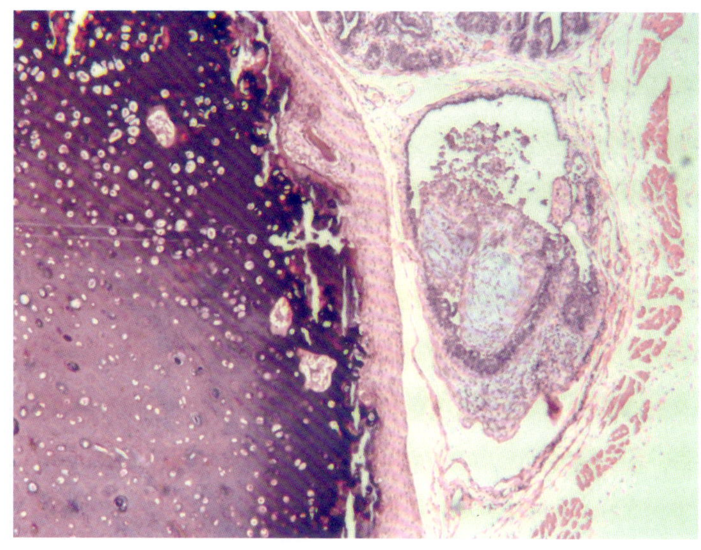

图1.38　犬混合型乳腺肿瘤活检（10×）

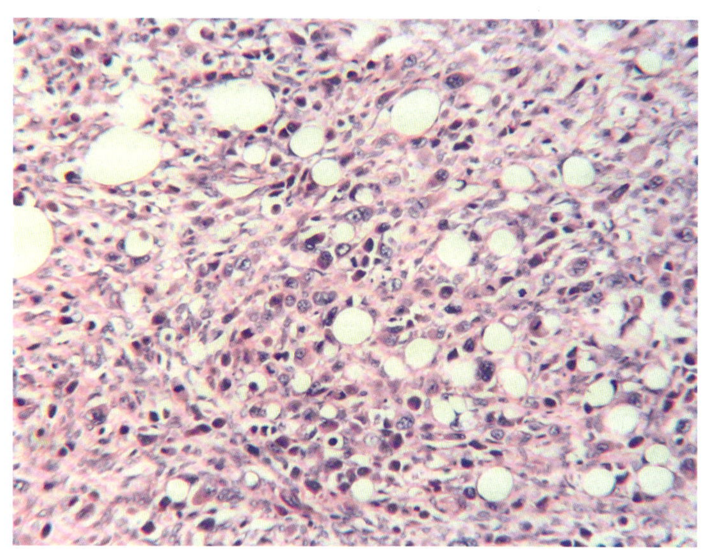

图1.39　犬侵袭性硬癌活检（10×）

图 1.40 为一例猫管状乳腺癌活检结果。患猫为一只成年绝育雌性猫，肿瘤生长迅速，等级偏高，仍保留有形似管状的结构，但正常的分叶结构已经消失，侵入周围的纤维化基质。猫的此类肿瘤侵入淋巴时间较早。活检初诊时，应切除较宽边缘，以检查肿瘤是否侵入周围淋巴。只采集小的活检样本可能无法衡量肿瘤的入侵性。

图 1.41 为一例猫淋巴结构的浸润性管状癌。在图中这一淋巴管上，有多簇浸润性管状癌。该图与图 1.40 来自同一病例，由于切除了较宽的边缘送检，在镜检时发现了多处淋巴管扩张，且内有浸润性癌细胞。

图 1.42 为图 1.40 所示病例同时送检的局部淋巴结。可见癌变的管状上皮细胞已经入侵淋巴结。

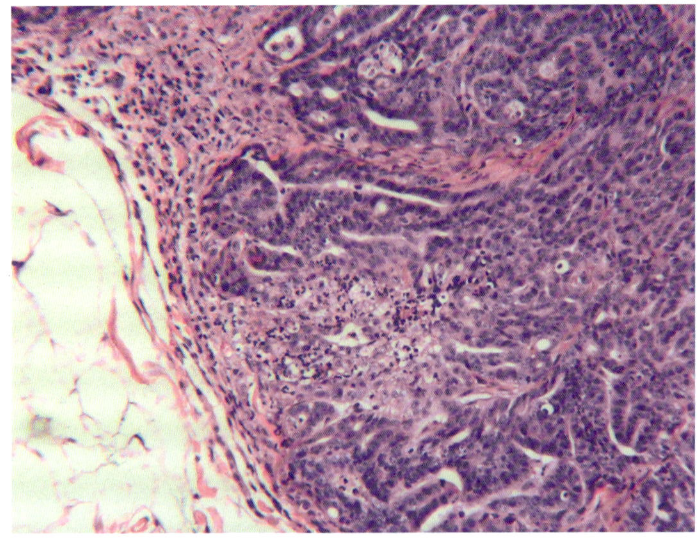

图1.40 猫管状乳腺癌活检（10×）

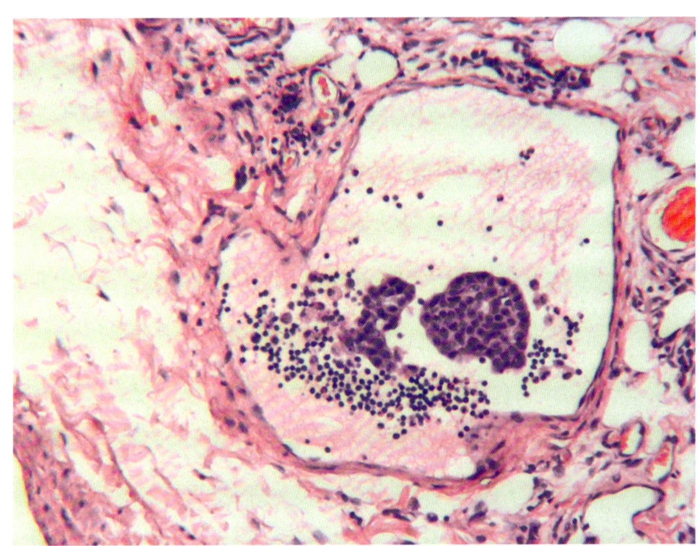

图1.41 猫淋巴结构的浸润性管状癌活检（10×）

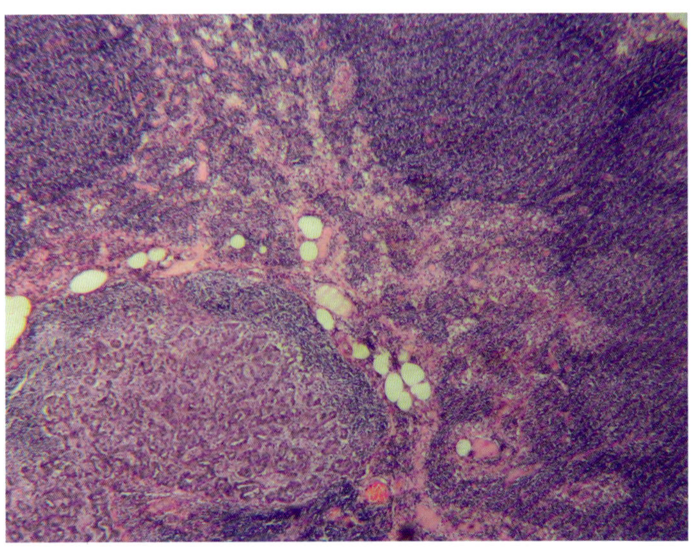

图1.42 猫浸润性管状癌转移至局部淋巴结（10×）

间充质肿瘤

当肿瘤呈浸润性生长，与周围组织界限不明显，且不生长在基底膜上时，机体的基质细胞、梭形细胞或者间叶细胞的肿瘤也被称为肉瘤。这些肿瘤经常生长迅速，在疾病发展过程中通过血道和淋巴道转移到其他部位。有丝分裂率以及以毫米（mm）或厘米（cm）为单位测量的空白边缘用于预测肿瘤的行为。依据肿瘤的位置将肿瘤完全切除是很困难的，因为边缘的总体评估可能会由于沿筋膜面的假包封和纤维延伸而不准确。肿瘤分级、有丝分裂率、有丝分裂指数、空白边缘的大小是梭形细胞瘤最重要的预后指标。

图 1.43 所示的是 1 级梭形细胞瘤的活检。样品来自一只成年犬的皮肤，结果显示该肿物由交叉排列的平滑肌细胞组成。有丝分裂相为 0 - 1/HPF，MI 为 1/10HPF，没有坏死。该肿瘤得分为 1+1+1=3，等级为 1 级（表 1.3）。

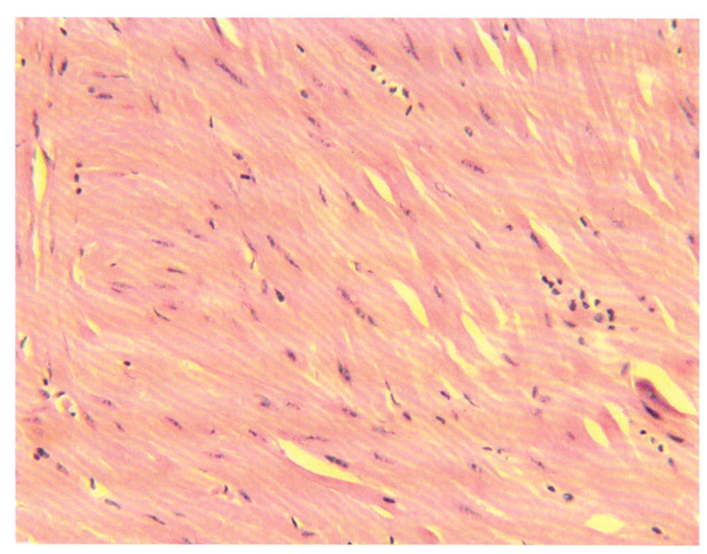

图1.43　1级梭形细胞瘤活检（10×）

图 1.44 所示的是一只成年混血犬的面部侧边肿物活检，由疑似神经来源的肥大梭形细胞组成，细胞排列杂乱无规则。核有些分裂相为 0–3/HPF，MI 为 10/10HPF。存在部分坏死区域，约占样本的 10%。该肿瘤得分为 2+2+2=6，等级为 2 级（表 1.3）。

图 1.45 所示的是一只成年比格犬大腿肿物活检，由排列杂乱的细胞组成，细胞形态多样，有梭形，也有上皮样细胞，细胞起源不明。中度到明显的细胞核异型性，核仁显著且有多个。核有丝分裂相为 0–6/HPF，MI 为 21/HPF。切片上存在超过 50% 的坏死区。该肿瘤得分为 3+3+3=9，等级为 3 级（表 1.3）。

图 1.46 所示的是 2 级梭形细胞瘤。因为在肿瘤包膜外的手术边缘处存在正常组织，因此肿瘤的切除看起来是完全的。值得注意的是，梭形细胞瘤不形成包膜，看起来像包膜细胞带，但实际上是肿瘤。

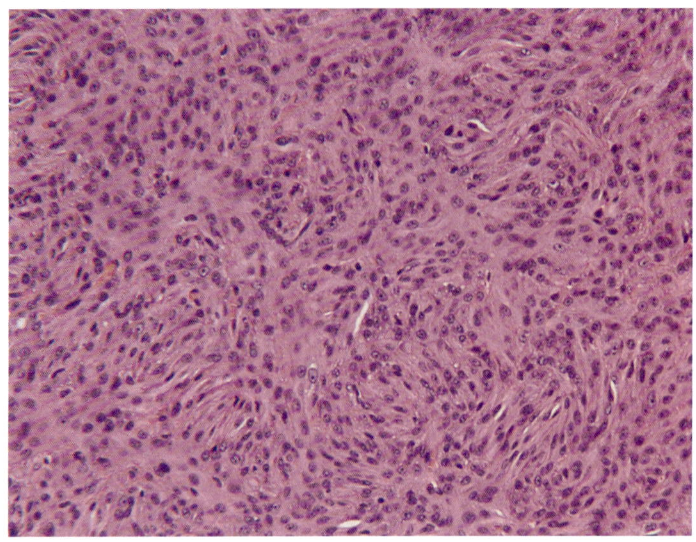

图1.44 2级梭形细胞瘤活检（10×）

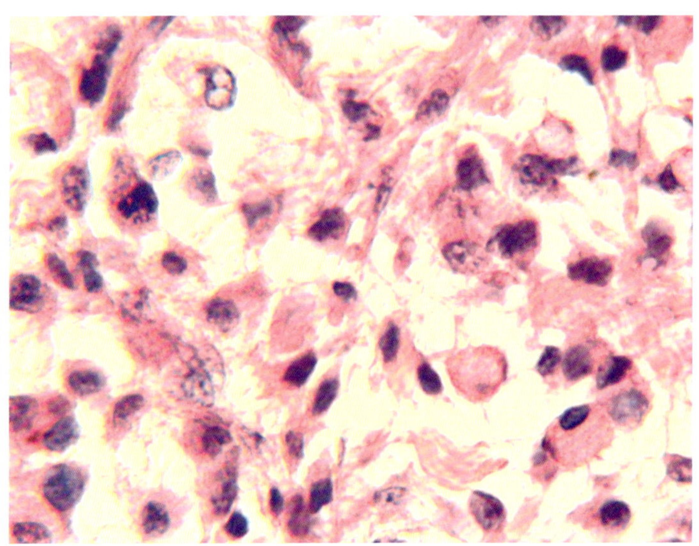

图1.45 3级梭形细胞瘤活检（10×）

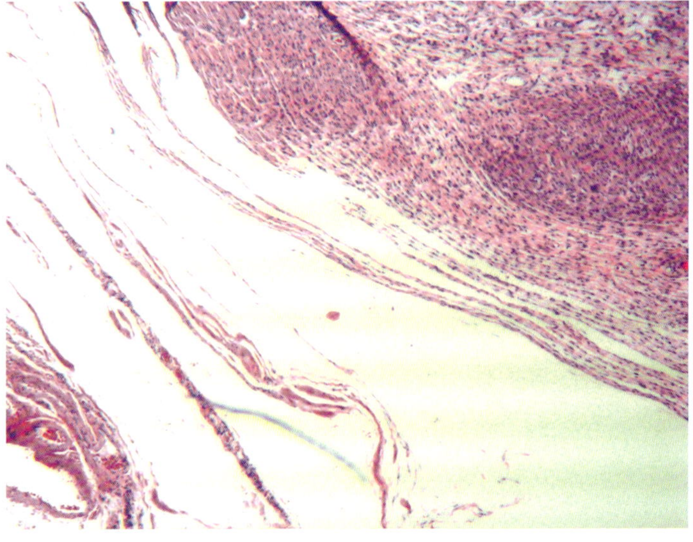

图1.46 梭形细胞瘤活检（2.5×）

图 1.47 所示的是边缘组织致密程度较低的 2 级梭形细胞瘤，根据大体外观，推测为正常组织。黑色着色处显示的是手术边缘。肿瘤延伸到边缘。手术切除梭形细胞瘤风险较高。需由专家提出术前成像和移除建议，因为肿瘤通常在显微镜下广泛延伸。如果转诊被拒绝，外科手术切除时应考虑到肿瘤可能会超出肿块的总体大小。

由于许多间质细胞或梭形细胞在常规组织学上具有相似的外观，因此可能有必要进行免疫组化染色来确定细胞类型（成纤维细胞、周细胞、肌周细胞、平滑肌、肌成纤维细胞、雪旺细胞、神经周细胞），以获得最佳的预后和治疗选择。当化疗是一种治疗方案时，免疫组化可能最有用。免疫组化最好用冷冻组织切片，但许多实验室均使用福尔马林固定的组织。关于测试可用性、提交要求和定价的最新信息，建议在提交前咨询诊断实验室人员。如果不采用化疗，也不选择免疫组化，广泛切除（无论有无放射治疗）则是标准的治疗方案，因为许多软组织肉瘤具有相似的生物学行为。

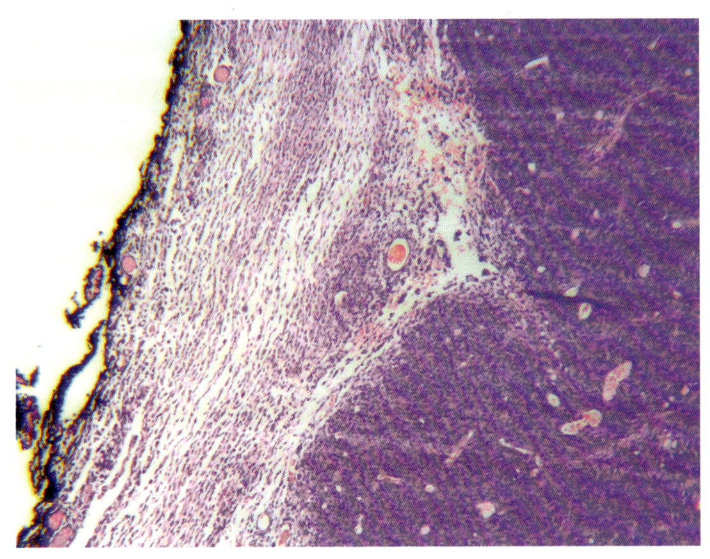

图1.47 梭形细胞瘤活检（2.5×）

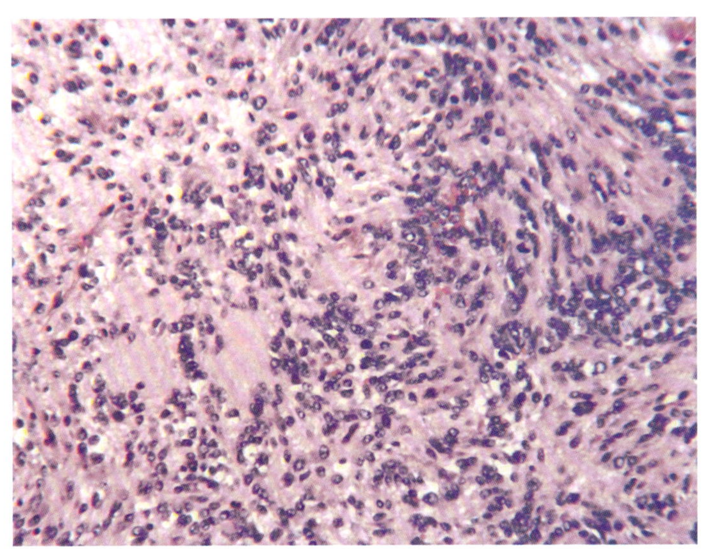

图1.48 梭形细胞瘤活检（10×）

图 1.48 所示的是犬 2 级梭形细胞瘤。常规 H&E 染色时，肿瘤呈席纹状分布，偶尔出现漩涡和

栅栏状核。这种表现提示该肿瘤来自神经组织，因此被认为是周围神经鞘肿瘤，但免疫组化对更明确诊断肿瘤细胞类型是必要的。

图 1.49 所示的是 2 级梭形细胞瘤，肿瘤细胞在血管间隙周围形成漩涡和巢状结构，这提示肿瘤细胞来源于外周血管壁的肌细胞。免疫组化可以更明确地鉴定该肿瘤细胞类型。

一项研究表明，无论有丝分裂率如何，猫的间质 / 梭形细胞肿瘤都具有侵袭性。良性周围神经鞘肿瘤的复发率为 14%，而恶性周围神经鞘肿瘤的复发率为 31%。

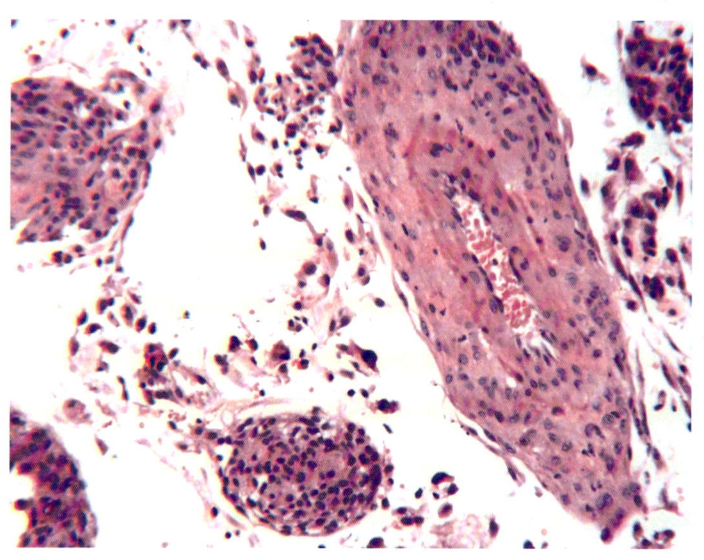

图1.49 梭形细胞瘤活检（10×）

图 1.50 所示的是成年猫梭形细胞瘤的活检。可见许多不规则排列的梭形细胞，偶见大型上皮样细胞。其中，上皮样细胞含有多形的和分叶的细胞核，核仁突出，细胞质丰富。这种细胞多形性是猫软组织肉瘤的标志，在使用 FNA 评估肿瘤时也是一个有用的特征，因为发现如此罕见的多形性细胞就意味着应立即进行治疗。

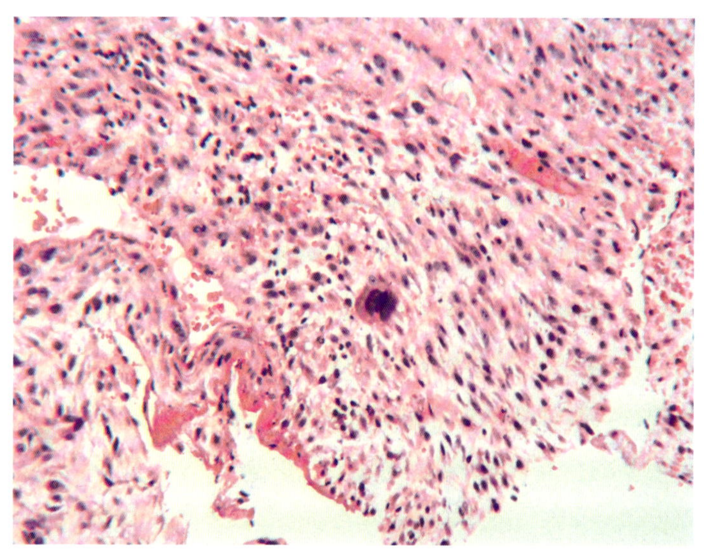

图1.50 猫软组织肉瘤活检（10×）

犬皮肤血管肉瘤有一个分级方案，该方案是基于有丝分裂率和肿瘤扩展的深度，从而评估潜在的入侵行为。分期考虑到在肿瘤外的扩展情况。例如，第一阶段局限于真皮；第二阶段延伸至皮下组织，可能涉及到局部淋巴结；第三阶段入侵肌肉等结构，并涉及到转移。在提供更好的预后信息的同时，分期需要临床信息，并且不能通过一次活检就确定分期和分类。猫皮肤血管肉瘤的行为是不可预测的，肿瘤范围从局部浸润到侵袭，因此尝试分级可能会产生误导。内脏型血管肉瘤转移迅速，长期生存的预后监测发现如果是非破裂的肿块，有中高概率的远端转移可能性，预后不良。如果是破裂的内脏血管肉瘤，远端转移的可能性更大，预后较差。良性血管瘤可以随着时间的推移转化成为血管肉瘤，但早期完全切除血管瘤可能是有效的，因此对所有怀疑来源于血管肿物的病理学评估对于确认手术切除是否干净非常重要。

图 1.51 所示的是一只成年犬的皮肤血管肉瘤，由一个有多形内皮排列的血管通道组成的具有一定局限性的肿块组成。核分裂相有 0–2/HPF。肿瘤局限于真皮。该肿瘤可被判定为低等级，因为有丝分裂率相对较低，且局部侵袭性很小。

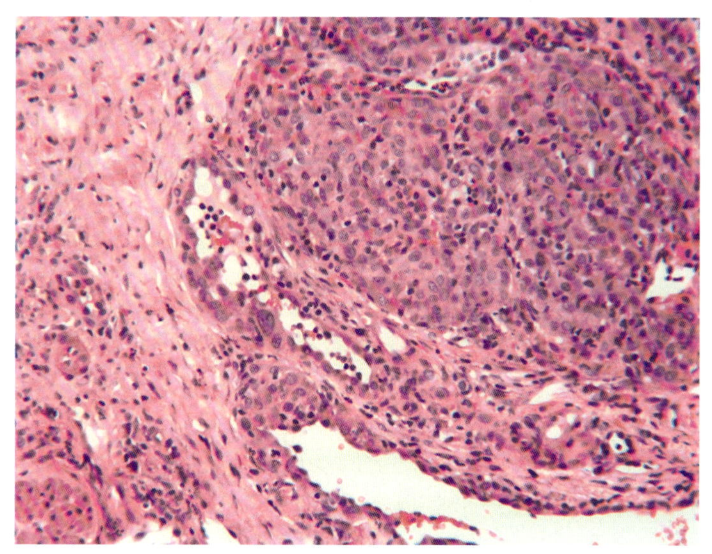

图1.51 犬皮肤血管肉瘤（10×）

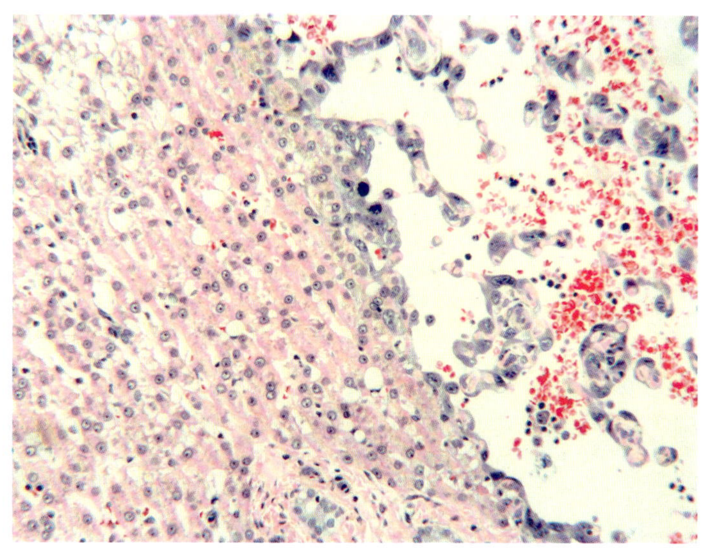

图1.52 犬肝脏血管肉瘤（10×）

图 1.52 显示的是一例成年雄性魏玛猎犬尸检时诊断为肝脏血管肉瘤的案列。这可能是一个转移性病变，因为脾脏内有血管肉瘤，打开腹腔后观察到血腹。通过超声识别腹水及 FNA 确认大量

游离血液来作出初步诊断。

最常见的骨肿瘤是犬骨肉瘤。肿瘤的行为（转移前的时间和存活时间）似乎与发生部位相关。头部和下颌的骨肿瘤比其他部位更难转移。肩胛骨骨肉瘤的死亡率明显高于四肢。碱性磷酸酶（ALP）每增加 100%，死亡风险就增加 1.7。仅根据一份样本不足以预测该部位的肿瘤分级。骨软骨瘤是一种良性病变，报告显示经 20 个月后可转化成恶性软骨肉瘤。骨肉瘤的自发性消退也有报道。由于预测这种肿瘤类型的行为有许多相关变量，建议咨询肿瘤学专家。

图 1.53 是一只成年混血犬的活检，该犬左后颅骨上有一个坚实的肿块，活检发现肿瘤由分化良好的软骨和含有成骨细胞及小核软骨细胞的胫隙骨组成。这是典型的良性或低度骨肿瘤，如骨软骨瘤。一般不转移，完全切除是可以治愈的。

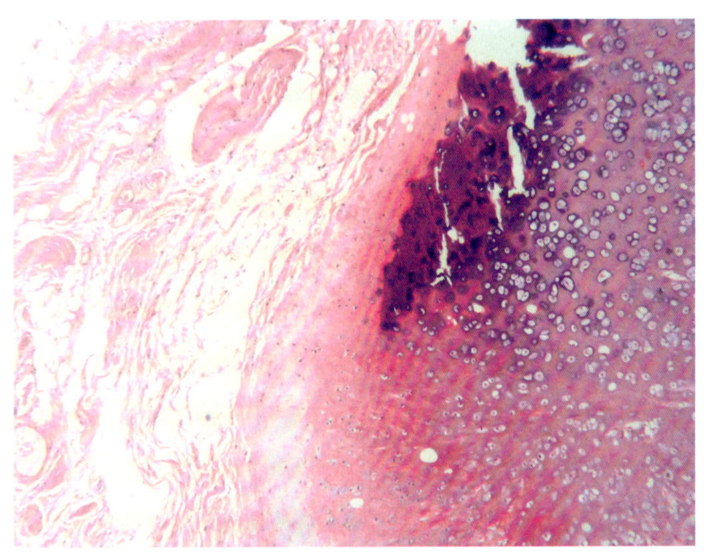

图1.53 骨软骨瘤活检（2.5×）

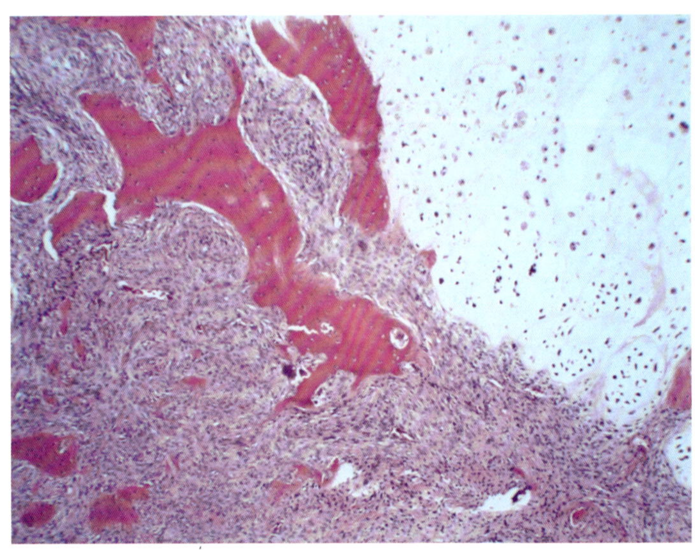

图1.54 骨肉瘤活检（2.5×）

图 1.54 所示的是一只成年德国牧羊犬的活检，该犬在眼眶处有一个肿块。活检显示该肿瘤由杂乱排列的骨和软骨组成，偶尔可见多形性纺锤状细胞片向上皮样细胞增殖，诊断为骨肉瘤。这种肿瘤分化良好，产生肿瘤骨，在这个部位通常不会发生早期转移。选择安乐死是因为该肿瘤会导致

颅骨和眼睛的极度变形。

图 1.55 所示的是一只成年獒犬的活检，该犬左前肢跛行。放射学检查显示左肱骨有一处溶解性损伤，活检显示该处有多形的上皮样细胞增生，罕见多核细胞。一些细胞周边似乎有少量的嗜酸性物质，意味着有骨样组织，可诊断为骨肉瘤。如果提交活检样品比较小，那么通过评价有丝分裂率来确诊该肿瘤是很困难的，因为该肿瘤可能与坏死骨、活性骨和骨膜增生有关，从而形成一种混合模式，导致采样错误。获得足够大小的样品和准确的诊断可能是一个挑战。

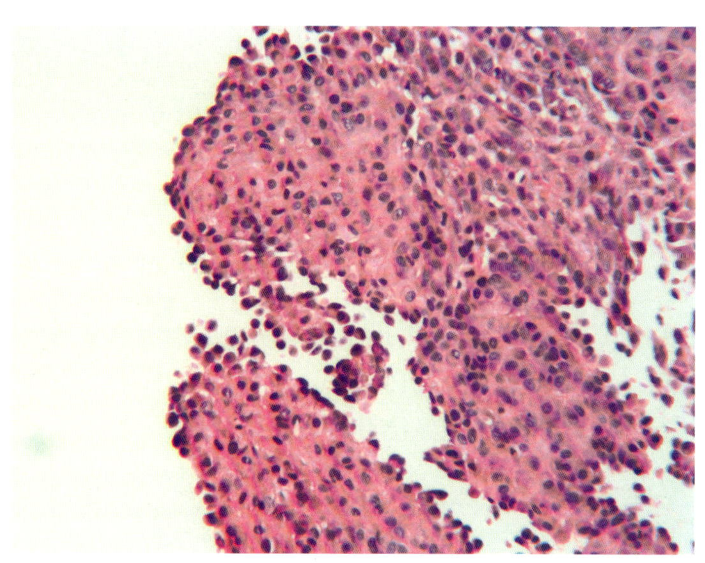

图1.55　骨肉瘤活检（10×）

圆形细胞肿瘤

犬肥大细胞瘤（MCT）曾被分为三级，称之为 Patnaik 系统。1 级（低等级肿瘤）分化良好，局限于表皮下和浅表真皮层中，核分裂相为 0/HPF。2 级（中等级肿瘤）核分裂相为 0–2/HPF，罕见双核细胞，位于真皮和皮下组织中。3 级（高等级肿瘤）分裂相为≥ 3/HPF，细胞呈多形性，肿瘤可延伸到皮下组织或者更深的组织中。

最近，密歇根州立大学的 Kiupel 等人开发了一个新的分级系统（这被称为两级量表），该系统采用双等级分级系统，如果 10 个 HPF 中存在 7 个以上的核分裂相、3 个多核细胞或者 3 个奇形怪状的细胞核则为高等级肿瘤；如果不满足上述条件则为低等级肿瘤。有丝分裂指数（MI，mitotic index）是两种分级系统的重要组成部分。一项研究表明，若 MI ＜ 5/10HPF 则可存活 70 个月，若 MI ＞ 5/10 HPF 则存活 2 个月。一个为期 5 年的 2 种分级系统的研究发现，在三级分级系统（Patnaik 系统）中，评判为 1 级（低等级，1/3）肿瘤的动物死亡率为 0，2 级（中等级，2/2）的死亡率为 23%，3 级（高等级，3/3）的死亡率为 100%。在双等级分级系统中，低等级肿瘤的死亡率为 6%，高等级肿瘤的死亡率为 71%，并且这种分级系统在统计学上被认为更具有临床预测性。

图 1.56 所示的是 Patnaik 分级为 1 级的犬皮肤 MCT。该肿瘤局限于浅表真皮层，罕见核分裂相，肥大细胞分化良好，有小而形状单一的细胞核。该肿瘤在 Patnaik 分级系统为 1 级，在双等级分级系统为低等级（表 1.2）。

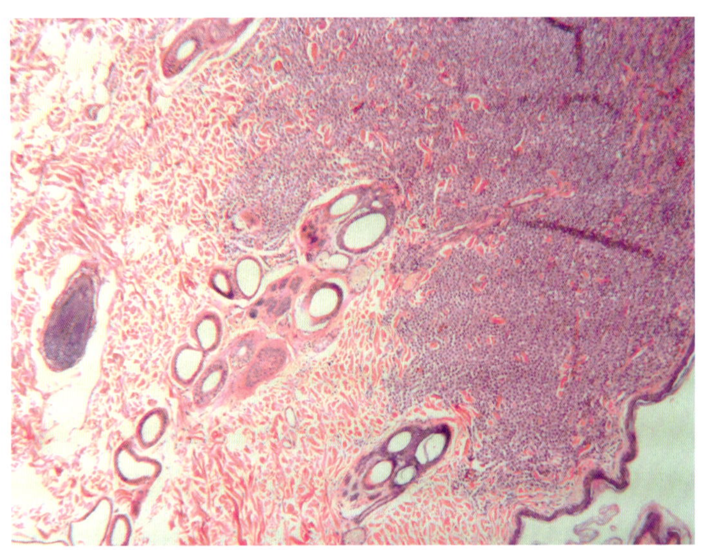

图1.56 犬1级皮肤MCT活检（2.5×）

图 1.57 所示的是 Patnaik 分级为 2 级的犬皮肤 MCT。肥大细胞呈多形性，富含颗粒，细胞核小，但有轻微的多形性，个核分裂相为 0–1/HPF，MI 为 2/10HPF，肿瘤延伸至深真皮层。该肿瘤在 Patnaik 分级系统为 2 级，在双等级分级系统为低等级（表 1.2）。

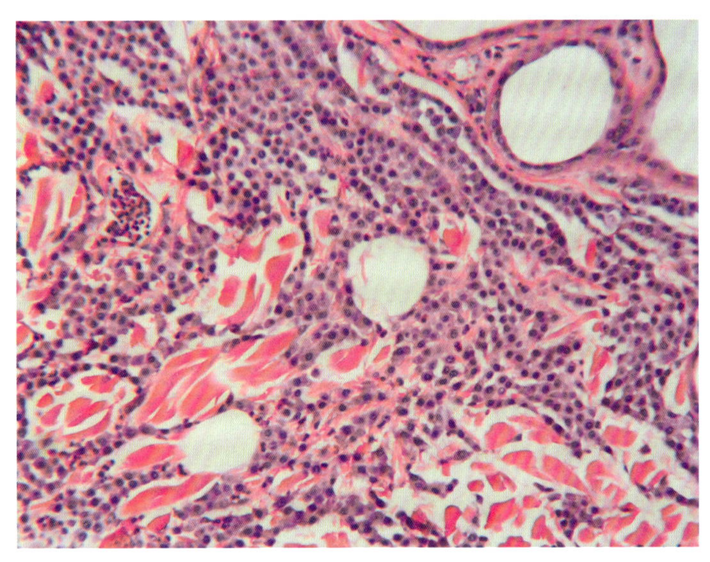

图1.57 犬2级皮肤MCT活检（10×）（一）

图 1.58 所示的是 Patnaik 分级为 2 级的犬皮肤 MCT。这种 2 级（Patnaik 分级）、低等级（双等级分级）的皮肤 MCT 中的肿瘤细胞较小，细胞质内颗粒数量不等，细胞核小，且大小不等，局限于真皮层中。在肿瘤中可见胶原纤维坏死和嗜酸性粒细胞浸润。在这些区域很难识别核分裂相，并且嗜酸性粒细胞核的不规则外观可导致有丝分裂计数的假性升高。

图 1.59 所示的是一只 6 岁雌性獒犬的肿块抽出物。在该抽出物中肥大细胞呈多形性，细胞核呈中度或高度异形性，在有些细胞中可见多个核仁，核仁明显，细胞质内有数量不等的颗粒。注意，大多数的细胞比中性粒细胞（图上方中间偏右侧）和淋巴细胞（图上方中间偏左侧）大。没有一个分级系统适用于该抽出物，但是根据细胞的高度多形性，该肿瘤很可能是高等级的。

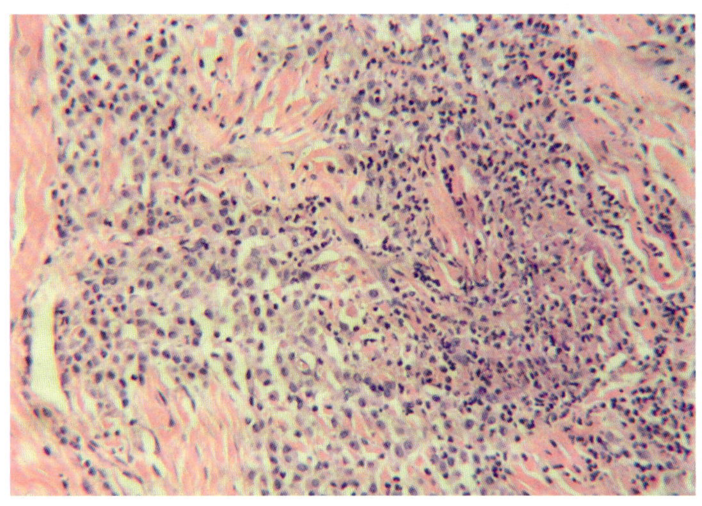

图1.58　犬2级皮肤MCT活检（10×）（二）

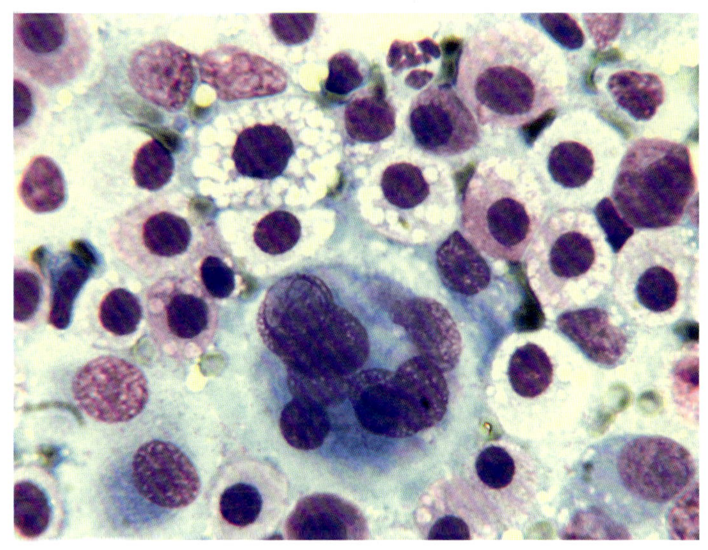

图1.59　犬MCT的FNA（50×）

图 1.60 所示的是 Patnaik 分级为 3 级的犬皮肤 MCT。图 1.59 的活检显示，该肿瘤由肥大细胞和许多上皮样细胞组成。肥大细胞的细胞质中含有明显颗粒，呈中度多形性。上皮样细胞的细胞质内无明显颗粒，但细胞核大小不等，有多个核仁。间质水肿。该肿瘤延伸到皮下组织。核分裂相较少，但对深部组织的广泛浸润和高度的细胞多形性提示该肿瘤在 Patnaik 分级系统为 3 级，在双等级分级系统为高等级。推荐使用吉姆萨染色以确定形态多样的细胞是否是肥大细胞。

图 1.61 所示的是吉姆萨染色的 Patnaik 分级为 3 级的犬皮肤 MCT。图 1.60 中活检的吉姆萨染色可见巨大上皮样细胞中有异染颗粒，显示为间变性肥大细胞。该肿瘤在 Patnaik 分级系统为 3 级，在双等级分级系统为高等级。

在比较评估两级分类（低、高）和三级分类（1、2、3）系统肿瘤的研究中，所有 1 级 MCT 均诊断为低等级，所有 3 级 MCT 均诊断为高等级，82% 的 2 级 MCT 诊断为低等级，18% 的 2 级 MCT 诊断为高等级。值得注意的是，关于本研究的临床相关性上，两级量表的低等级的 MCT 的死亡率为 6%，高等级的 MCT 的死亡率为 71%；而 Patnaik 分级系统中的 1 级 MCT 的死亡率为 0%，2 级 MCT 的死亡率为 23%，3 级 MCT 的死亡率为 100%。MCT 分级不能 100% 准确地预测行为，但这两个系统都与预后有显著相关性。当使用两级量表时，病理学家的诊断有更大的一致性。

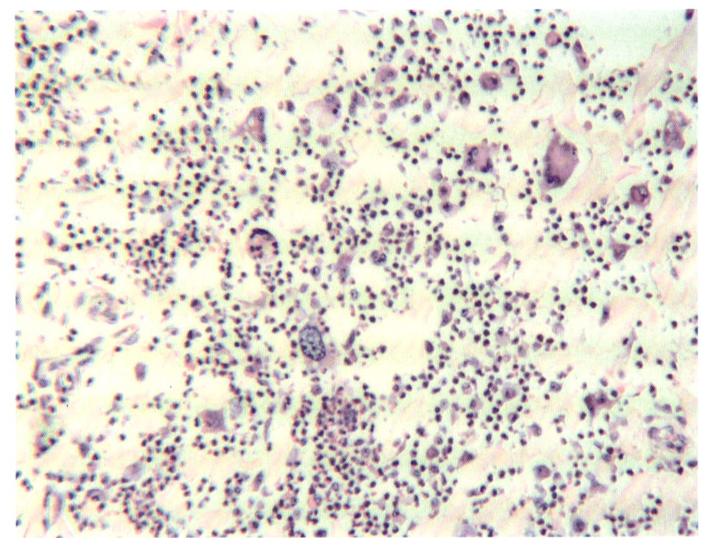

图1.60 犬3级皮肤MCT（40×）

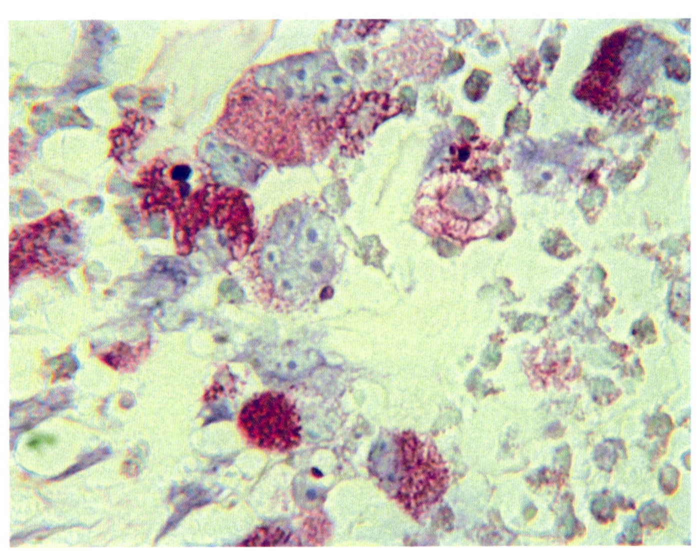

图1.61 犬3级皮肤MCT吉姆萨染色（50×）

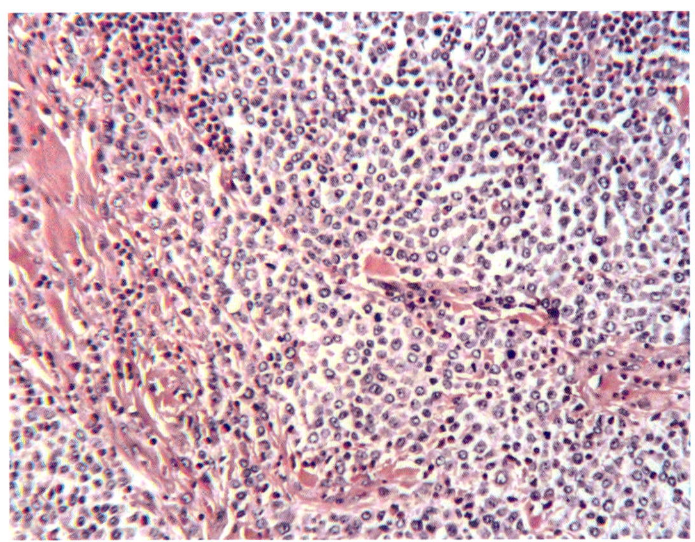

图1.62 犬皮肤MCT，分裂相数高，活检（10×）

图 1.62 所示的是一个皮肤 MCT。由于在肿瘤的某个区域有许多核分裂相，该肿瘤被认为在 Patnaik 分级系统为 3 级，在双等级分级系统为高等级。在该区域有 9 个或更多的核分裂相。

图 1.63 所示的是与图 1.62 相同的皮肤 MCT。在该区域有丝分裂率低，不规则的细胞核多为嗜酸性粒细胞的。这表明分级的判断差异性来源，因为有的肿瘤核分裂相的密度在不同区域差异显著。

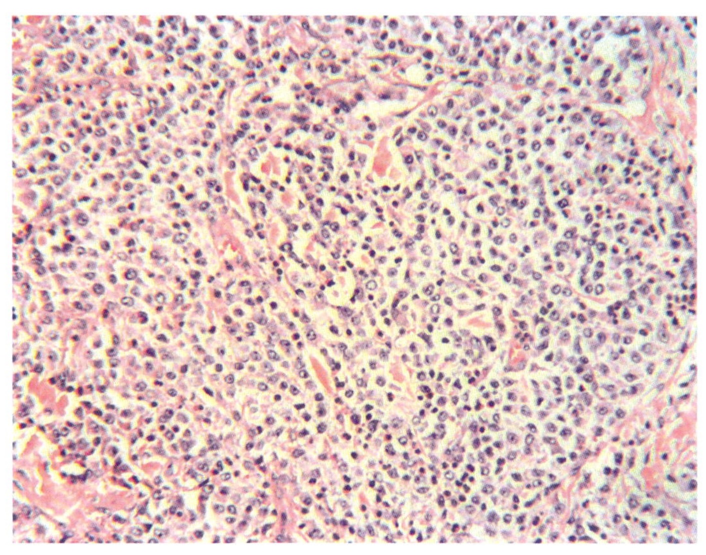

图1.63　犬MCT，分裂相数高，活检（10×）

具有酪氨酸激酶受体（KIT）失调的犬的 MCT 可能更具有侵袭性。没有显示猫 MCT 与 KIT 表达的预后关联，也没有公认的分级系统，但较高的有丝分裂率提示其具有更高的侵袭性。

图 1.64 是一只成年猫的皮肤肿块的活检，在该肿块中肥大细胞呈片状分布，罕见核分裂相。目前还没有适用于猫 MCT 的分级系统。对这种病变的完全切除通常是有效的。

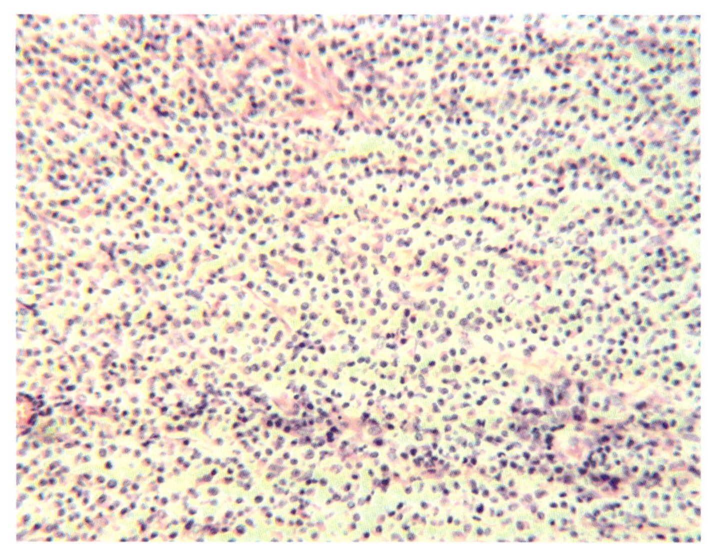

图1.64　猫脾脏MCT活检（10×）

图 1.65 所示的是一只成年猫的脾脏活检，这只猫的脾脏弥散性扩大，需立即诊断检查。手术前需通过全血细胞计数（CBC）检查血液及腹水中的肥大细胞。肥大细胞通常不存在于这些液体

中，在 CBC 或腹腔液中发现肥大细胞则说明脾肿大是因为脾脏 MCT 导致的。如果这些试验不能诊断，可以进行脾脏 FNA 检查。同时检查皮肤肿块，触诊淋巴结，并进行胸部 X 线检查。脾切除术是首选的治疗方法，缓解时间为 12–19 个月。脾脏 MCT 脱颗粒可导致致命性低血压，因此温和处理非常重要。

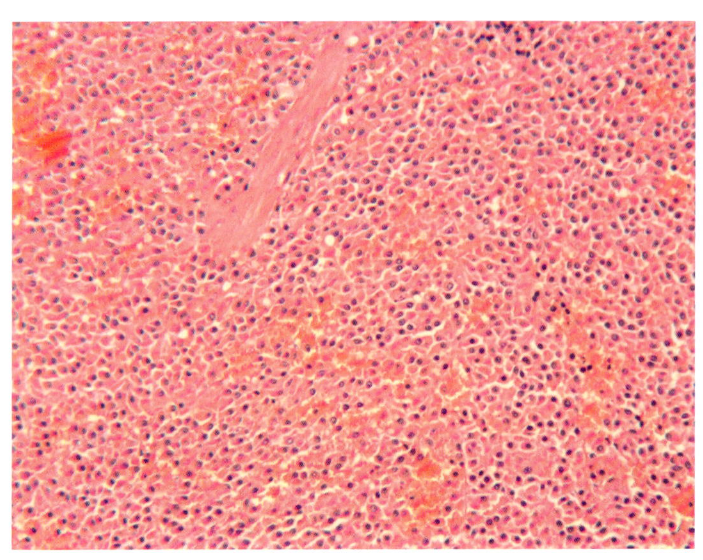

图1.65 猫脾脏MCT活检（10×）

恶性淋巴瘤（淋巴肉瘤）的分级仍未确定，但有一些总结似乎对许多类型的淋巴瘤都有用。淋巴结淋巴瘤和淋巴结外淋巴瘤具有特定的生物学行为。犬肝脾性 T 淋巴细胞瘤和肝性 T 淋巴细胞瘤对治疗反应不佳，通常表现为侵袭性的生物学行为。发生在许多部位的低分级 T 淋巴细胞瘤（包括位于皮肤和肝脏的）均可以消退，并且可以在长期不进行积极治疗的情况下维持生活质量。

结节性淋巴瘤的分级主要基于有丝分裂率，0–5/HPF 则为低分级，6–10/HPF 为中等分级，10/HPF 为高分级。在一项回顾性研究中，患有低分级 T 淋巴细胞瘤的犬的平均生存率为 622d，患有高分级 T 淋巴细胞瘤的犬的平均生存率为 162d，患有最常见的 B 细胞中心母细胞型的犬的平均生存率为 127–221d。鉴定 T 细胞和 B 细胞类型对预后和治疗计划很重要，可以通过免疫组化对活检样本进行鉴定，也可以通过流式细胞术或 PCR 检测抗原受体位点重排（PARR）对 FNA 样本进行鉴定。反应性增生可能发展为低分级或高分级淋巴肉瘤。如果由于 FNA 或活检所确定的形态异质性淋巴细胞群而难以确诊肿瘤的类型，抗原受体位点重排 PCR 可识别克隆群以支持肿瘤的诊断。猫的淋巴瘤预后受逆转录病毒感染和肿瘤部位的显著影响。

图 1.66 所示的是反应性淋巴结的活检。淋巴结肿大可能是由于抗原刺激引起的滤泡增生而导致的。淋巴结应有多个边界清楚的皮质结节，中间为 B 细胞起源的生发中心，周围有一层更密集的小淋巴细胞壁，主要是 T 细胞起源的。髓窦应界限清晰，含有浆细胞和小淋巴细胞。FNA 通常显示小淋巴细胞和大淋巴细胞的混合。曾有报道称反应性增生可发展成肿瘤。

图 1.67 所示的是淋巴结中淋巴瘤的活检，淋巴结丢失了正常滤泡结构，滤泡和窦状隙被成片分布的淋巴细胞替换。这种低分级的淋巴瘤很少有核分裂相。

图 1.68 所示的是一个高分级淋巴瘤的活检，与图 1.67 相似存在结构缺失，但有许多核分裂相。

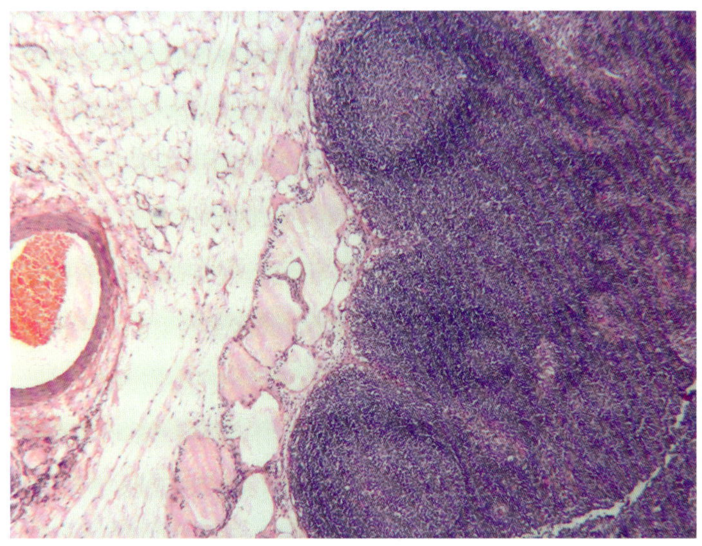

图1.66　反应性淋巴结活检（2.5×）

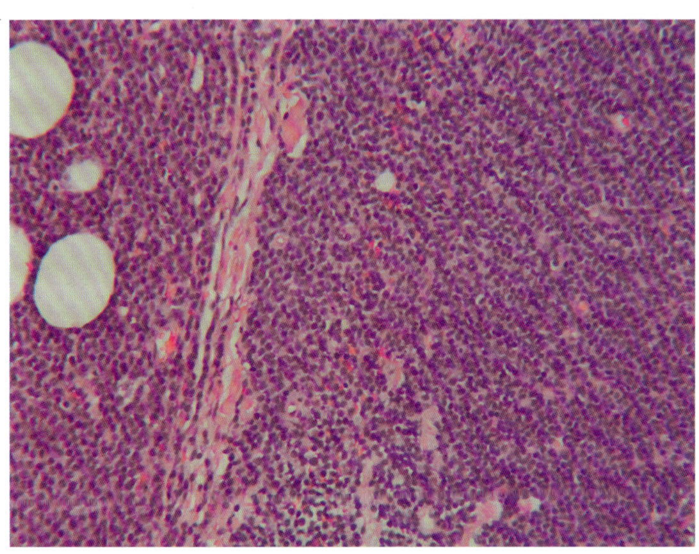

图1.67　淋巴结的淋巴瘤（10×）

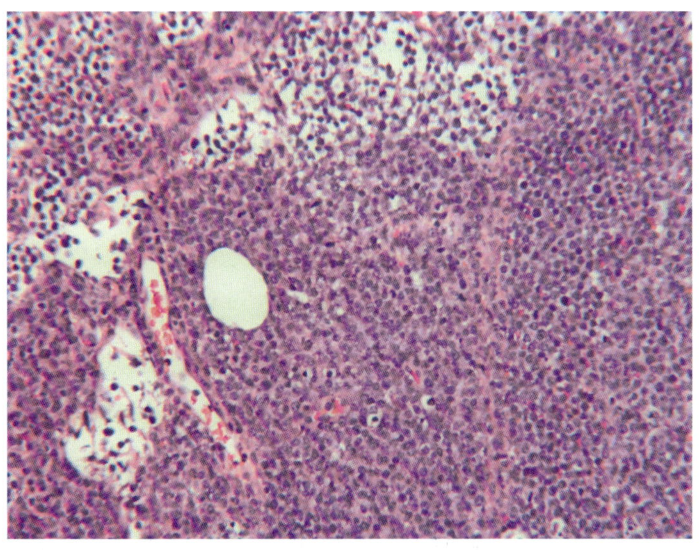

图1.68　淋巴结的高分级淋巴瘤活检（10×）

图 1.69 所示的是皮肤淋巴瘤。皮肤淋巴瘤可发生于皮肤的多个部位，从有毛的皮肤到黏膜表面均可见。在上皮侵袭性皮肤 T 细胞淋巴瘤中，肿瘤最有诊断价值的特征是发现圆形肿瘤细胞侵入表皮层。活检样本必须含有一些完整的表皮才能识别这种特征。

图 1.70 所示的是脾脏恶性淋巴瘤的活检。组织学检查发现弥漫性脾脏增大是呈片状分布的 T 淋巴细胞增生导致的。尽管有低级别、生长缓慢的类型被报道过，但这种类型的肿瘤通常具有侵袭性，对治疗反应通常很差。

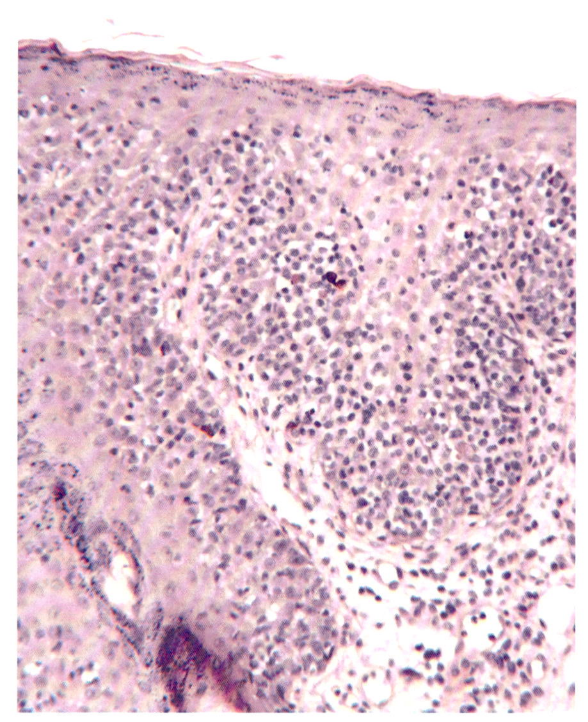

图1.69　皮肤淋巴瘤活检（10×）

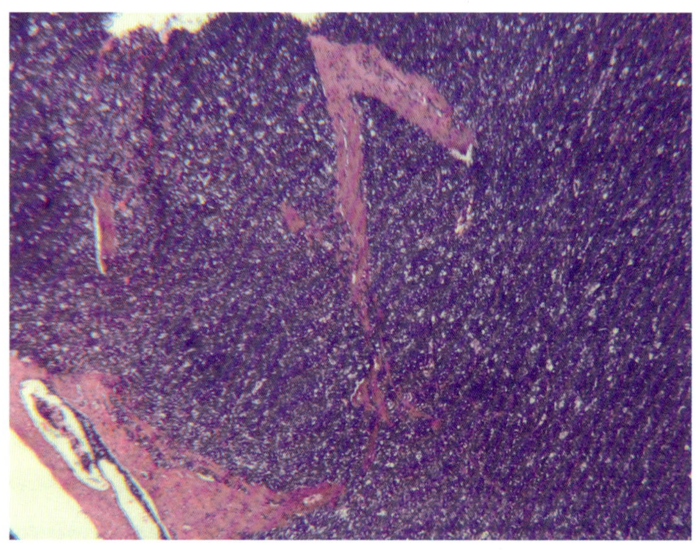

图1.70　脾脏恶性淋巴瘤活检（10×）

组织细胞瘤特别复杂。组织细胞瘤是一种常见于幼犬的圆形细胞瘤。它可以自发退化，但有报道称多灶性病变可发展成组织细胞增多症，并且在极少情况下甚至可以在退化前侵入局部淋巴结。组织细胞肉瘤是这种肿瘤的恶性形式。良性皮肤组织细胞瘤在猫中没有报告，但进行性组织细胞增多症和组织细胞肉瘤发生过。组织细胞瘤倾向于分期而不是分级。

据报道，来自内脏的犬组织细胞肉瘤的转移率为66%，中位存活时间为14.4–43.6d，而发生于四肢的肿瘤的转移率为28%，中位存活时间为125.6–164.4d。猫进行性组织细胞增多症和郎格罕细胞组织细胞增多症是进行性的，并且可导致机体虚弱。此病在猫中可能是反应性的或肿瘤性的，但两者都表现出持续的进展。

图1.71所示为犬皮肤组织细胞瘤活检。犬皮肤组织细胞瘤通常表现为溃疡性的圆顶状肿块，组织细胞呈片状分布，细胞核呈单一的圆形或肾形，罕见有丝分裂相，染色质淡染，细胞质呈中度苍白。它们通常排列成松散的阵列，一直延伸到表皮，有时浸润表皮。在肿瘤边缘常有淋巴细胞和浆细胞聚集。

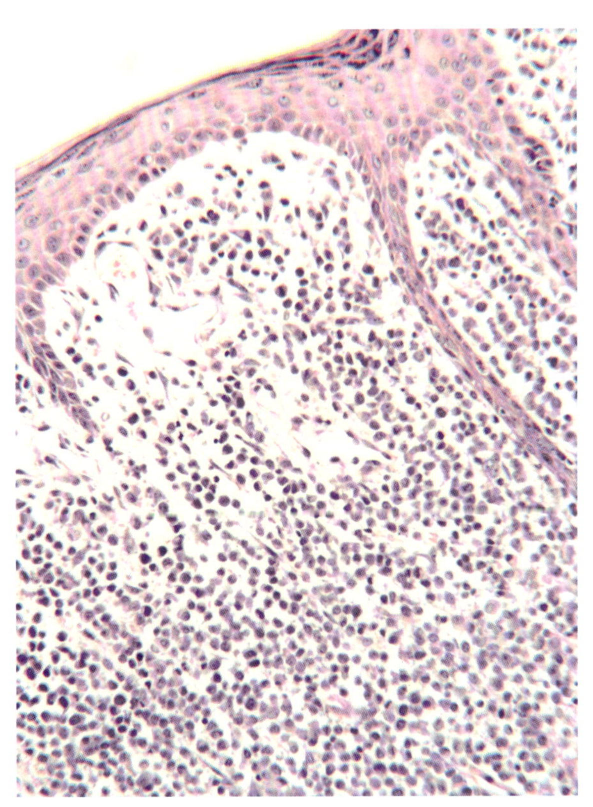

图1.71 犬皮肤组织细胞瘤活检（10×）

图1.72所示为犬皮肤组织细胞增多症的活检。临床上呈多发性肿块，有时增大或减少。而浸润的上皮样细胞的细胞核呈中等多形性，细胞质粗大，是典型的组织细胞增多症。免疫组化是确定肿瘤类型的必要手段。

图1.73所示为组织细胞肉瘤的活检。一只成年雄性雪纳瑞的胸部出现了皮下肿块。活检发现梭形细胞呈席纹状分布，并有上皮样细胞和多核细胞散在分布。MI为0–3/HPF，核分裂相为12/10HPF。肿块延伸到手术边缘。上皮样细胞和多核细胞提示有组织细胞谱系，初步诊断为组织细胞肉瘤。建议用免疫组化方法确认细胞类型。由于这种类型的肿瘤有广泛传播的趋势，因此建议对胸腹部进行放射学和超声检查，进行完全的实验室检查，并检查局部淋巴结。如果胸部X线片

呈阴性，额外的影像检查可能会有所帮助。建议与专家协商从而制定最新的治疗方案。

浆细胞瘤是犬常见的皮肤圆形细胞瘤，有时见于猫。尽管细胞呈多形性，但通常是良性的，不过也有恶性的出现。预后与 2 个因素相关：1）肿瘤细胞是否浸润骨和内脏器官，并伴有高钙血症；2）血清或尿液中是否产生骨髓瘤蛋白，并因为高黏滞性而继发器官损伤。只要存在这 2 种因素中的一种即可降低预后。

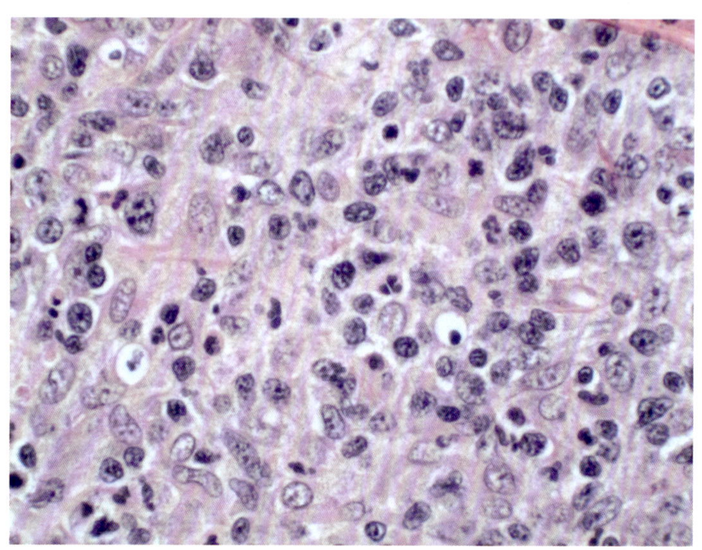

图1.72 犬皮肤组织细胞瘤活检（40×）

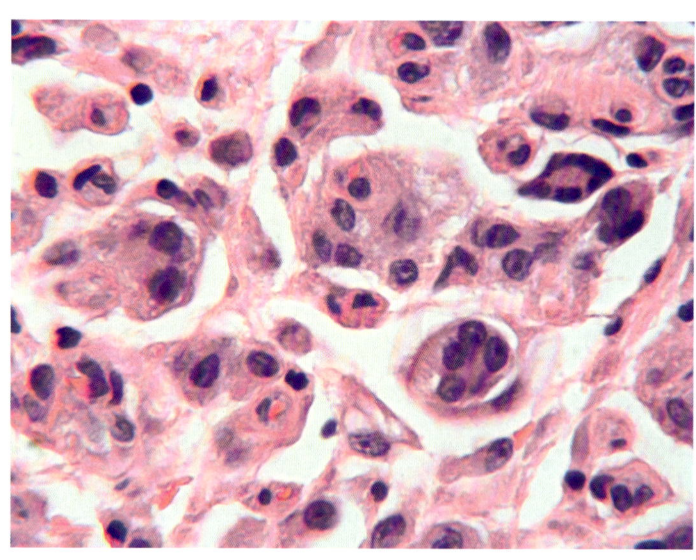

图1.73 组织细胞肉瘤活检（40×）

图 1.74 所示的是浆细胞瘤的活检。对成年雌性斗牛犬的圆顶状无毛的皮肤肿块活检发现许多圆形细胞，其细胞核偏于一侧。还可见大量的双核和三核细胞，偶尔可见细胞核呈小叶状，染色质密集。这种核多形性是良性浆细胞瘤的一个诊断特征。

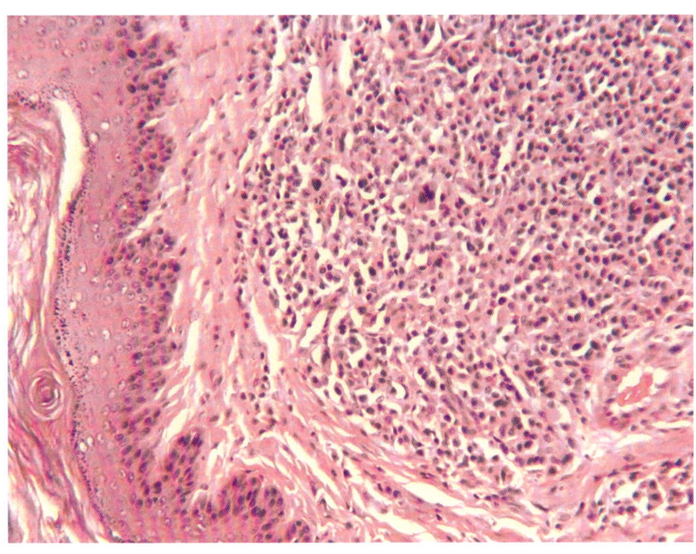

图1.74 浆细胞瘤活检（10×）

黑色素瘤

犬黑色素瘤的预后受位置和有丝分裂率的影响。黏膜表面的黑色素瘤多生长迅速，易转移，但也有良性黑色素瘤。生长于有毛皮肤部位的黑色素瘤多生长缓慢，转移也多发生在病程后期，但也可能出现生长十分迅速的皮肤黑色素瘤。有丝分裂指数（MI）< 3/10HPF 的皮肤肿瘤生长速度略慢且常呈良性，而 MI < 4/10HPF 的口腔肿瘤级别较低，手术需完全切除多于 0.5cm 的边缘，而且要确认没有任何淋巴或远程转移才可愈合。由于该肿瘤长时间存在后可转化为恶性，一些体积较大，生长缓慢的肿瘤可能出现局部有丝分裂活性增强，诊断时应选择有丝分裂率最高的区域进行评估。最后，由肿瘤生长位置、肿瘤大小、分级以及切除的肿瘤边缘宽度决定预后。

猫黑色素瘤的生物学行为难以预估，完全切除是目前最有效的延长生存期的方法。

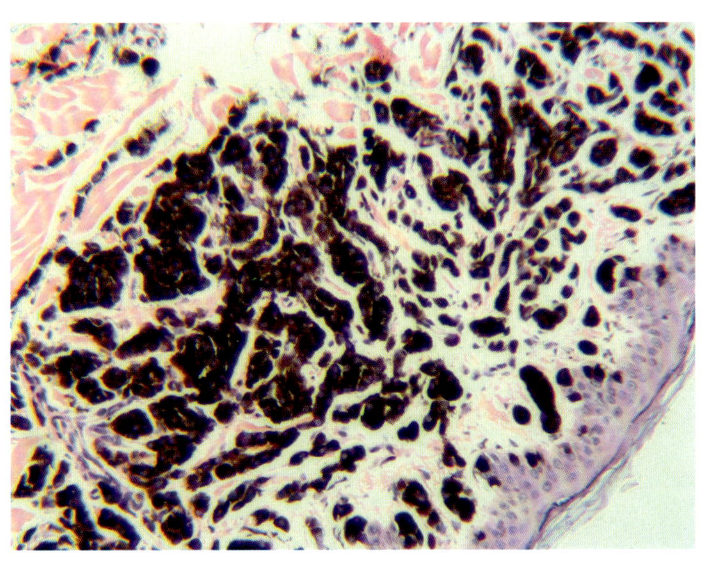

图1.75 犬皮肤活检见一皮肤黑色素瘤，分化良好（10×）

图 1.75 为一例分化良好的肿瘤，位于表皮下层，肿瘤细胞深染。非深染区未见有丝分裂相。肿瘤边缘有至少 0.2cm 正常组织有连接活动，说明此低等级肿瘤已被完全切除。但理想状况下，应至少切除侧面 0.5cm 的正常组织和深处 1 层筋膜组织。

图 1.76 为一例黑色素瘤活检，图中箭状指针所指为连接活动。连接活动（新生黑色素细胞增生堆叠嵌套在周围组织中）是黑色素瘤的典型特征。但只能适用于皮肤完整的样本，如果提交的样本出现完全溃疡性病变则会延迟对低分化肿瘤的最终诊断。

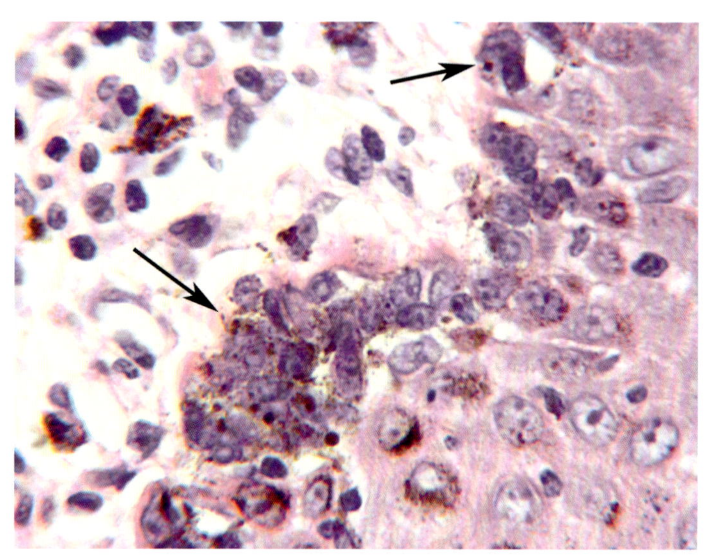

图1.76 黑色素瘤活检，图中可见交界处活动（40×）

图 1.77 为一例皮肤黑色素瘤，分化良好。黑色素细胞染色深浅不一，有丝分裂相为 0–1/HPF，MI 为 2/10HPF。图中有区域可见交界处的连接现象。此肿瘤分化良好。

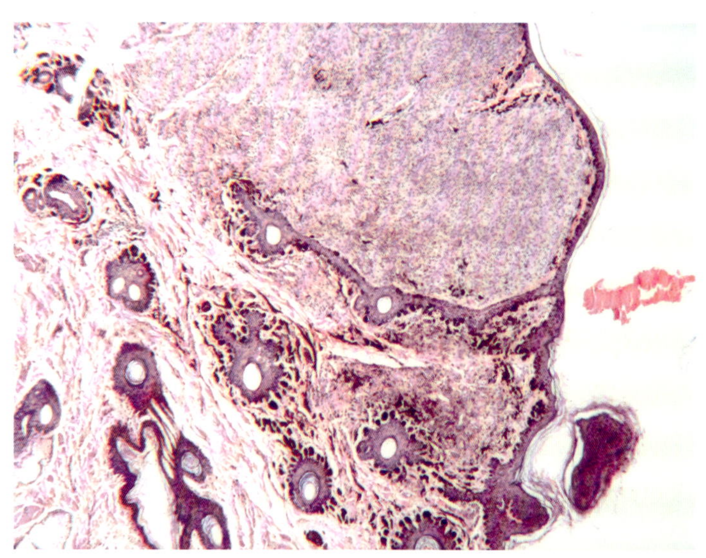

图1.77 皮肤黑色素瘤活检，分化良好（2.5×）

图 1.78 为一例皮肤黑色素瘤活检，分化不良。增生细胞浅染，形状不一，从上皮样到梭形细胞样不等，并出现明显的细胞核大小不均，呈多小叶状。本图中仅有少量散在的有丝分裂相，但该

肿瘤总体 MI 为 19。增生细胞不能确定为黑色素细胞源，而上皮交界处出现连接活动是确诊的主要依据，不必进行免疫组化。溃疡区域的上皮组织可能已经损伤，在样本中无法呈现，导致无法观察连接活动。图中肿瘤属易转移复发的类型，准确诊断十分重要。

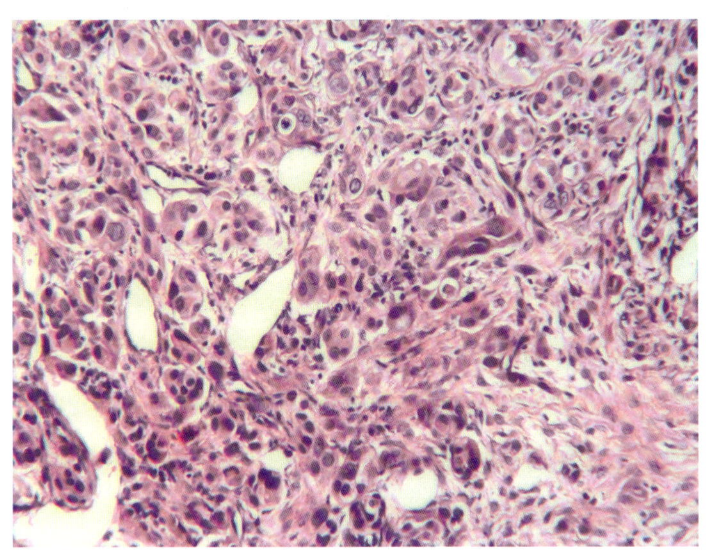

图1.78　皮肤黑色素瘤活检，分化不良（10×）

图 1.79 为一例黑色素瘤的 FNA，可见细胞呈多形性，分化不良。从图中可见一梭形细胞，黑色素含量极少；还可见一上皮样细胞，黑色素含量适中。这种细胞群的多形性是黑色素瘤的标志。

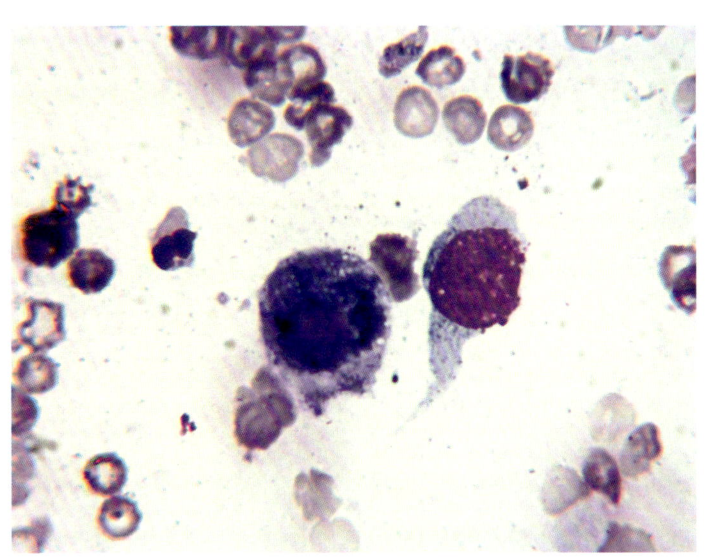

图1.79　皮肤黑色素瘤FNA（50×）

图 1.80 为一例黑色素瘤活检，分化不良。从图中可见上方的异形黑色素细胞呈梭形，颜色浅染，而相邻的黑色素细胞群颜色深染，体现了该肿瘤中细胞的多形性，在图 1.79 中可见。在该肿瘤的不同位置取样活检会看到完全迥异的肿瘤表现。

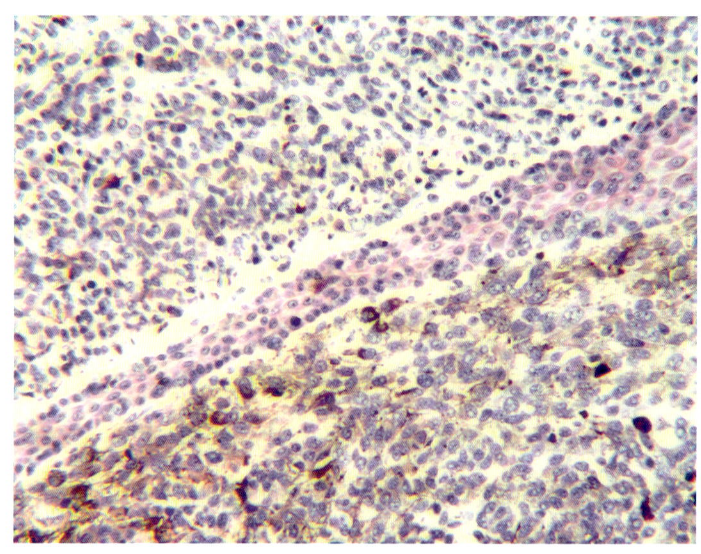

图1.80 皮肤黑色素瘤活检，分化不良（10×）

总结

总之，影响肿瘤性质的关键因素因肿瘤而异，不同肿瘤会受肿瘤位置、有丝分裂率或诸如生殖激素受体、缺氧、酪氨酸激酶受体（KIT）表达等多种因素影响。良性肿瘤可能只增大而不侵犯周围组织，可能转为恶性肿瘤并发生转移，有时甚至会自行消失。恶性肿瘤可能包含良性或反应性细胞，混淆诊断结果；相对应的是，反应性细胞的组织学切片可能呈恶性肿瘤细胞样。主人经济情况受限或拒绝转诊时，全科医师可给予适当的治疗方案，可能可以延长动物生命，提高其生活质量，包括：抗菌药（如多西环素）可用于治疗引起免疫功能障碍和慢性反应性淋巴增生的传染病；环氧合酶（COX）抑制剂可治疗上皮性肿瘤；肥大细胞瘤（MCT）和胃肠道间质肿瘤（GIST）表现出受体改变时，可使用酪氨酸激酶抑制剂；淋巴增生性疾病可以合理使用免疫抑制剂；以及将肿瘤进行完全手术切除。要及时咨询肿瘤专科医生来制定最佳治疗方案，因为肿瘤领域的发展十分迅速，最新的发现往往需要一段时间才能普及。如果主人预期较高，则需要提供除基本组织病理学之外的检测手段，包括免疫组化、抗原受体位点重组 PCR、针对特异性酪氨酸激酶受体突变的 c-KIT 分析、核仁形成区银染（Ag-NOR），及其他研发中的检测手段。

下面重点总结全科医师需要注意的几种常见肿瘤。

在上皮性肿瘤中，细胞组成简单的更倾向于侵犯周围组织，如单一细胞类型的单纯腺细胞肿瘤；而细胞组成较为复杂的肿瘤则相反，如混合型乳腺肿瘤中同时存在上皮细胞和肌上皮细胞。肿瘤所在位置也可以提供线索，例如，相比有毛发皮肤处的鳞状细胞癌，黏膜上的鳞状细胞癌出现周围组织侵入的时间更早。上皮性肿瘤侵犯周围基质和淋巴，尤其是骨质时，预后通常较差。

对猫来说，任何位置的组织细胞瘤预后都较差；但犬组织细胞瘤的表现与位置关系极大，如皮肤组织细胞瘤与脾组织细胞肉瘤的预后完全不同。

淋巴肿瘤的预后与细胞类型有关。犬猫的 B 细胞肿瘤都倾向于快速扩张，而 T 细胞肿瘤生长可能迅速，也可缓慢；且犬 T 细胞肿瘤可通过有丝分裂率预估肿瘤的生物学行为。

MCT 的生物学行为与分级相关，犬 MCT 的分级主要由有丝分裂率和核多形性决定。猫 MCT 目前还没有可以预估肿瘤生物学行为的分级方法，但发病位置（如皮肤与内脏）和有丝分裂率会影响肿瘤的行为特点。

黑色素瘤的发病率和死亡率主要取决于手术切除是否完全，预后主要根据肿瘤本身的有丝分裂率和核多形性判断。

犬肉瘤也可以通过初期的广泛切除得到最大程度的缓解，该肿瘤的生物学行为与有丝分裂率和核多形性直接相关。猫的某些肉瘤，包括各种由原因导致的组织损伤引起的肉瘤，生长十分迅速，其位置是可以预测的，因此须将肿瘤完全切除，并去除较宽的肿瘤边缘组织才能延长动物存活时间。

推荐阅读

[1] Valli VE, Kass PH, Myint MS, Scott F. Canine lymphomas: Association of Classification Type, Disease Stage, Tumor Subtype, Mitotic Rate, and Treatment with Survival. Vet Path 2013; 50:738–748.

[2] Kamstock DA, Ehrhart EJ, Getzy DM. Recommended Guidelines for Submission, Trimming, Margin Evaluation, and Reporting of Tumor Biopsy Specimens in Veterinary Surgical Pathology. Vet Path 2011; 48:19–31.

[3] Clifford C, Skorupski K, Moore P. Histiocytic diseases. In Small Animal Clinical Oncology, 5th ed. Withrow and MacEwen. 2013. Elsevier. St. Louis. 706–715.

[4] Smedley RC, Spangler WL, Esplin DG, Kitchell BE, Bergman PJ, Ho H-Y, Bergen IL, Kiupel M. Prognostic Markers for Canine Melanocytic Neoplasms: A Comparative Review of the Literature and Goals for Future Investigation. Vet Path 2011; 48:54–72.

[5] Sorenmo KU, Rasotto R, Zappulli V, Goldschmidt MH. Development, Anatomy, Histology, Lymphatic Drainage, Clinical Features, and Cell Differentiation Markers of Canine Mammary Gland Neoplasms. Vet Path 2011; 48:85–97.

[6] Vail DM, Pinkerton ME, Young KM. Hematopoietic Tumors. In Small Animal Clinical Oncology, 5th ed. Withrow and MacEwen. 2013. Elsevier. St. Louis. 608–627.

[7] Sorenmo KU, Worley DR, Goldschmidt MH. Tumors of the Mammary Gland. In Small Animal Clinical Oncology, 5th ed. Withrow and MacEwen. 2013. Elsevier. St. Louis. 538–556.

[8] Hauck ML. Tumors of the Skin and Subcutaneous Tissues. In Small Animal Clinical Oncology, 5th ed. Withrow and MacEwen. 2013. Elsevier. St. Louis. 306.

[9] Beckwith-Cohen B, Teixeira LBC, Ramos-Vara JA, Dubielzig RR. Squamous Papilloma of the Conjunctiva in Dogs: A Condition Not Associated with Papillomavirus Infection. Vet Path 2015; 52:676–680.

[10] Belluco S, et al. Digital Squamous Cell Carcinoma in Dogs, Epidemiological, Histological, and Immunohistochemical Study. Vet Path 2013; 50:1078–88.

[11] Theon AP, Madewell BR, Shearn VI, et al. Prognostic factors associated with radiotherapy of squamous cell carcinoma of the nasal plane in cats. JAVMA 1995; 206:991–996.

[12] Hahn KA, McEntee MF. Primary lung tumors in cats: 86 cases (1979–1994). JAVMA 1997; 211:1257–1260.

[13] Rasotto R, Zappulli V, Castagnaro M, Goldschmidt MH. A Retrospective Study of Those Histopathologic Parameters Predictive of Invasion of the Lymphatic System by Canine Mammary Carcinomas. Vet Path 2012; 49:330–340.

[14] Pena L, De Andres PJ, Clemente M, et al. Prognostic Value of Histological Grading in Noninflammatory Canine Mammary Carcinomas in a Prospective Study With Two - Year Follow - Up: Relationship With Clinical and Histological Characteristics. Vet Path 2013; 50:94–105.

[15] Pena L, Gama MH, Goldschmidt MH. Canine Mammary Tumors: A Review and Consensus of Standard Guidelines on Epithelial and Myoepithelial Phenotype Markers, HER2, and Hormone Receptor Assessment Using Immunohistochemistry. Vet Path 2014; 51:127–145.

[16] Ferreira E, Gobbi H, Saraiva BS, Cassali GD. Histological and Immunohistochemical Identification of Atypical Ductal Mammary Hyperplasia as a Preneoplastic Marker in Dogs. Vet Path 2012; 49:322–329.

[17] Penafiel - Verdu C, Buendia AJ, Navarro JA, et al. Reduced Expression of E - cadherin and B - catenin and High Expression of Basal Cytokeratins in Feline Mammary Carcinomas with Regional Metastasis. Vet Path 2012; 49:979–987.

[18] Goldschmidt M, Pana L, Rasotto R, Zappulli V. Classification and Grading of Canine Mammary Tumors. Vet Path 2011; 48:117–131.

[19] Zappulli V, Caliari D, Rasotto R, et al. Proposed Classification of the Feline “Complex” Mammary Tumors as Ductal and Intraductal Papillary Mammary Tumors. Vet Path 2013; 50:1070–77.

[20] Dennis MM, McSporran KD, Bacon NJ, et al. Prognostic Factors for Cutaneous and Subcutaneous Soft Tissue Sarcomas in Dogs. Vet Path 2011; 48:73–84.

[21] Liptak JM, Forrest LJ. Soft tissue sarcomas. In Small Animal Clinical Oncology, 5th ed. Withrow and MacEwen. 2013. Elsevier. St. Louis. 356–369.

[22] Schulman FY, Johnson TO, Facemire PR, Fanburg - Smith JC. Feline Peripheral Nerve Sheath Tumors: Histologic, Immunohistochemical, and Clinicopathological Correlation (59 Tumors in 53 Cats). Vet Path 2009; 46:1166–1180.

[23] Thamm D. Hemangiosarcoma. In Small Animal Clinical Oncology, 5th ed. Withrow and MacEwen. 2013. Elsevier. St. Louis. 679–688.

[24] Kruse MA, Holmes ES, Balko JA, et al. Evaluation of Clinical and Histopathologic Prognostic Factors for Survival in Canine Osteosarcoma of the Extracranial Flat and Irregular Bones. Vet Path 2013; 50:704–708.

[25] Aeffner F, Weeren R, Morrison S, et al. Synovial Osteochondromatosis with Malignant Transformation to Chondrosarcoma in a Dog. Vet Path 2012; 49:1036–1039.

[26] Mehl ML, Withrow SJ, Seguin B, et al. Spontaneous remission of osteosarcoma in four dogs. JAVMA 2001; 219:614–617.

[27] Patnaik AK, Ehler WJ, MacEwen EG. Canine Cutaneous Mast Cell Tumor: Morphologic Grading and Survival Time in 83 Dogs. Vet Path 1984; 21:469–474.

[28] Kuipel M, Webster JD, Bailey KL, et al. Proposal of a 2 - Tier Histologic Grading System for Canine Cutaneous Mast Cell Tumors to More Accurately Predict Biological Behavior. Vet Path 2011; 48:147–155.

[29] Romansik EM, Reilly CM, Kass PH, et al. Mitotic Index Is Predictive for Survival for Canine Cutaneous Mast Cell Tumors. Vet Path 2007; 44:335–341.

[30] Vascellari M, Giantin M, Capello K, et al. Expression of Ki67, BCL - 2, and COX - 2 in Canine Cutaneous Mast Cell Tumors: Association With Grading and Prognosis. Vet Path 2013; 50:110–121.

[31] Zemke D, Yamini B, Yuzbasiyan - Gurkan V. Mutations in the Juxtamembrane Domain of c - KIT Are Associated with Higher Grade Mast Cell Tumors in Dogs. Vet Path 2002; 39:529–535.

[32] Sabattini S, Guadagni Frizzon M, Gentilini F, et al. Prognostic Significance of Kit Receptor Tyrosine Kinase Dysregulations in Feline Cutaneous Mast Tumors. Vet Path 2013; 50:797–805.

[33] London CA, Thamm DH. Mast Cell Tumors. In Small Animal Clinical Oncology, 5th ed. Withrow and MacEwen. 2013. Elsevier. St. Louis. 346–349.

[34] Fry MM, Vernau W, Pesavento PA, et al. Hepatosplenic lymphoma in a dog. Vet Path. 2003. 40:556–562.

[35] Keller SM, Vernau W, Hodges J, et al. Hepatosplenic and Hepatocytotropic T - Cell Lymphoma: Two Distinct Types of T - Cell Lymphoma in Dogs. Vet Path. 2012; 50:281–290.

[36] Vail DM, Pinkerton ME, Young KE. Hematopoietic tumors. In Small Animal Clinical Oncology, 5th ed. Withrow and MacEwen. 2013. Elsevier. St. Louis. 608–638.

[37] Valli VE, Myint MS, Barthel A, et al. Classification of canine malignant lymphomas according to the World Health Organization criteria. Vet Path. 2011; 48:198–211.

[38] Valli VE, Vernau W, de Lorimier P, et al. Canine indolent nodular lymphoma. Vet Path. 2006; 43:241–256.

[39] Burnett RC, Vernau W, Modiano JF, et al. Diagnosis of Canine Lymphoid Neoplasia Using Clonal Rearrangements of Antigen Receptor Genes. Vet Path. 2003; 40:32–41.

[40] Vail DM, Pinkerton ME, Young, KE. Hematopoietic tumors. In Small Animal Clinical Oncology, 5th ed. Withrow and MacEwen. 2013. Elsevier. St. Louis. 638–653.

[41] Moore PF. A Review of Histiocytic Diseases of Dogs and Cats. Vet Path 2014; 51:167–184.

[42] Constantino - Casas F, Mayhew D, Hoather TM, Dobson JM. The Clinical Presentation and Histopathologic - Immunohistochemical Classification of Histiocytic Sarcomas in the Flat Coated Retriever. Vet Path 2011; 48:764–771.

[43] Busch MDM, Reilly CM, Luff JA, Moore PF. Feline Pulmonary Langerhans Cell Histiocytosis with Multiorgan Involvement. Vet Path 2008; 45:816–824.

[44] Vail DM. Myeloma - Related Disorders. In Small Animal Clinical Oncology, 5th ed. Withrow and MacEwen. 2013. Elsevier. St. Louis. 365–378.

[45] Bergman PJ, Kent MS, Farese JP. Melanoma. In Small Animal Clinical Oncology, 5th ed. Withrow and MacEwen. 2013. Elsevier. St. Louis. 321–334.

[46] Campagne C, Jule S, Alleaume C, et al. Canine Melanoma Diagnosis: RACK1 as a Potential Biological Marker. Vet Path 2013; 50:1083–1090.

[47] Abbondati E, Del - Pozo J, Hoather TM, et al. An Immunohistochemical Study of the Expression of the Hypoxia Markers Glut - 1 and Ca - IX in Canine Sarcomas. Vet Path 2013; 50:1063–69.

[48] Maes RK, Langohr IM, Wise AG, et al. Beyond H&E: Integration of Nucleic Acid - Based Analysis Into Diagnostic Pathology. Vet Path 2014; 51:238–256.Cose Studies

第 2 部分

病例研究

第2章 头颈部肿瘤

头部的骨肿瘤

从颅骨和眼眶周围生长出来的肿物通常没有分泌物、出血或疼痛的迹象，如果不造成头骨变形则不容易被发现。FNA 可以对增生细胞类型作初步诊断，但是需要活检以确诊，因为分化良好的癌变骨细胞无法在细胞学上和反应性骨组织区分。

图 2.1 是一只雌性绝育拉布拉多成年犬，临床表现为额窦长有硬瘤。颅骨有明显的变形（箭状指针）。如果 FNA 显示规则的骨组织，则是低等级的骨病变；如果发现非典型的骨组织，就证明是恶性骨瘤。通过 X 线检查可以发现骨增生或溶解区域，可作为 FNA 或者活检的目标区域。FNA 只能鉴别典型的骨增生的细胞类型，如果没有非典型细胞则需要活检来分析具体的组织结构。

图2.1 雌性绝育拉布拉多成年犬，临床表现为额窦有硬瘤

骨瘤

图 2.2 是一只雌性绝育成年混血犬的骨瘤。眼周肿块经 FNA 发现一个大的破骨细胞（箭状指针）和大量细胞核规则的上皮样成骨细胞（箭头）。这些细胞类型无法区分是反应性的骨增生还是骨瘤。建议活检确诊。

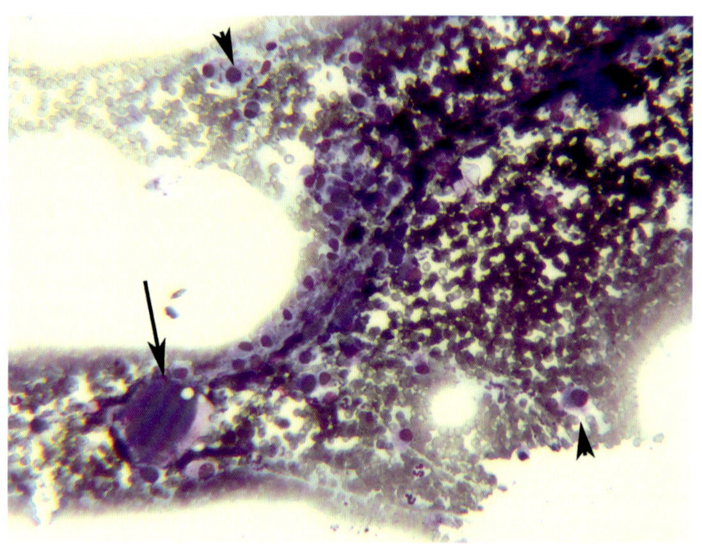

图2.2 犬骨瘤的FNA（10×）

图 2.3 是一只犬的多小叶型骨瘤。一只 10 岁雌性金毛寻回猎犬，在左侧枕骨隆突有一个硬肿块，从侧面向头骨后侧延伸。生长时间为 5–7 周。肿瘤被切除后去做检测，标本是 3.5cm × 2.5cm × 2.5cm 的颗粒型肿块。肿块被脱钙处理，外围是多小叶型、光滑、颜色呈棕色。取中间典型部位进行组织学检查。肿块有多小叶和多结节状的结构特征。由连续的骨小叶组成，外围是一层梭形细胞。结节由骨骼和软骨组成。小叶大小不等，主要是软骨的分化结构。MI 为 1/10HPF。结节之间散布成团的多核细胞。肿瘤团块细胞深入到切片边缘。多小叶型肿瘤在局部可能是恶性的，即使手术清除干净也很容易复发。有一些甚至转化成恶性的骨肉瘤。骨肉瘤会经过血液和淋巴液转移到全身。头骨是犬骨瘤最常见的发病部位。肿瘤在 X 线片具有特殊的表现。

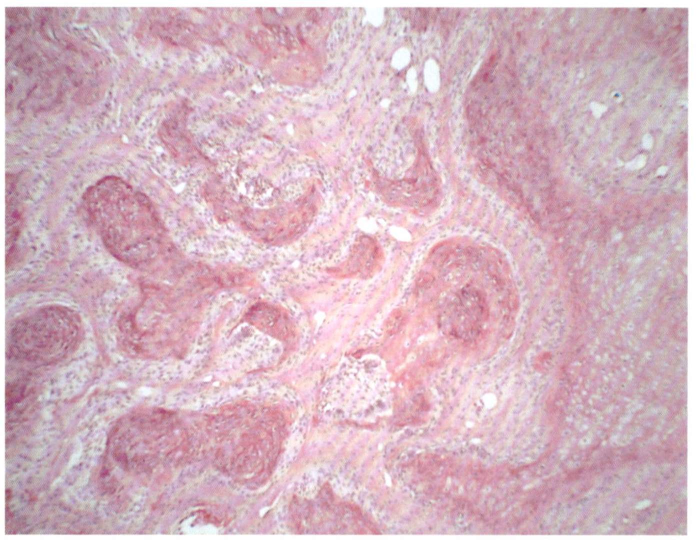

图2.3 犬多小叶型骨瘤活检（4×）

骨肉瘤

图 2.4 是犬的骨肉瘤。是位于一只雌性绝育成年混血犬颧骨的肿块，FNA 显示血细胞、上皮细胞和成骨细胞（箭头）呈现中度到严重的核大小不均。嗜酸性基质内嵌有细胞团块，很可能是类骨质。细胞核大小不均提示可能是一群肿瘤细胞。

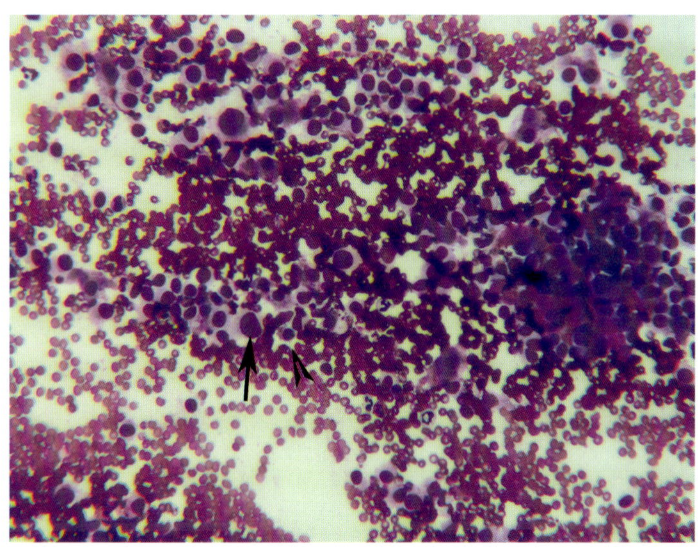

图2.4　犬骨肉瘤FNA（10×）

图 2.5 是一只 16 岁短毛家猫的毛细血管扩张性骨肉瘤。左眼下方有一个 2cm 肿块，在 2 个月时间内迅速变大。X 线片上没有发现相应的骨骼变化。手术切除 2.0cm × 1.0cm × 1.7cm 的外观呈多小叶棕色的肿块做组织学检查。肿块是多形性的间质细胞瘤，由中等到大型的多边形细胞组成，细胞形状和细胞核大小不等，至少有一个明显的核仁，细胞质呈嗜酸性，细胞边界不清晰。细胞分泌的类骨质呈多灶样分布，肿瘤团块嵌入分化良好的骨组织碎片。还有一些骨小梁分化不完全。充满血液的腔隙内也可见到类似的细胞。有局部明显的缺血性坏死。某些区域的血红素沉积和高铁红细胞说明有过出血。在实质区有丝分裂率可能达到 3/HPF，不正常的分裂相也很明显。在充满血液的腔隙内层细胞里偶尔也可见有丝分裂相，这些细胞有时会有双核。这个多形性的骨肉瘤最可能是毛细血管扩张性骨肉瘤。骨肉瘤在局部是恶性发展的，即使完全切除后也有可能复发，有向肺脏和其他脏器转移的可能。有时候也会向外周淋巴结转移。骨肉瘤在猫科动物转移速率比犬科要慢，但是考虑到位置和边界不明显，预后仍不良。

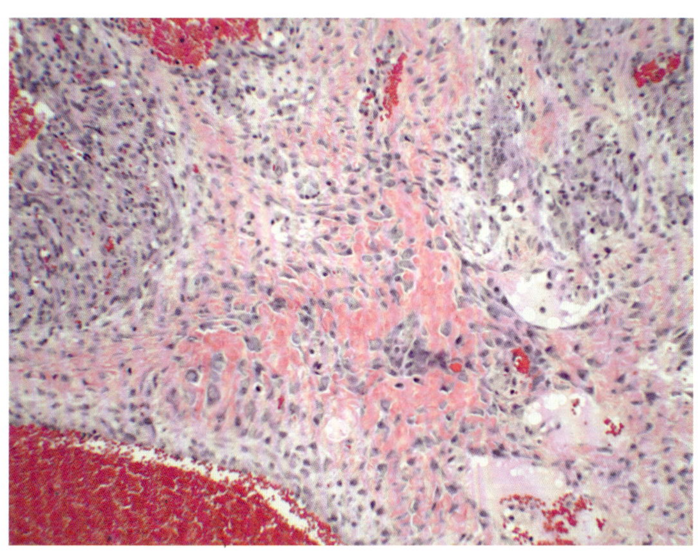

图2.5　猫毛细血管扩张性骨肉瘤（10×）

耳道肿块

在犬和猫的耳道内会发现息肉样肿块。最常见的肿块是良性的息肉（犬、猫）以及良性或者恶性的耵聍腺肿瘤（猫）。FNA 和活检是最常见的诊断方式，因为多形性细胞的出现证明需要扩大手术切除的边缘并且要检查是否转移至外周淋巴结。

耳息肉

图 2.6 是猫耳道息肉。3 岁雄性波斯猫的耳道息肉经 FNA 发现混合的细长的梭形细胞、来自黏膜的上皮细胞和围绕扩张耵聍腺的巨噬细胞，还有染色不等的表皮碎片。细胞比例低，细胞核小且形状单一。

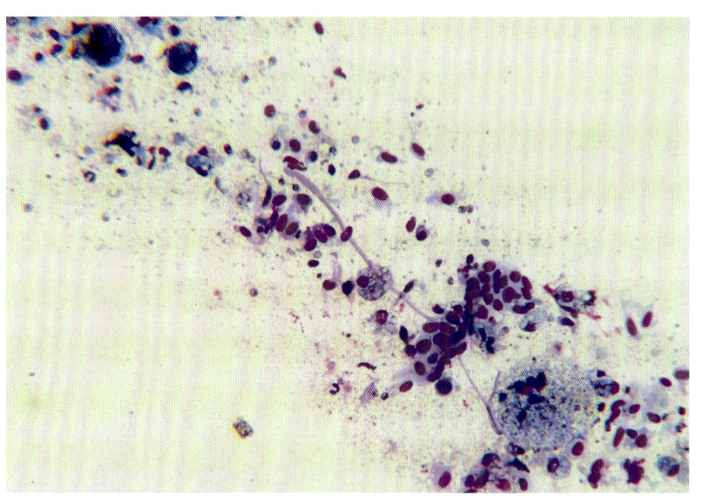

图2.6 猫耳道息肉FNA（10×）

图 2.7 是猫耳道息肉的活检。12 岁的雌性绝育三色猫在耳道长有结节状的肿块，切除后进行组织学检查。耵聍腺（箭状指针）扩张，被溃疡的黏膜和细长的梭形细胞包围，腺体周围有小淋巴细胞、浆细胞和巨噬细胞。切片边缘组织正常。完全切除是可以治愈的。

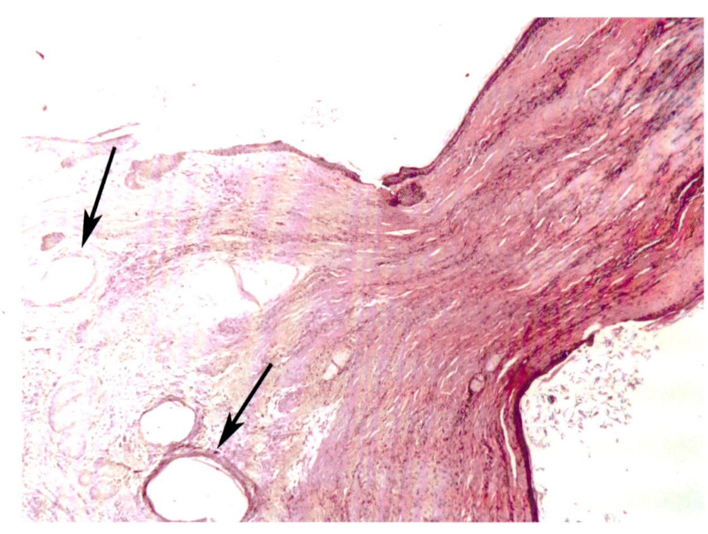

图2.7 猫耳道息肉活检（10×）

耵聍腺瘤

图 2.8 是犬的耵聍腺瘤。成年雌性波士顿㹴的耳道肿块 FNA 揭示了大小均一的立方上皮细胞，有小的、形态单一的细胞核，细胞质呈中等无色到轻度嗜碱性。背景有链状或者块状分布的成熟红细胞。上皮细胞均一的细胞核表示很可能是良性的肿瘤，但此类型肿瘤有变成恶性的可能，因此建议尽早切除。

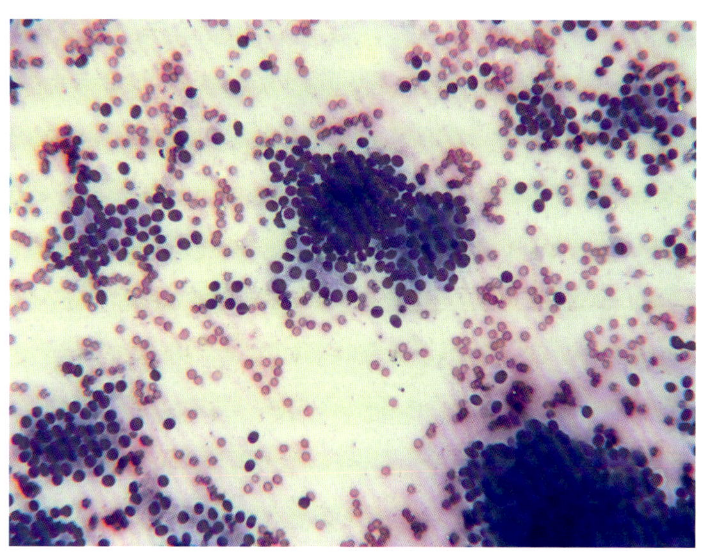

图2.8 犬耵聍腺瘤FNA（10×）

图 2.9 是犬的耵聍腺瘤。11 岁的雄性去势魏玛猎犬右耳长有脆弱易出血的肿块。肿块切除做组织学检查。肿块外缘有分化良好的复层扁平上皮，证明由外耳道分化而来。肿瘤细胞呈小到中等大小的多边形或立方形，来自构成分支管状的上皮细胞。细胞分裂相不常见。边缘无法被评定。此类的犬耵聍腺瘤通常是良性的。建议完全切除，否则会复发。

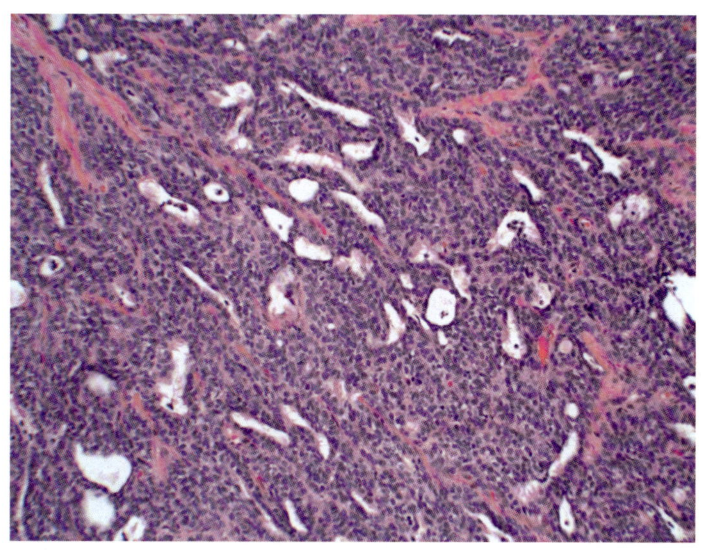

图2.9 犬耵聍腺瘤活检（10×）

耵聍腺癌

图 2.10 是猫的耵聍腺癌。是一只老年绝育短毛家猫耳道肿块的 FNA，显示上皮细胞有中等程度

至明显的核大小不等，核仁突出，细胞质呈嗜碱性，背景中有大量的中性粒细胞和巨噬细胞。此种程度的细胞核多形性是典型的恶性肿瘤，建议及时手术切除进行活检并且确定手术切缘是否干净。

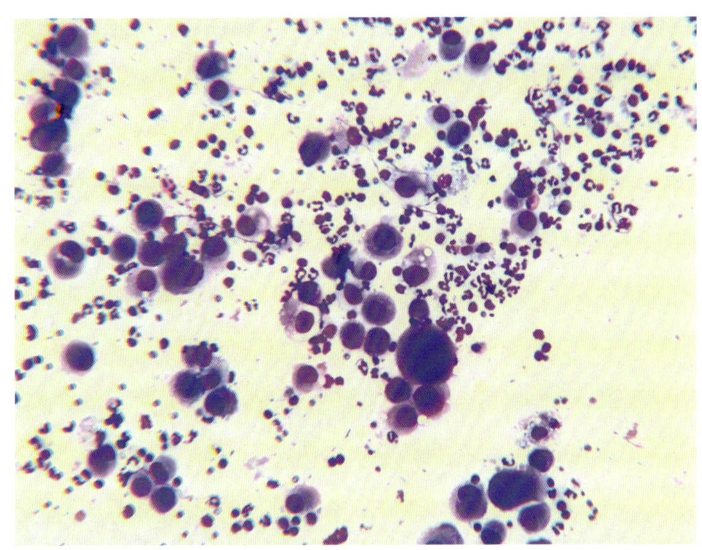

图2.10 猫耵聍腺癌FNA（10×）

图 2.11 是猫的耵聍腺癌。5 岁雌性绝育短毛家猫有耳道肿块的病史，做过活检并确认耵聍腺癌。手术切除整个左侧耳道，图为切除耳道的组织学检查。肿块有溃疡、边缘不规则，基质有中性粒细胞、淋巴细胞和浆细胞浸润。肿瘤细胞由顶浆分泌腺体的管状细胞构成，细胞是多层分布，呈多形性，有多边形、立方形和柱状的上皮细胞。有些腺体管充满了中性粒细胞。有肿瘤细胞类似的小团块浸润。手术切缘干净。不同于犬，猫的耵聍腺肿瘤有 50% 可能性为恶性。即使完全切除，也有复发和经淋巴转移的可能。

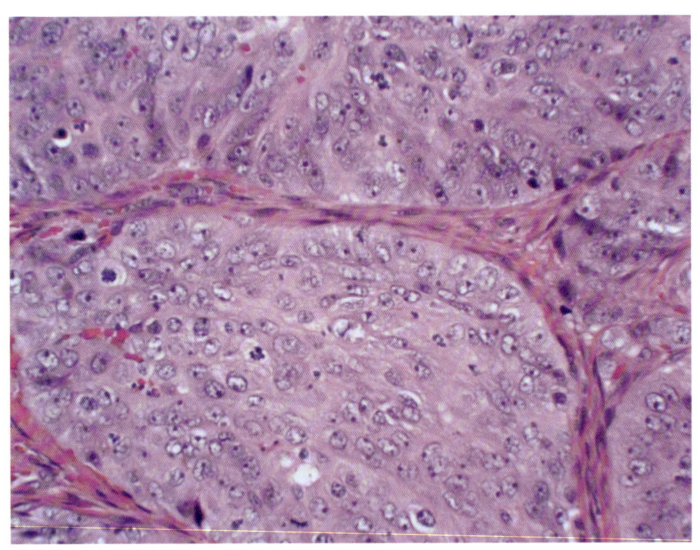

图2.11 猫耵聍腺癌活检（20×）

外耳郭肿块

犬的耳廓可见局限性肿块。手术前的 FNA 是谨慎的，因为耳廓的位置特殊，可操作空间小，诊断为良性或者低等级肿瘤时可能会免除相应的手术切除。

组织细胞瘤

图 2.12 是犬的组织细胞瘤。一只 9 个月大的斗牛犬耳廓长有纽扣样的肿块，FNA 发现密集的圆形细胞，大小比相应的淋巴细胞大。圆形细胞有明显的核染色质，圆形或者肾脏形的细胞核，无色或轻微嗜碱性的细胞质。如果团块没有及时切除并且长成多个，建议活检进行确诊。

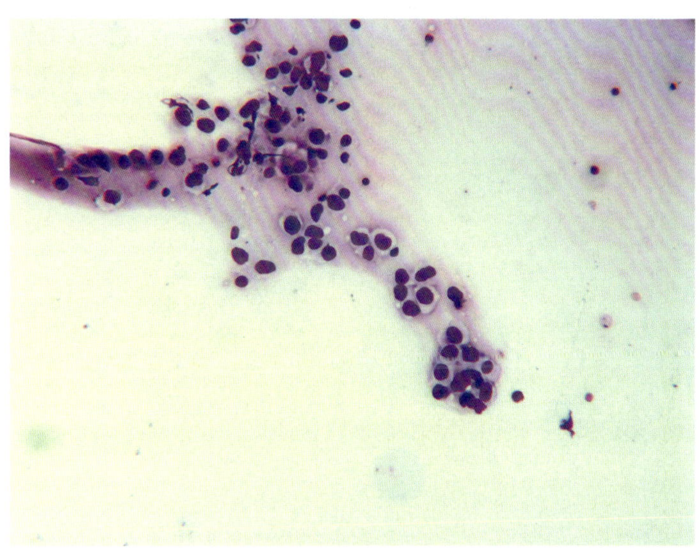

图2.12　犬组织细胞瘤FNA（10×）

图 2.13 是犬的耳廓组织细胞瘤。一只 12 岁雌性绝育拉布拉多犬的左耳廓皮下肿块已出现 8 个月。主人只允许活检，制作了两个标本进行观察。肿块由条状的组织细胞组成。细胞在表皮 – 真皮交界处分布比较松散，分裂速度中等，细胞没有颗粒也没有染色，边缘无法准确评估。这种圆形细胞瘤在组织学上与组织细胞瘤一致。耳廓皮肤是常见部位。此类肿瘤可以在任何年龄和任何部位被发现，如果切除不净，可能复发。

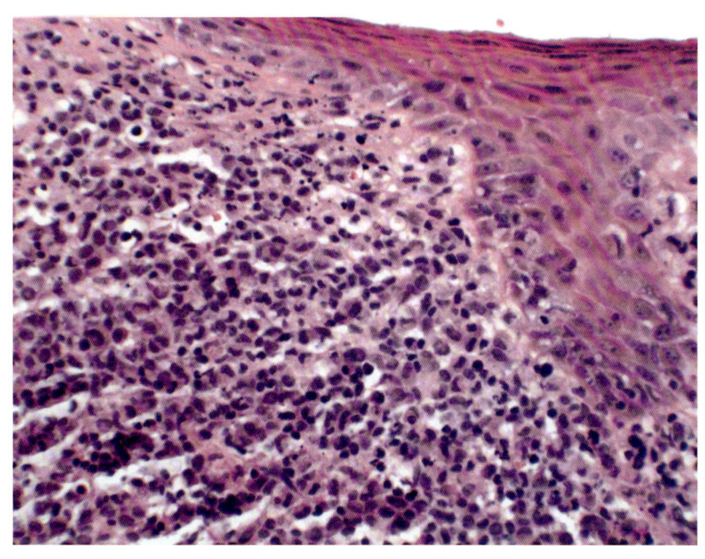

图2.13　犬耳廓组织细胞瘤（20×）

鳞状细胞癌

图 2.14 是一只由于鳞状细胞癌而切除双耳的白毛猫。如果肿瘤没有明显边界且呈弥散分布，

应该在活检前先进行表皮刮取进行细胞类型检测。鳞状细胞癌是白猫耳朵部位最常见的肿瘤，黑色素瘤、梭状细胞癌、MCT 也比较常见。

图2.14 一只由于鳞状细胞癌而切除双耳的白毛猫

图 2.15 是猫的鳞状细胞癌。一只 2 岁的白色雄性去势猫的耳尖有皮肤鳞片病变。细胞学检查发现许多鳞状上皮细胞，有中等到严重的细胞核大小不均、明显的核仁以及无色或者轻度嗜碱性的细胞质。大细胞核或核仁说明细胞成熟不同。这些都是鳞状细胞癌的典型表现。经阳光照射后会加重或复发。细菌可能在溃疡的皮肤表面生长（箭头）。

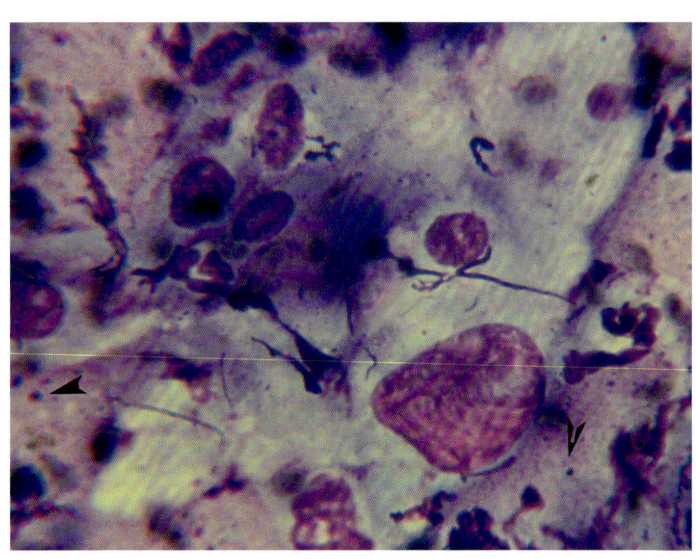

2.15 猫的鳞状细胞癌FNA（50×）

图 2.16 是猫鳞状细胞癌的活检。一只雄性去势成年猫在耳尖有溃疡流血的病变，通过活检，发现鳞状上皮细胞无组织增殖，细胞核大小不一，细胞质无色或呈嗜碱性表明细胞成熟程度不同。核分裂相为 0–5/HPF，癌细胞已经扩散到组织的细胞间质。建议大范围切除双侧耳郭。在淋巴结转移之前完全切除，可以延长存活时间。

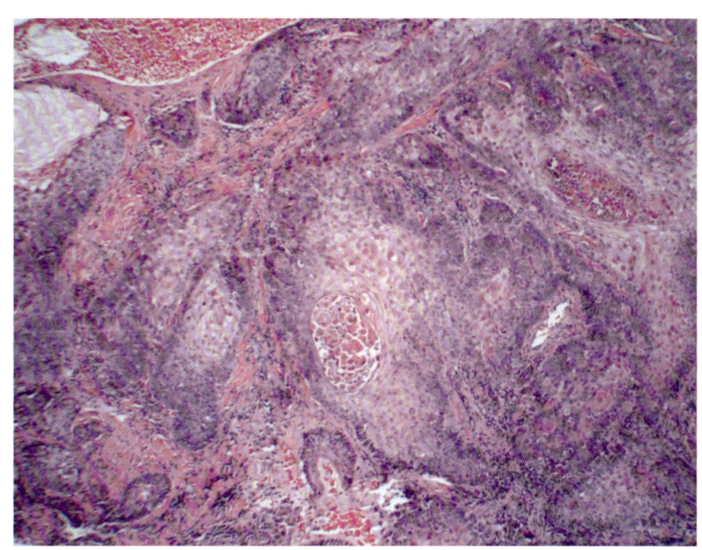

图2.16　猫的鳞状细胞癌活检（10×）

眼结膜和第三眼睑的肿块

眼睛外部和眼结膜的肿块在疾病早期就可以见到。通过对肿块表面刮取进行细胞学检查，可以判断是炎性病变还是需要切除的肿瘤病变，之后再进行相应的组织学检查。

乳头状瘤

图 2.17 是犬的结膜乳头状瘤。对左下眼睑的细胞学检查发现典型的表皮鳞状上皮细胞，细胞核小，提示是良性或早期的上皮增生，如乳头状瘤。偶尔见到细胞点彩或者细胞颗粒。对于幼年犬，如果没有持续的继发刺激，通常会自行消退。切除肿块的同时进行相应的活检，可以确定是否为鳞状细胞癌。在猫中常见恶性肿瘤，所以建议尽早切除。偶尔可见上皮细胞变色，此时也需考虑黑色素瘤的可能性。

图 2.18 是犬的结膜乳头状瘤。病料取自 6 岁雄性去势金毛寻回猎犬的右侧第三眼睑和结膜交界的前部。肿块呈小结节状到乳头状，染色不均。肿块突出于结膜表面，呈梗状。由多层分化良好但角化不良的鳞状上皮组成，没有发现挖空细胞（细胞质呈灰色有且有病毒病变的肿胀上皮细胞），这说明乳头状瘤不是由病毒导致，可能由慢性刺激导致。肿块根部窄小。非病毒性的结膜乳头状瘤可能是单一或者多中心的，有时候两侧是对称的。对于犬的非病毒性眼结膜乳头状瘤来说，完全切除通常可以治愈。

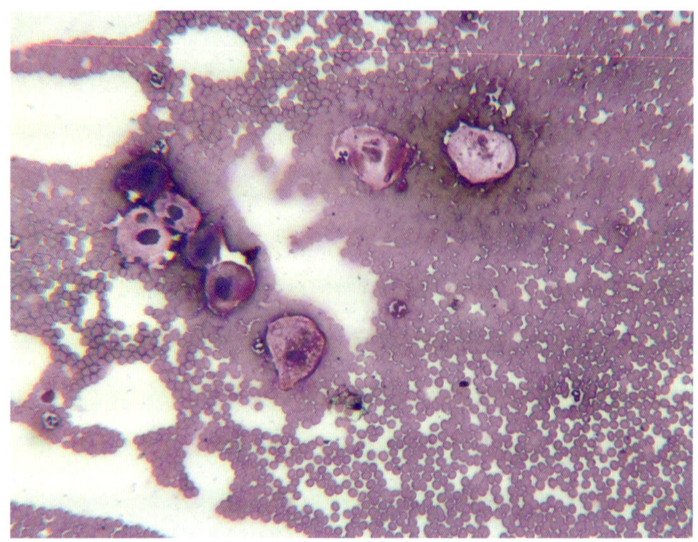

图2.17 犬结膜乳头状瘤FNA（10×）

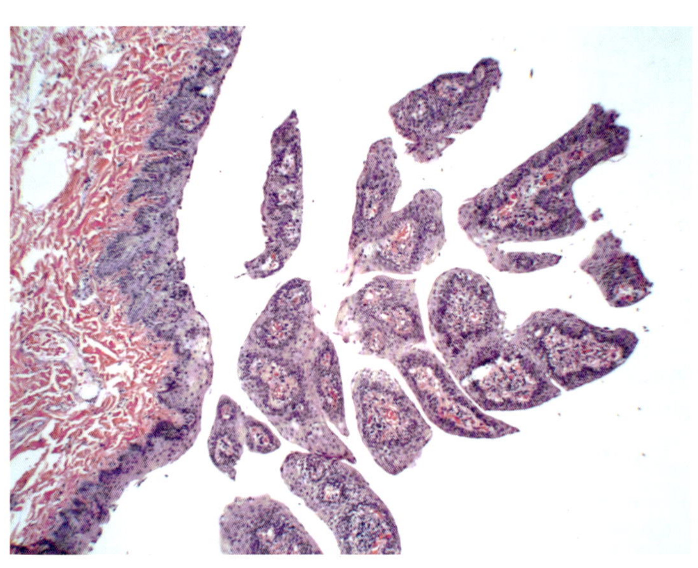

图2.18 犬结膜乳头状瘤活检（4×）

鳞状细胞癌

图 2.19 是猫的鳞状细胞癌。病料来自老年雄性去势短毛家猫的结膜。刮取做细胞学检查，发现上皮细胞有中度的细胞核大小不均和嗜碱性细胞质，说明是恶性增生。慢性炎症可导致上皮细胞异常增生，会有大量的中性粒细胞和异型肿瘤细胞同时出现，但没有发现任何的感染源。所以炎症反应更可能是肿瘤导致。病变很可能是鳞状细胞癌，建议进行组织学检查。

图 2.20 是猫眼部鳞状细胞癌活检。病料来自 15 岁雌性绝育短毛家猫，在其左眼角膜缘左腹侧有一个增生组织。切下一个 0.8cm 的棕色光滑肿块进行检查。角膜有一个邻近的、不透明的突起。透明突起的横切面也被切下进行组织学检查。在切片的一侧，有边缘不清的、浸润的肿块渗透到角膜和结膜，肿块由中等大小到大的多边形上皮细胞组成，细胞和细胞核大小不均，有无色或中等嗜酸性的细胞质，分裂相较多，有些是不正常的。在肿块中还有个别染色的细胞和含色素的巨噬细胞。角膜上皮有轻度到中度的发育不良，在另一侧也有鳞状上皮细胞的浸润，伴有慢性组织间质炎症。没有发现淋巴栓塞。病变是浸润性、多中心鳞状细胞癌，在猫中大多是多中心的，

这个病例不是。睑结膜是常见的起始部位，光化损伤是常见的促发因素，最终可转移到附近的淋巴结。

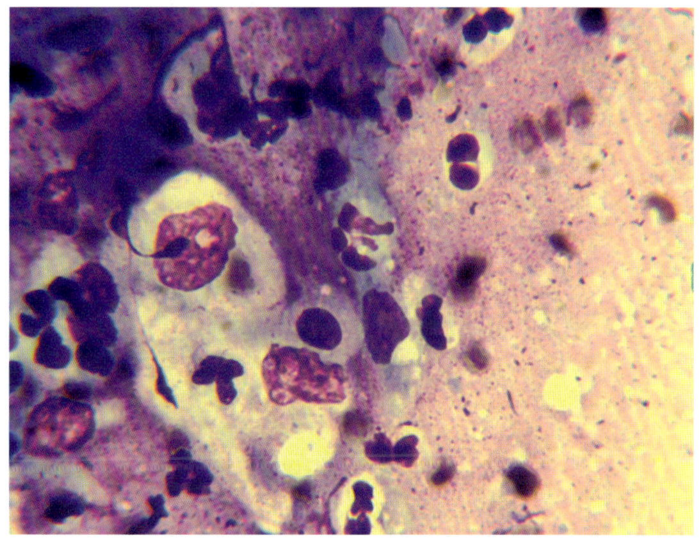

图2.19　猫鳞状细胞癌FNA（50×）

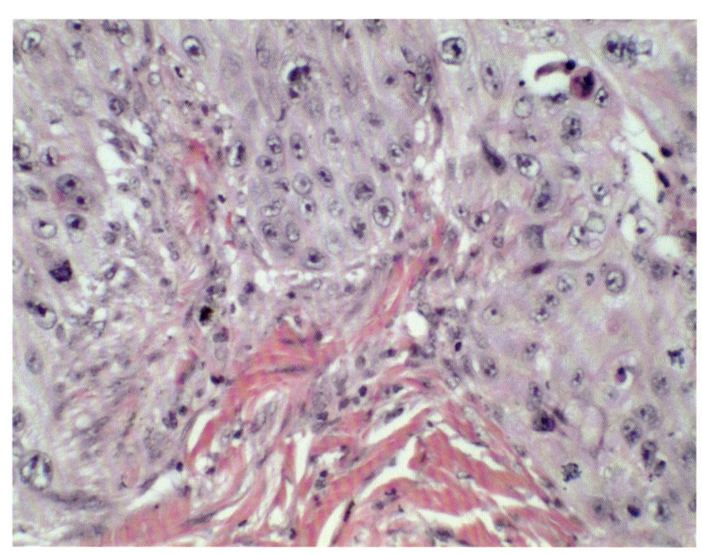

图2.20　猫眼部鳞状细胞癌活检（20×）

血管肉瘤

图 2.21 是猫的血管肉瘤，是黑色的结膜肿块。FNA 发现中等到密集的红细胞和血小板团块，说明有急性出血；还有中性粒细胞，散布的上皮样细胞，偶尔可见明显的细胞核大小不均（箭状指示），核仁较大，细胞质嗜碱性，边缘嗜酸性（两性）。大的细胞是肿瘤性内皮细胞，确诊为血管瘤，很可能是血管肉瘤。建议做活检确诊，因为其他的肉瘤也可能有这种细胞学表现。

图 2.22 是猫的结膜血管肉瘤。病料来自 12 岁雄性去势短毛家猫的左眼角膜和结膜交界处的 6mm×6mm×3mm 的红色肿块。对切除的眼球和眼球外部的 1.5cm×1.2cm×0.5cm 的小结节状的棕色肿块分别进行了活检。肿块已经被完全切除。肿块由毛细血管和更多的充满血液的空间中的内皮细胞构成。大量细胞都是单一细胞核。偶见细胞有多个细胞核和细胞分裂相（<1/10HPF）。结膜上的肿块突出且呈多小叶状，然而在角膜表面的部分是厚且不透明的。肿块是血管肉瘤，浸润到角膜，所以建

议切除眼球。此类癌细胞转移较慢，及时切除眼球可以治愈。在大多数动物中，这类癌症在慢性光化损伤的区域更常见，并且是多发性的。建议经常检查另一侧眼睛，保护动物避免阳光照射。

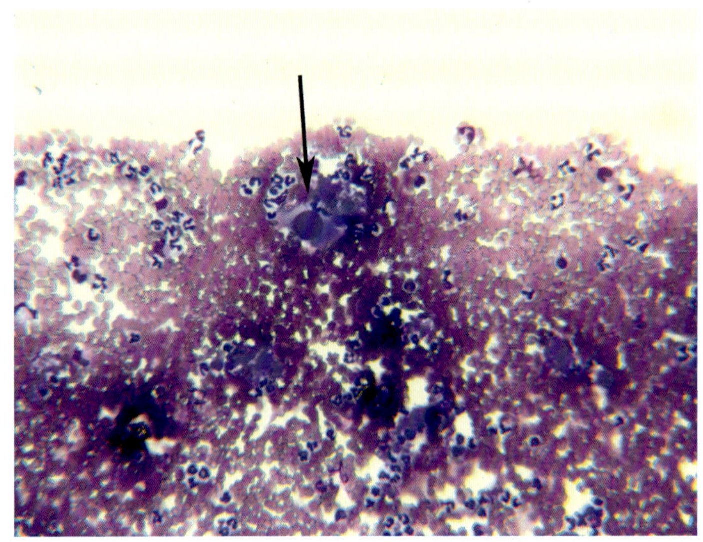

图2.21 猫的血管肉瘤FNA（10×）

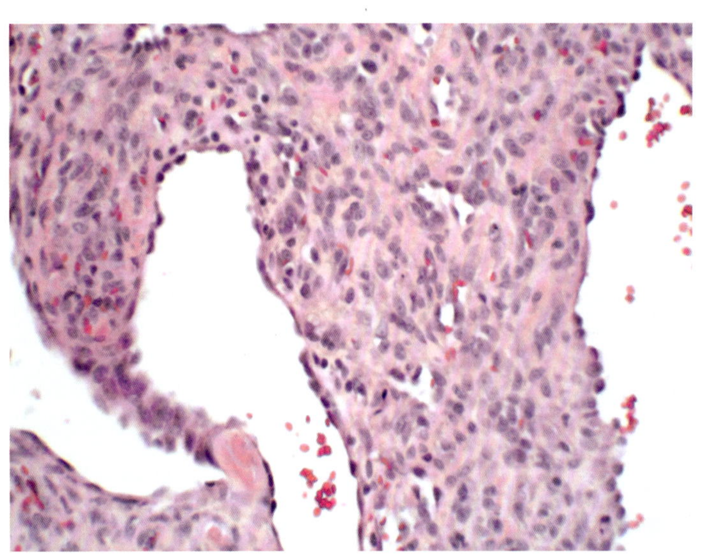

图2.22 猫的结膜血管肉瘤的活检（20×）

黑色素瘤

图 2.23 是犬的结膜黑色素瘤。图片显示上皮样细胞内含有黑色素颗粒，细胞核轻度不均一。背景充满着棒状黑色素颗粒。细胞质内含黑色素颗粒说明这是分化完全的黑色素细胞，而非嗜黑色素细胞。

图 2.24 是犬的结膜黑色素瘤活检。病料来自 6 岁雄性去势金毛寻回猎犬右眼外眦的、小的、染色的结膜肿块。大多数区域都有染色，呈多小叶，癌症细胞浸润到睑板腺的黏膜和黏膜下层。肿块在结膜和表皮交界的地方。被角化不完全的复层上皮细胞包围。约 2/3 的肿块由板状或者团块状大小不等的黑色素细胞构成，零散分布着染色明显的嗜黑色素细胞。在一个区域，细胞染色不明显，呈梭状。细胞核大小均一，细胞核小，通常是单核的，没有看到核分裂相。肿瘤浸润至深层边缘。细胞分裂指数低（由于染色严重，很难准确判别分裂指数），细胞看上去分化良好。在犬中，

第三眼睑结膜是黑色素瘤的常见部位，此类肿瘤通常是恶性的，且易复发，远处转移并不常见。建议经常检查手术部位和附近的引流淋巴结。

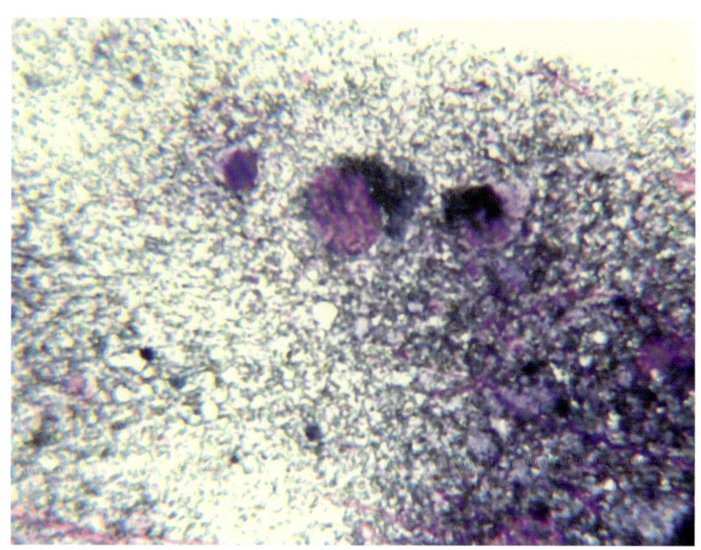

图2.23　犬的结膜黑色素瘤FNA（50×）

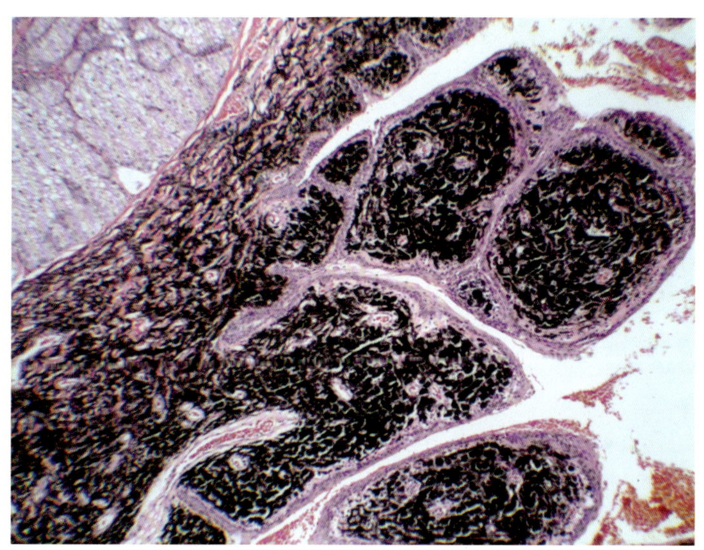

图2.24　犬的结膜黑色素瘤活检（4×）

眼睑肿瘤

眼睑肿瘤通常由于被被毛覆盖很难被发现，除非很大或者出现溃疡。睑板腺增生和腺瘤比较常见。眼睑的腺体也可能增生或在黏膜边缘及有毛皮肤处形成肿瘤。梭形细胞肿瘤可能来自眼部周围神经、肌肉和基质。细胞学检查可以帮助判断是否需要立即切除以及确定切除的边缘。

睑板腺瘤

图 2.25 是犬睑板腺瘤，来于雌性獒犬的上眼睑的肿块。FNA 发现上皮样细胞团块，细胞质内含有大量空泡结构，细胞核小，在血细胞的背景下分布着少量的基底样细胞。肿瘤还未完全分化，手术切缘可能较小，建议活检确定肿瘤类型。

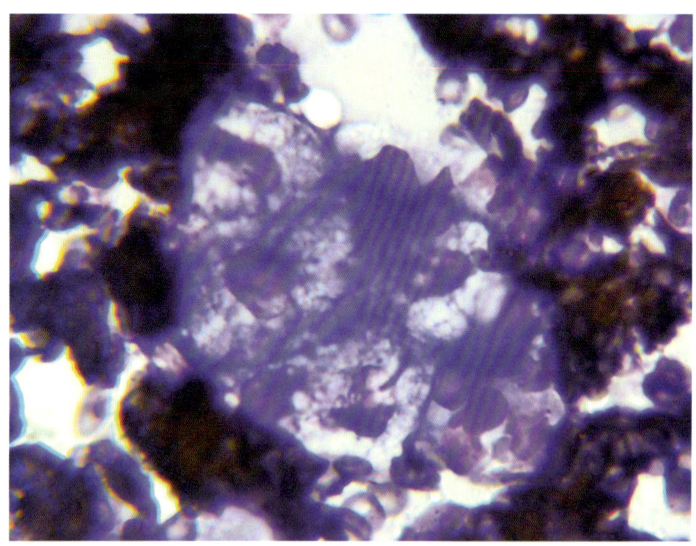

图2.25 犬睑板腺瘤FNA（40×）

图 2.26 是犬的睑板腺瘤。病料来自 11 岁雌性绝育德国钢毛指示犬的右上眼睑的肿块，肿块生长缓慢，偶尔会出血。肿块由呈小叶状、多中心的脂肪腺基底细胞分化，散布着鳞状上皮细胞管道细胞。基质有纤维化和炎症变化。肿块主要是在结膜侧，表面有局部损伤溃疡。切缘干净，这是一个良性肿瘤，可能是多中心或者双侧对称的。对于单一结节来说，完全切除通常可以治愈。

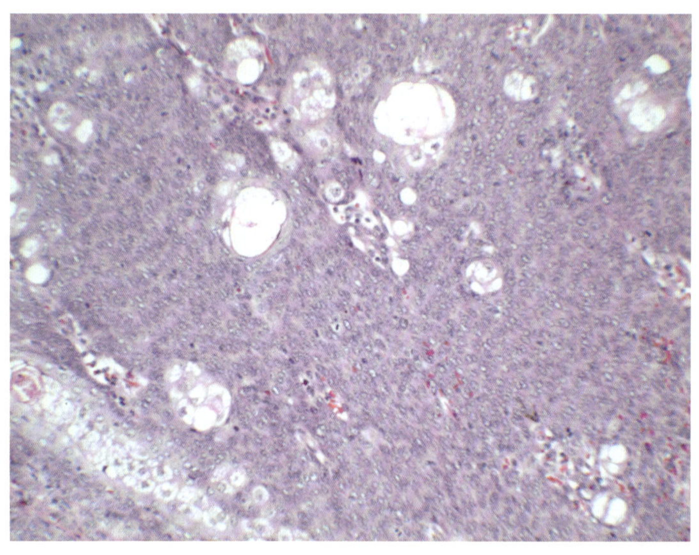

图2.26 犬睑板腺活检（10×）

梭形细胞瘤

图 2.27 是犬的梭形细胞瘤。来自雄性杂交犬的眼周肿块，可见成簇的纺锤状细胞（箭状指针），细胞质苍白，长圆形细胞核，轻度到中度的细胞核不均一，背景中充满血细胞。这种细胞是典型的来自纤维母细胞、肌肉、神经或血管壁的梭形细胞，细胞学检查无法区分。在肉芽组织生成时 FNA 可能发现也有多形性的梭状细胞产生，由愈合过程中形成的反应性血管和纤维母细胞构成。像此类大的梭形细胞团块更怀疑是肿瘤，建议活检确诊。

图 2.28 是犬的梭形细胞肉瘤。临床病史不详，切除一只眼球做活检。眼球第三眼睑上有棕色小结节状的肿瘤被部分切除进行活检。肿瘤由多小叶的多边形或者梭形细胞构成。细胞呈束分布，

相互交错。大部分区域细胞分布较多，基质较少。细胞有椭圆形的细胞核，有些有 1–2 个核仁。有少量的细胞分裂相，MI=0/10HPF。偶尔可见多核细胞，细胞质呈嗜酸性，边界不清。梭形细胞在光学显微镜下很难被分辨。常见的鉴别诊断有纤维肉瘤、血管外皮细胞瘤、来自神经或者神经鞘的肿瘤（纤维神经瘤、纤维神经肉瘤、神经鞘瘤）。图示病例根据细胞学特征和生长形态被怀疑是神经鞘瘤。此类肿瘤转移很慢，但是有局部复发的可能性。因此，建议彻底切除并且后续跟进复查。

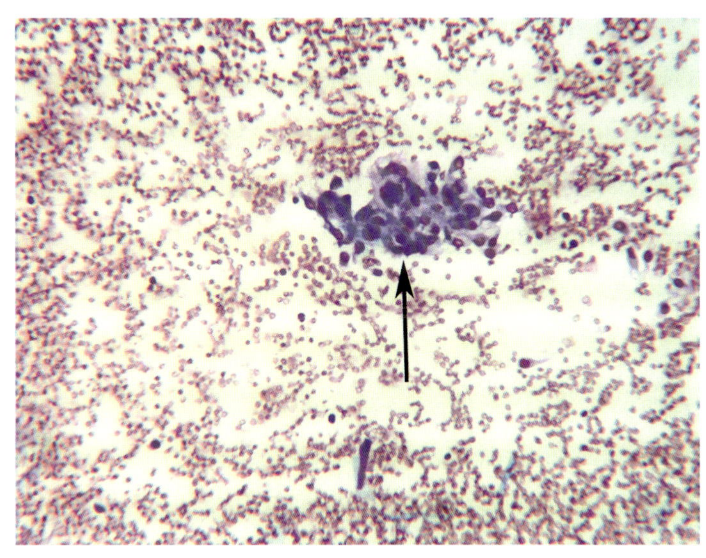

图2.27　犬梭形细胞瘤FNA（50×）

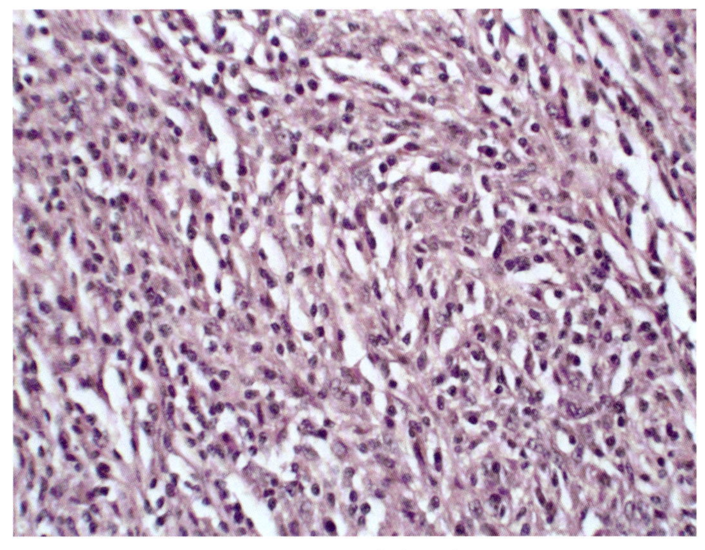

图2.28　犬梭形细胞肉瘤活检（20×）

口腔和鼻部黏膜上皮的病变

外鼻部的病变通常在疾病早期就被发现，偶尔可见间歇性的病变（嗜酸性溃疡，MCT）。如果是来自内部结构的病变，在鼻部出血发生之前可能没有明显的迹象。

图 2.29 是一只猫的鼻部溃疡性病变的外观表现。炎症病变和肿瘤病变都有可能导致明显的组织损伤。

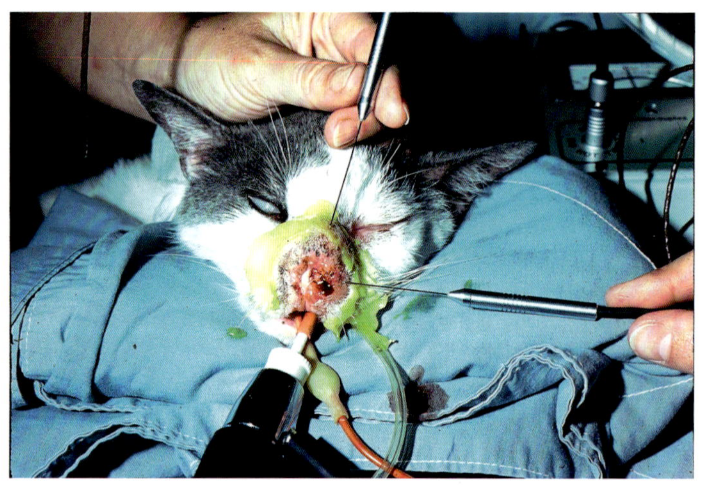

图2.29 猫的鼻部溃疡性病变（来自佛罗里达大学兽医学院）

嗜酸性粒细胞性炎症

图 2.30 是犬的鼻背部嗜酸性粒细胞性炎症。犬和猫的病灶含有大量的嗜酸性粒细胞（箭头）。如果溃疡肿块压片和刮片有 25% 的炎症细胞是嗜酸性粒细胞，且外周血液嗜酸性粒细胞正常，就证明是嗜酸性粒细胞性炎症。还可能见到大量退行性嗜酸性粒细胞释放的颗粒聚集。在表面可见散布的中性粒细胞和细菌。还可能见到具有代谢活性的鳞状上皮细胞慢性上皮化。病因有真菌感染，昆虫咬伤，穿透性损伤后的异物反应，家族倾向，自体免疫反应，药物反应，或者对吸入、饮食或寄生抗原的系统超敏反应。对于猫来说，除了之前提到过的病原，还有可能是疱疹病毒，表现为表皮溃疡性（无痛性溃疡）或深部结节性的病变（嗜酸性肉芽肿）。

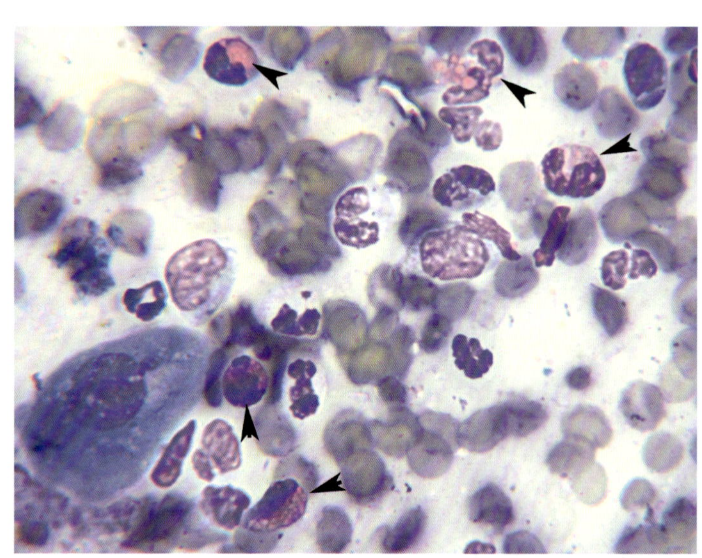

图2.30 犬鼻背部嗜酸性粒细胞性炎症压片（50×）

图 2.31 是犬鼻背部的嗜酸性粒细胞肉芽肿。这只雌性成年哈士奇有局部溃疡性和深部多小叶的肿块。常规染色未见感染性病原。在这个品种中常见此病，免疫抑制治疗有阶段性的反应。

犬和猫患有口腔黏膜炎症病变时临床表现为流涎、口臭、无法进食。身体检查表现为弥漫性或程度不等的口腔黏膜溃疡。深层刮片会诊断细胞类型。细胞学检查如果发现超过 25% 的嗜酸性粒细胞，就是嗜酸性粒细胞性炎症。建议用活检来排除癌变。口腔嗜酸性溃疡（侵蚀性溃疡）的特征是黏膜表皮细胞溃疡，黏膜下层有围绕胶原坏死灶的嗜酸性粒细胞和其颗粒。

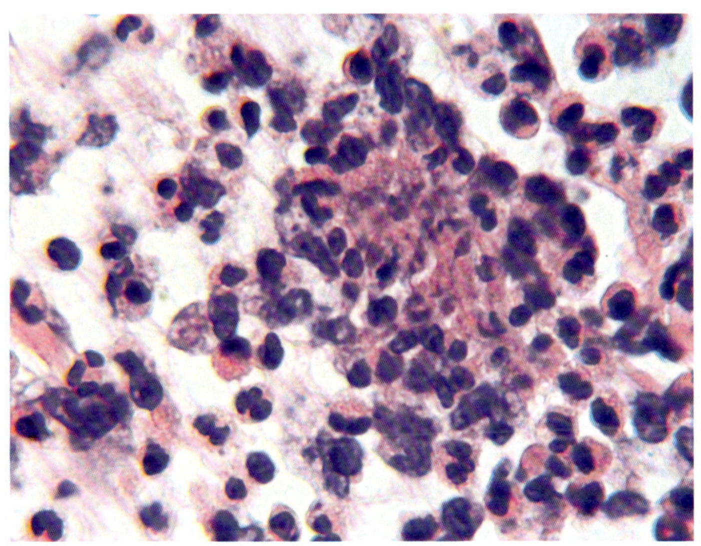

图2.31　犬鼻背部嗜酸性粒细胞肉芽肿活检（40×）

淋巴浆细胞性炎症

图 2.32 是猫淋巴浆细胞性口炎的刮片。FNA 弥漫性的齿龈病变和刮片会有密集的小淋巴细胞和浆细胞混合群。这只波斯猫的病变很有可能是对病毒感染或者口腔疾病的免疫反应。压片可能只能得到表皮碎片。

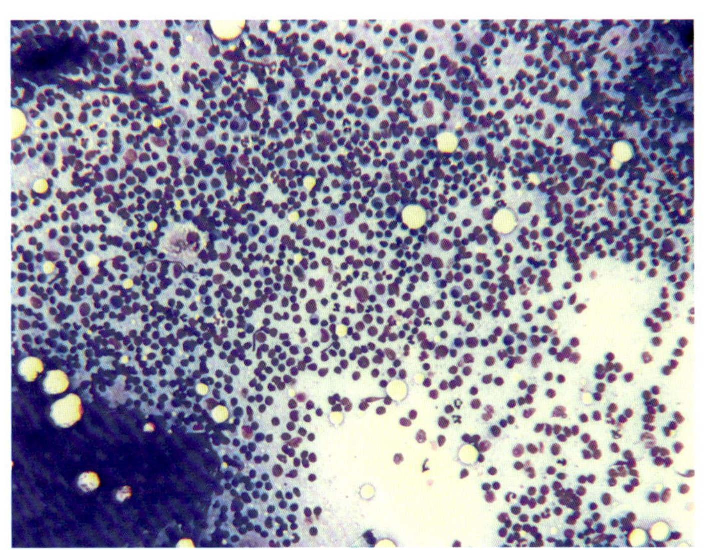

图2.32　猫淋巴浆细胞性口炎的刮片（10×）

图 2.33 是免疫缺陷病毒阳性的 5 岁家养短毛猫的淋巴浆细胞性口炎。在齿龈和口腔黏膜有淋巴细胞和浆细胞弥漫性浸润，形成结节状增生，偶尔有溃疡。牙周病变成为炎症的主要原因。病原包括外伤损伤，由系统类疾病导致的慢性免疫抑制，由血管炎、肾脏疾病或局部病变导致的渗漏性炎症或者唾液腺和黏膜下层腺体的炎症。

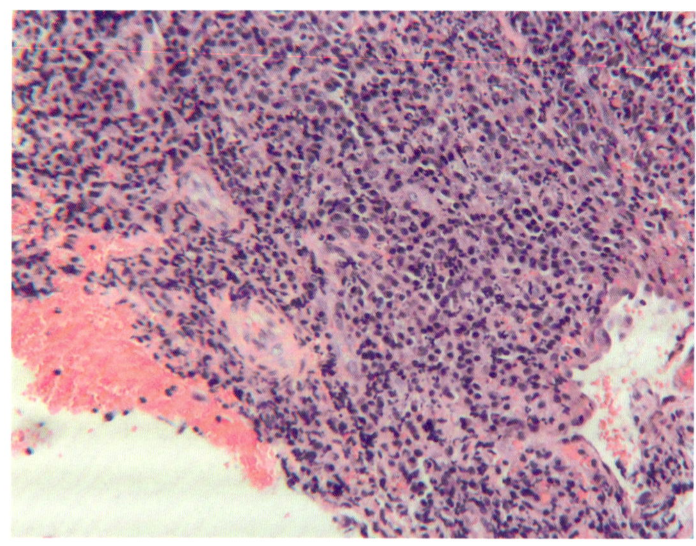

图2.33　猫淋巴浆细胞性口炎活检（10×）

淋巴肉瘤

图 2.34 是猫的皮肤黏膜淋巴肉瘤。来自 10 岁去势伯曼猫的黏膜拭子的细胞学分析，显示大量的淋巴细胞，比中性粒细胞要大，有多个核仁并伴有嗜碱性的细胞质。这些细胞为单一形态，可能是同一个细胞分化而来，嗜碱性的细胞质说明其有代谢活性，常在高等级的淋巴癌中见到。单一克隆可以通过把染色的组织进行抗原受体部位重组（PARR）的聚合酶链式反应（PCR）或者新鲜收集的细胞进行流式细胞术来确定。

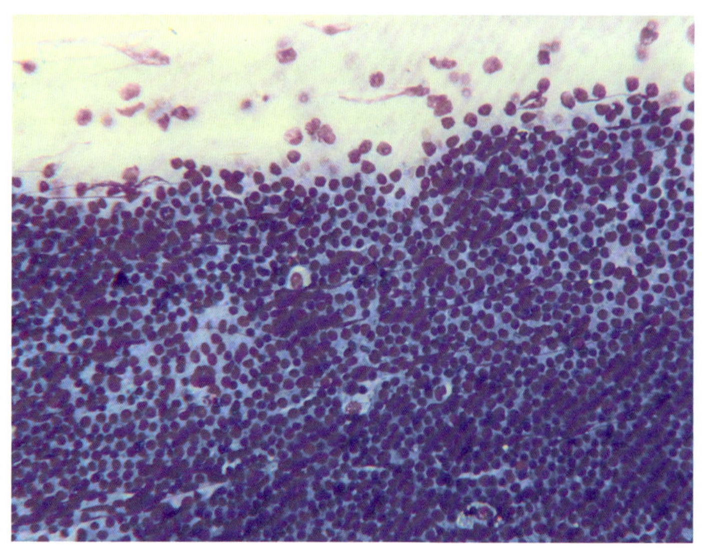

图2.34　猫皮肤黏膜淋巴肉瘤FNA（10×）

图 2.35 是 3 岁雌性家养短毛猫的鼻甲部位的皮肤黏膜淋巴肉瘤。这只猫有鼻分泌物。活检发现鼻甲黏膜下层组织被不正常的大量圆形细胞包围，大小大于周围的中性粒细胞和嗜酸性粒细胞，偶尔可见细胞浸润到骨组织和表皮层。这种圆形细胞是典型的淋巴肿瘤，可以通过免疫组织化学染色来确定是 T 细胞还是 B 细胞起源。

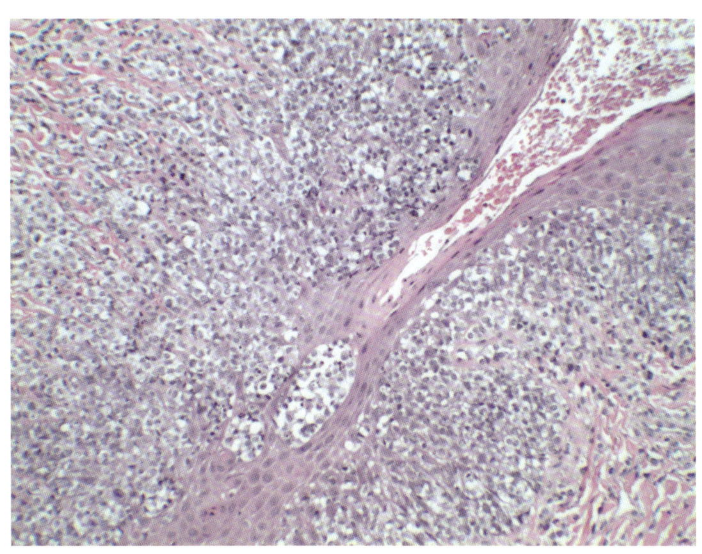

图2.35 猫鼻甲皮肤黏膜淋巴肉瘤活检（10×）

牙龈瘤

图 2.36 是犬的牙龈瘤。这种局部、反光的粉色肿块最有可能是牙龈瘤（外周牙源性纤维瘤）。FNA 可以作良性或者恶性肿瘤的鉴别，可帮助外科医生决定合适的手术切缘。

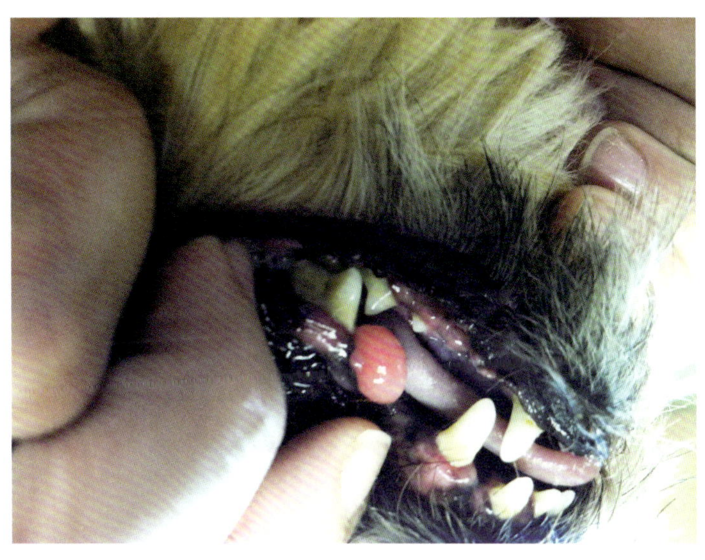

图2.36 犬牙龈瘤

棘皮瘤型牙龈瘤

图 2.37 是犬的棘皮瘤型牙龈瘤。来自成年雄性拳师犬的右下侧切齿的齿龈肿块。FNA 显示小的、层状分布的、分化良好的鳞状上皮细胞（箭头），偶尔可见细长的梭形细胞、中性粒细胞、细胞碎片，有时候还有口腔细菌。散布的嗜酸性组织（箭状指针）说明很可能是类骨质的基质。细胞数量很少，更怀疑是牙龈瘤。

图 2.38 是来自成年去势雄性猎犬的纤维瘤性牙龈瘤。活检样本来自犬的左上侧第一和第二切齿之间的 2cm 大小的蒂状牙龈肿块，在右上侧第一切齿也有类似的肿块。取每个肿块做了活检。不规则的表面被厚的分化良好的、多层上皮细胞覆盖，下层还有血管密布的纤维结缔组织基质。另外，还有由小的上皮细胞构成的小岛，内部有细胞间桥，但没有外围的栅栏分布。两个组织切片都有切缘的浸润。牙龈瘤通常是良性的，但是许多时候是多发性的，切过之后还有可能复发。

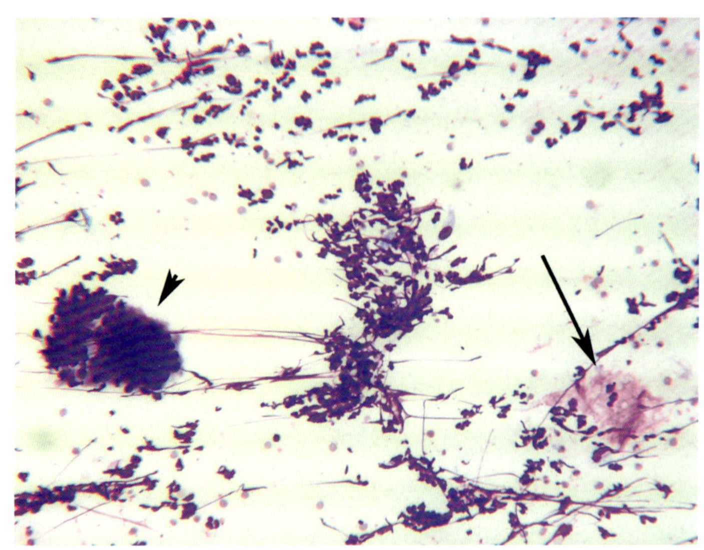

图2.37 犬的牙龈瘤FNA（10×）

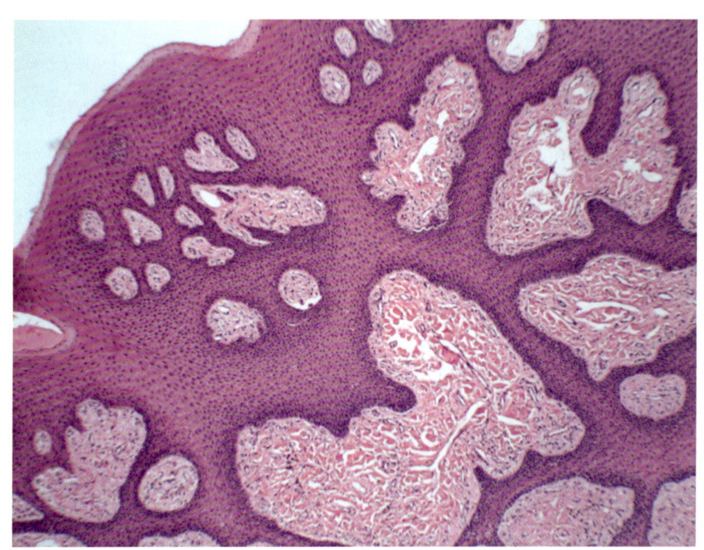

图2.38 犬纤维瘤性牙龈瘤（外周牙源性纤维瘤）活检（4×）

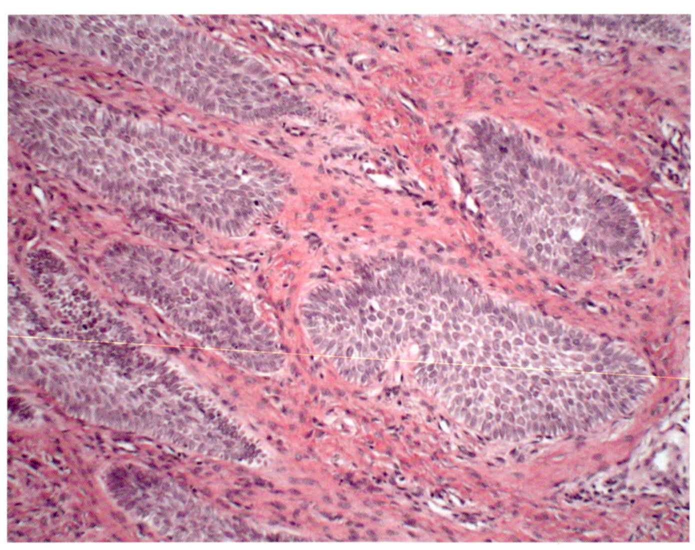

2.39 犬棘皮瘤型龈瘤（棘皮瘤型成釉细胞瘤）活检（10×）

图 2.39 是犬的棘皮瘤型牙龈瘤。这个牙龈瘤和上面提到的结构类似，但是在浸润的上皮组织外周有很明显的栅栏分布。

骨化型牙龈瘤

图 2.40 是一只 8 岁雄性去势西伯利亚哈士奇混血犬的骨化型牙龈瘤。FNA 显示呈团块状分布的分化良好的表皮黏膜上皮细胞（箭头），细胞核较小，细胞周围有嗜酸性的、无定形的基质，与骨基质或者类骨质（箭状指针）相容。怀疑是骨化型牙龈瘤，建议活检排除分化良好的浸润到骨组织的鳞状细胞癌。

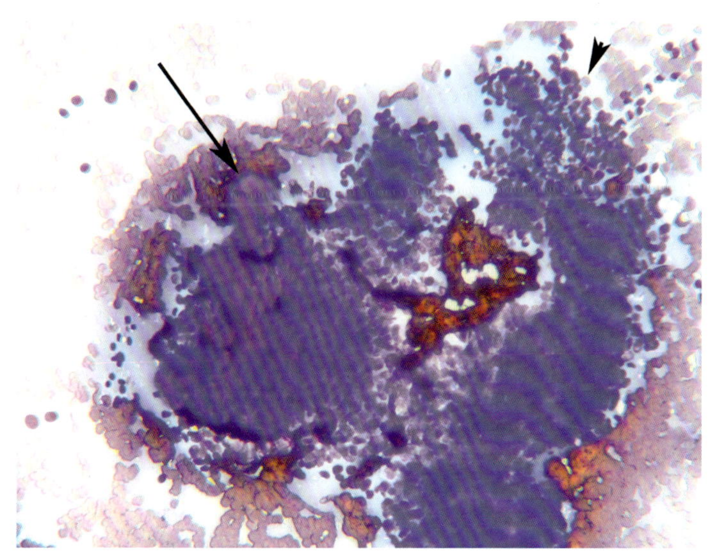

图2.40 犬的骨化型牙龈瘤FNA（10×）

图 2.41 是犬的骨化型牙龈瘤活检。样本来自一只 6 岁雌性杂交猎犬牙齿附近的肿块。和上面描述的纤维化齿龈瘤很类似，基质还包括类骨质和不成熟骨的碎片。淋巴细胞和浆细胞沿着表皮上皮细胞的基底膜，和牙齿很接近。病变细胞延伸到边缘，慢性牙龈瘤很容易骨化。

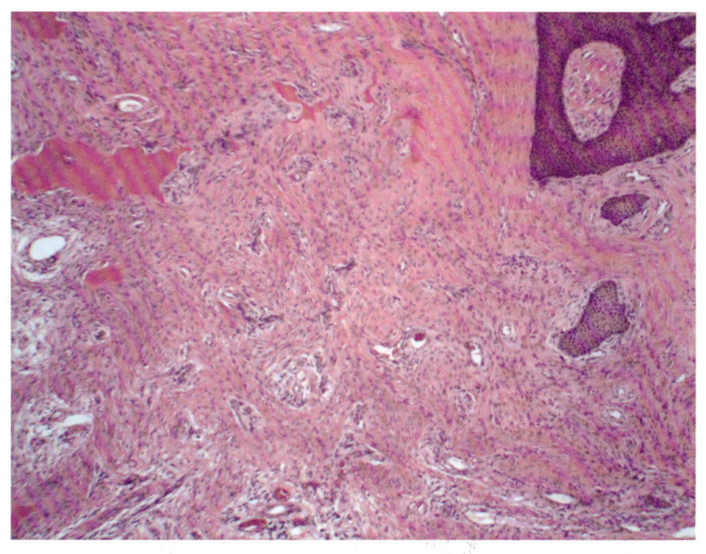

图2.41 犬骨化型牙龈瘤（外周牙源性纤维瘤）活检（4×）

病毒性乳头状瘤

图 2.42 是一只 6 月龄拉布拉多犬的口腔乳头状瘤刮片。细胞学检查显示上皮细胞有中性粒细胞大小的细胞核，偶尔有中等程度的细胞核大小不均、中等密度的染色质且没有核仁。有苍白无固定形态的细胞质，且偶尔可见到异染色质的颗粒，提示鳞状上皮细胞角化。偶而可见深紫色的细胞质，可能是病毒包涵体，也可能是多层的红细胞。

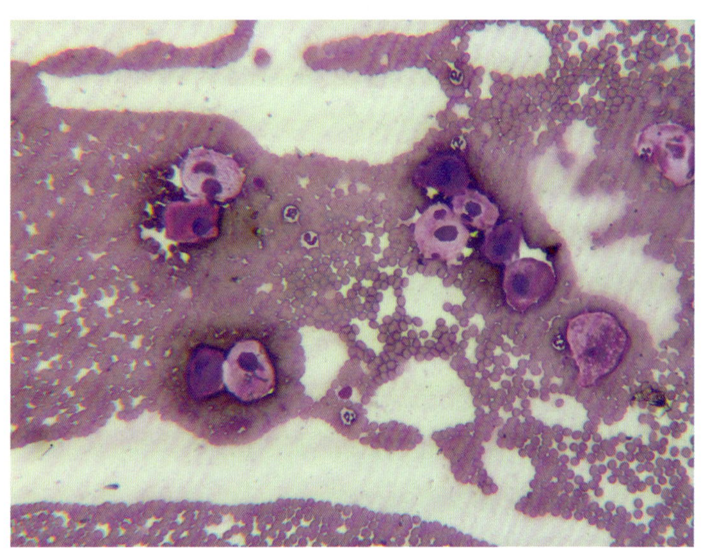

图2.42 犬的口腔乳头状瘤刮片（10×）

图 2.43 是一只 1 岁雄性哈士奇犬的口腔乳头状瘤活检。乳头状的小叶由角化明显的鳞状上皮细胞和纤维性基质构成。染色质是嗜酸性的，可能是病毒包涵体。乳头状瘤病毒已经被证明可以导致良性的上皮细胞增生，如果同时导致机体出现强烈免疫反应，会使组织退化。弱的免疫反应或免疫抑制会导致多个病变、复发性病变和罕见的恶性转变。未见基质的浸润，所以完全切除应该可以治愈。

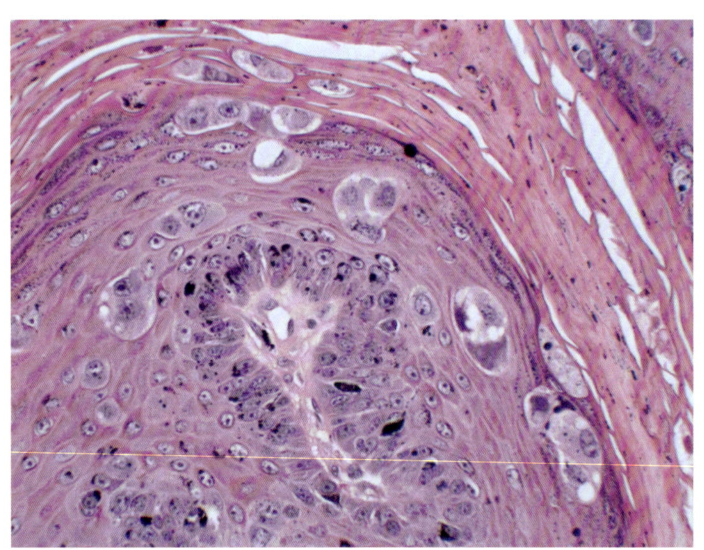

图2.43 犬的口腔乳头状瘤活检（20×）

鳞状细胞癌

图 2.44 是猫的口腔鳞状细胞癌 FNA。成团的上皮细胞有中等程度的细胞核大小不均，还有 2

个互相依靠的细胞核（箭头）。核仁明显，有苍白的、角化的细胞质（分散的、小的空泡和苍白的嗜酸性颗粒），细胞核浓缩并且致密，没有代谢活动。中性粒细胞有时会在癌变的上皮细胞里（箭状指针）。

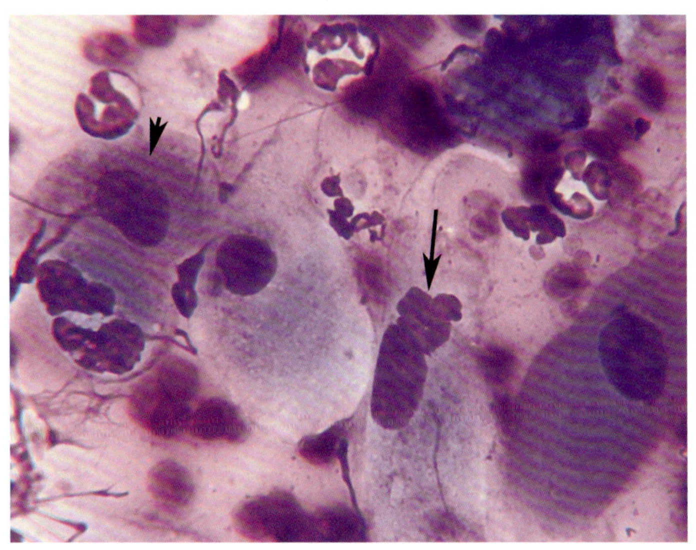

图2.44 猫的口腔鳞状细胞癌FNA（50×）

图 2.45 是猫的下颌鳞状细胞癌活检。样本来自 14 岁去势雄性家养短毛猫的右下颌肿块。病料经过脱钙处理，对增厚部位进行切片染色。肿块边界不清且周边有浸润，基质为硬癌。肿块由多形性的增大的鳞状上皮细胞组成，形成不规则结节和浸润性小梁。中心有角化，角化不良，有炎性角质珠。相关的骨组织被大量破坏。未见明显的淋巴内或血管内栓塞，切片中间部位的切缘干净。猫的口腔肿瘤通常是恶性的，鳞状细胞癌是猫牙龈常见的肿瘤。鳞状细胞癌也可能在猫的舌头和其他口腔部位发生。即使完全切除，肿瘤也可以经淋巴转移至下颌淋巴结和咽后淋巴结。在下颌切除之后肿块也可能复发，建议追踪复查。

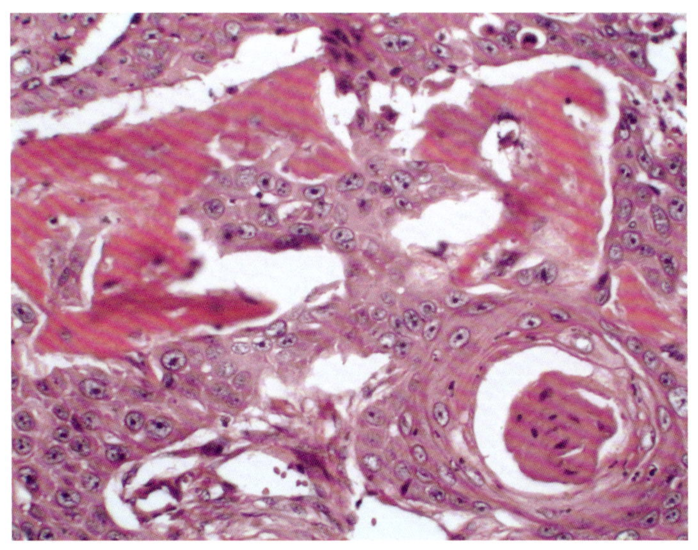

图2.45 猫的下颌鳞状细胞癌活检（20×）

黑色素瘤

图 2.46 是犬的口腔黑色素瘤。FNA 样本来自 6 岁罗威纳犬口腔里黑色的肿块，发现多形性的

梭状或者上皮样细胞，明显的细胞核大小不均，显著的多核仁，不同程度的嗜碱性细胞质，黑色素颗粒很少。细胞核和细胞质多形性表明是典型的恶性黑色素瘤，如果不在 100 倍镜（油镜）下观察，很难在细胞质中发现具有诊断价值的黑色素颗粒。

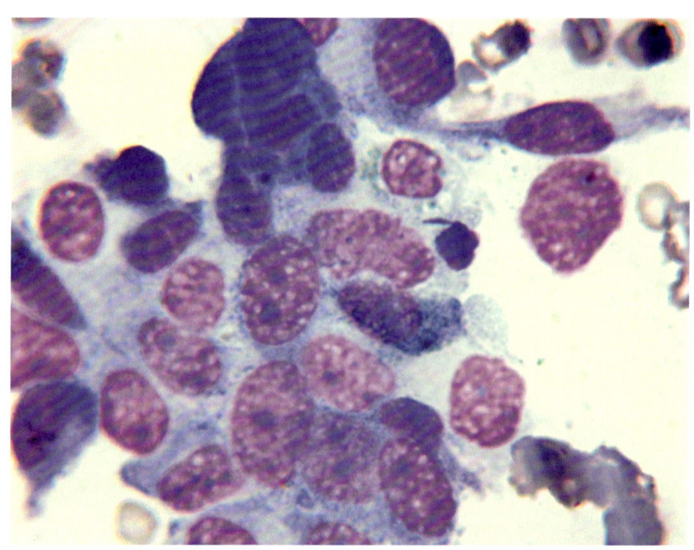

图2.46　犬的口腔黑色素瘤FNA（50×）

图 2.47 是犬的口腔黑色素瘤活检。样本来自 14 岁雄性去势巨型贵宾复发的口腔黏膜黑色素瘤。提交了一个边缘不清晰的、隆起的、带色素区域的无毛标本，以及其边缘部分。这个上皮细胞样的黑色素瘤延伸到黏膜和黏膜下层，在样本的两侧边缘都有浸润。肿块有分散到中等程度的纤维血管基质，由多形性的、着色不明显的黑色素细胞构成相互连接的聚集体，分散的细胞有多个核仁。MI 为 2/10HPF。大多数色素细胞在病变的表面。呈聚集状、有着色的肿瘤性黑色素细胞嵌入上皮细胞中，这些细胞小岛延伸到外周扁平的病变。中央切缘深度为 3.5mm，上皮内肿瘤细胞岛的最窄侧缘为 1.5mm。在样本前部黏膜组织未发现肿瘤细胞。犬的口腔黑色素瘤通常是恶性的，易局部复发，建议定期检查手术部位和外周淋巴结。此类肿瘤很容易转移到外周淋巴结和肺脏。

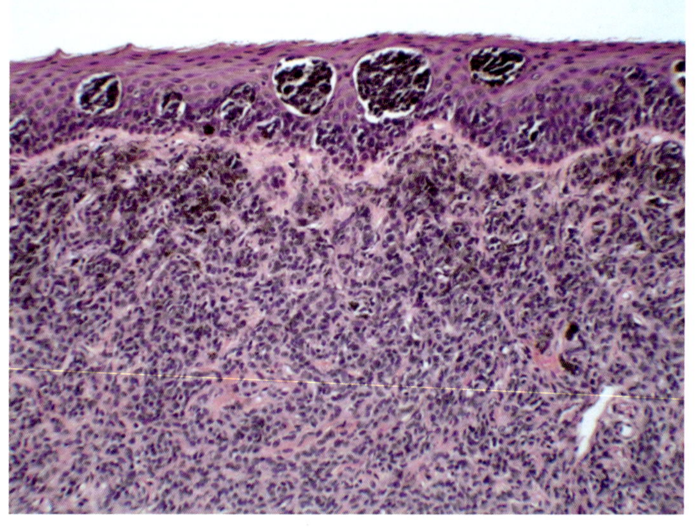

图2.47　犬的口腔黑色素瘤活检（10×）

鼻腔肿瘤

鼻腔肿瘤通常在疾病后期出现流鼻血或明显的面部变形才被发现。在进行活检前，可以用导管插入或者 FNA 来进行初步诊断。可以用 X 线来诊断鼻腔肿块或者相关的骨溶解，如果没有明显的外部肿块，可以进行活检。如果初步 X 线诊断没有结果，可以考虑其他的影像学诊断方式（如 CT 和磁共振成像）。手术完全切除鼻部肿块很难，建议和专科医生讨论以获得最佳的治疗方案。

腺癌

图 2.48 是猫的鼻腺癌 FNA。样本来自 10 岁雌性绝育家养短毛猫的额窦，上皮样细胞有明显的细胞核大小不均，明显的核仁和嗜碱性的细胞质，是典型的鼻腺癌。

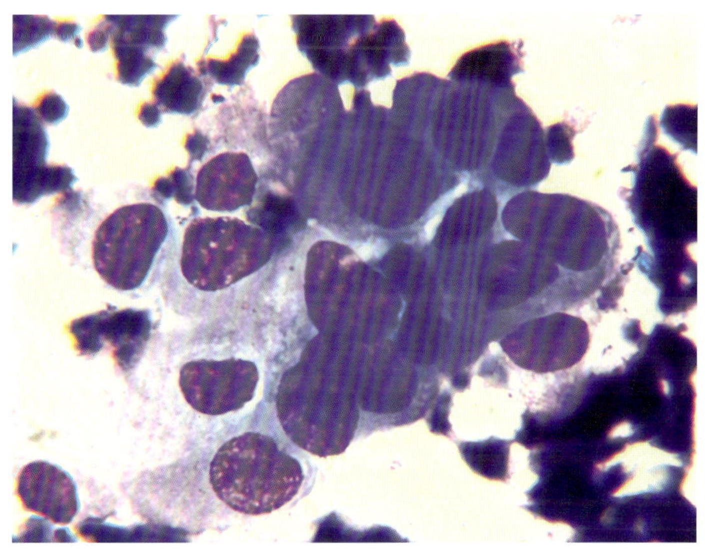

图2.48 猫的鼻腺癌FNA（50×）

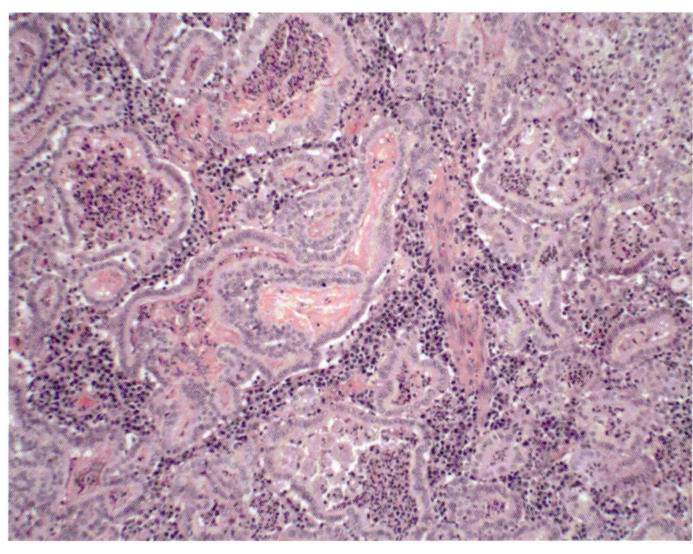

图2.49 猫的额窦腺癌的活检（10×）

图 2.49 是猫的额窦腺癌的活检。一只 17 岁的雄性去势家养短毛猫眼睛之间有肿胀，延伸到骨骼，怀疑浸润到额窦。穿刺进行活检。可见炎性多小叶的上皮细胞，形成了腺泡和扩张的小管状或腺体结构。所以，肿胀是来自额窦黏膜腺体的肿瘤。鼻部或者鼻窦的腺癌具有局部侵略性，很难被完全切除。转移的可能性很低，但是在癌症的后期可以通过淋巴转移。

软骨肉瘤

图 2.50 是犬的鼻部软骨肉瘤 FNA。病料来自成年去势雄性比格犬坚硬的鼻部肿块，可见大量上皮样细胞伴有中等程度的细胞核大小不均，偶尔可见双核（箭头）和三核的细胞（箭状指针），中等程度的两染性细胞质和异染色质的基质。细胞是典型的软骨或骨骼来源的肿块。多形性的细胞核提示有侵袭性肿瘤。

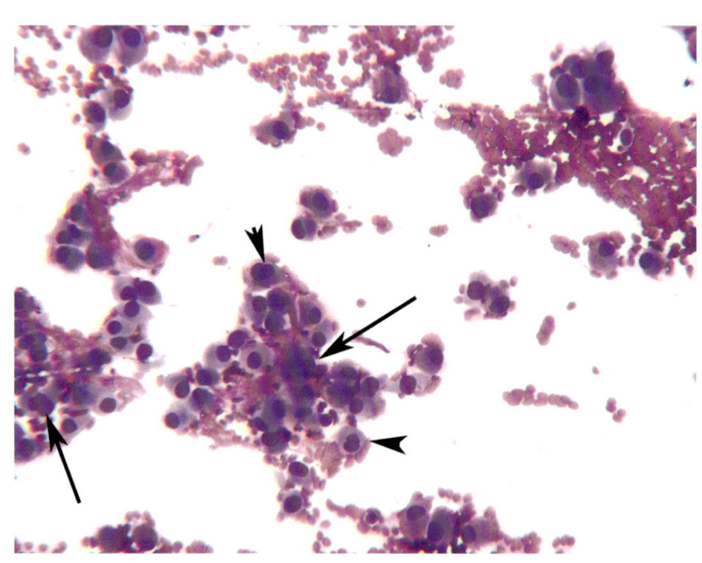

图2.50 犬的鼻部软骨肉瘤FNA（10×）

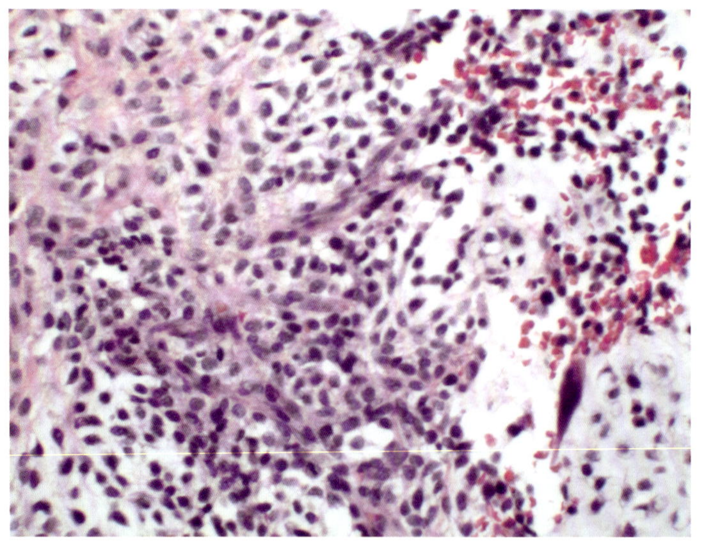

图2.51 犬的鼻部软骨肉瘤的活检（20×）

图 2.51 是犬的鼻部软骨肉瘤的活检。样本来自 9 岁雄性去势的拉布拉多犬，病史表现为右侧鼻孔反复出血。X 线片显示右侧鼻甲骨的结构丢失，局部有钙化，右侧额窦也有密度增强。提交了

3个样本。其中1个提示有慢性鼻窦炎，显示有中等数量含铁血黄素的巨噬细胞；另2个质地更坚硬的组织由多形性细胞和细胞核大小不等的软骨细胞小叶构成，软骨基质数量不等。在软骨细胞分布较密集的区域未见细胞分裂相，但有些细胞有多个细胞核。软骨肿瘤在鼻窦部位通常是局部侵袭性的，如果没有切除干净很可能复发。通常不会转移。

犬和猫的口鼻部皮肤肿块

面部有毛皮肤处的隆起、局部性、溃疡性病变在犬中更常见，有时在猫中可见。临床表现相似的疾病有许多，如肉芽肿、良性的囊肿或者肿瘤（如MCT），因此FNA对此类疾病的初步诊断具有重要意义。

图2.52是一只成年犬口鼻部溃疡和出血的肿块。很难通过外部观察得到确切的病因。通过FNA可以帮助判定病变细胞的类型从而制定合适的手术治疗方案。如果是MCT，相比皮脂腺瘤，需要更大的手术切缘。

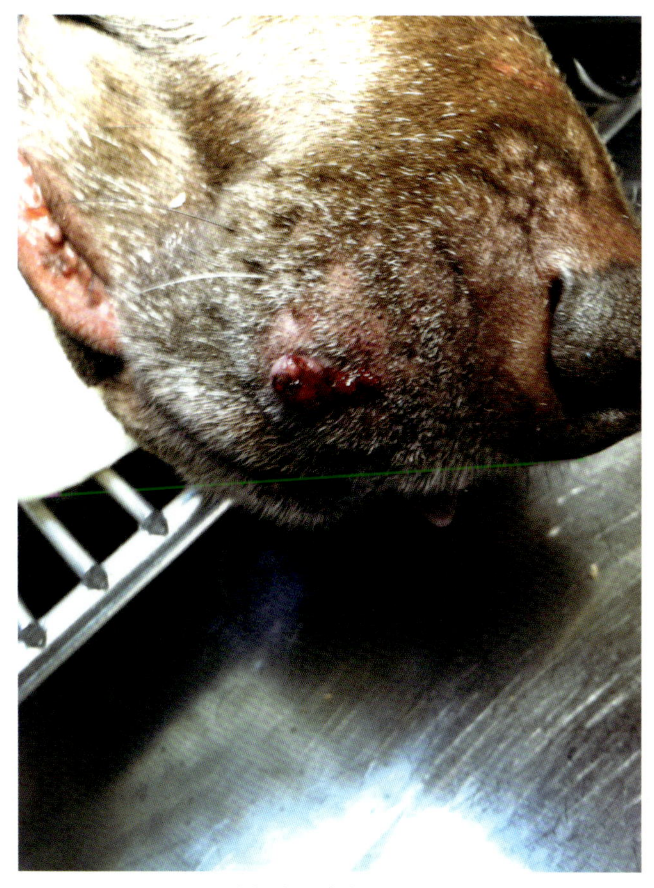

图2.52 一只成年犬口鼻部溃疡性和出血性肿块

皮脂腺结节状增生

图2.53是犬的皮脂腺增生的FNA。来自年长的雌性绝育混血犬隆起的溃疡性肿块，显示团块状的皮脂腺上皮细胞。需进行活检确定细胞增殖是来自良性增生还是瘤变。

图2.54是犬的皮脂腺增生的活检。组织来自7岁的雌性绝育可卡犬左侧颈部下侧肿块。可见分化良好的皮脂腺的多小叶结构有组织围绕由略扩张的上皮细胞构成的管状组织。中央分支的管道

由多层上皮细胞构成。因为皮脂渗出导致机体在肿块周围产生异物反应。边缘清晰，这是一种良性病变，常呈多灶性分布。炎症是最常见的并发症。皮脂腺增生在可卡犬中更常见。

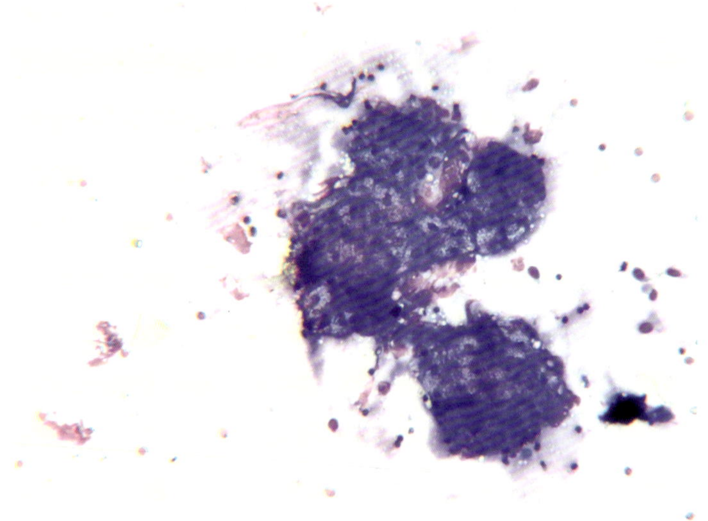

图2.53 犬的皮脂腺增生的FNA（10×）

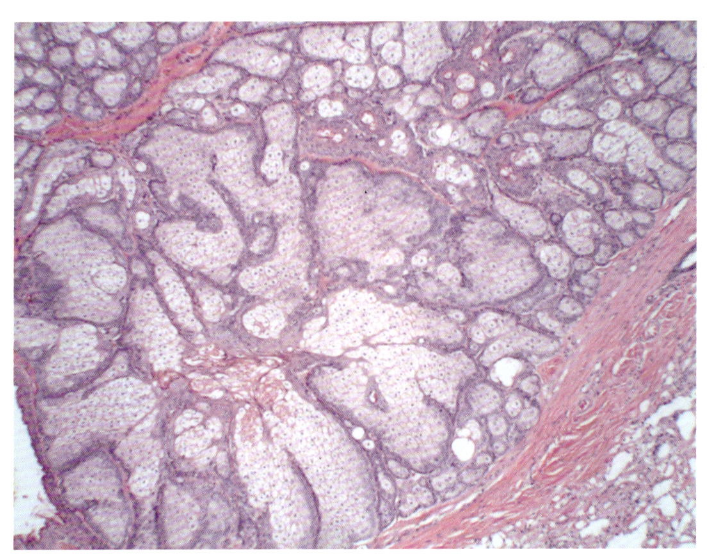

图2.54 犬的皮脂腺增生的活检（4×）

皮脂腺瘤

图 2.55 是犬的皮脂腺瘤的活检。病料来自 9 岁的雄性去势罗素㹴颈部有渗出的肿块。检查典型部位，发现肿块由多小叶增生的基底样细胞构成，伴随皮脂腺分化。分散有上皮样的管状结构。基质呈部分纤维化并伴有炎性反应，表皮溃疡并且覆盖浆液性的渗出物，边缘干净。手术切除通常可以治愈。相比图 2.54 的皮脂腺增生，这个肿块有更多的基底样细胞和少量的成熟皮脂腺细胞。

皮脂腺上皮瘤

图 2.56 是犬的皮脂腺上皮瘤的活检。组织来自 10 岁雄性去势可卡犬右眼的多个肿块。从图片上可以看出部分肿块由多个基底样细胞小叶构成，有的已经分化成皮脂腺细胞和小管。肿块的大部分还没有分化成皮脂腺细胞，只由基底样细胞构成，与皮脂腺上皮瘤符合。未在周围的基质和淋巴

内发现转移，仅有一些慢性炎症。表面有局部溃疡，在另一处表面还有炎性结痂。边缘清晰，可以手术进行切除，不易复发。但是，这些肿瘤偶尔是多发性的。切片说明病变由右上角的腺瘤（侵袭性小）向左下角的上皮瘤（侵袭性大）发展。通过淋巴进行转移比较罕见。在可卡犬中更常见此类的皮脂腺异常增生。

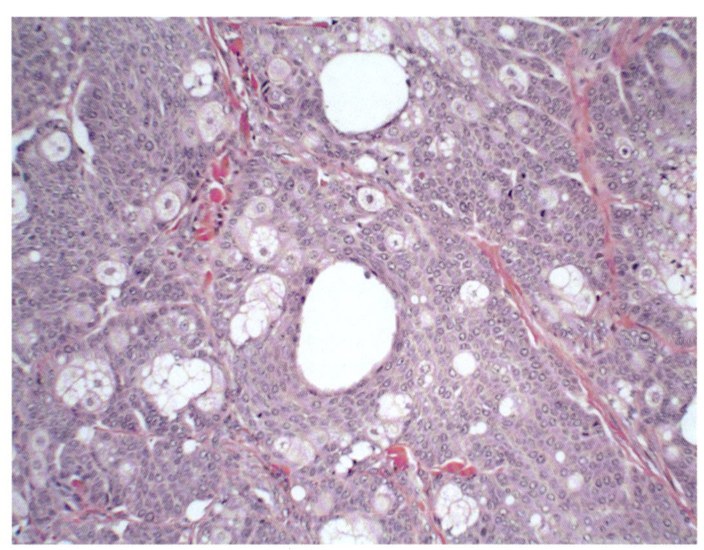

图2.55　犬的皮脂腺瘤的活检（10×）

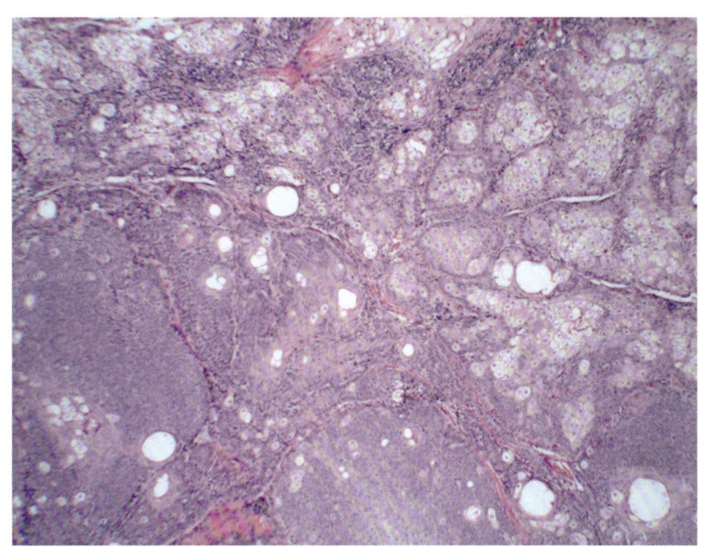

图2.56　犬的皮脂腺上皮瘤的活检（4×）

毛母细胞瘤（基底细胞瘤）

图 2.57 是猫的毛母细胞瘤 FNA。组织来自口鼻部，可见小的、团块状的基底样上皮细胞，还有少量的梭状细胞和背景中散布的血液。细胞核小且形态单一说明这是低等级的附件肿瘤（例如毛母细胞瘤）。

图 2.58 是猫的毛母细胞瘤活检。组织来自 4 岁的雄性去势缅因猫的右侧上唇，在胡须附近的没有毛发的、隆起的肿块。肿块从中间切开后提交到实验室。肿块聚集分布但是没有被包裹，含有中等程度纤维结缔组织基质。与周围呈栅栏状的基底样上皮细胞构成的小梁相互吻合。有丝分裂相 <1/HPF。外周基质和淋巴内部未发现转移，但是肿块浸润到深处的切缘。切缘干净，但是范围很

窄。肿瘤是来自毛囊的良性肿瘤，叫作毛母细胞瘤，小梁型（以前叫作基底细胞瘤。）肿块通常不会转移，但是偶尔可见多个。小梁型通常在猫中可见，如果不能完全切除，可能复发。

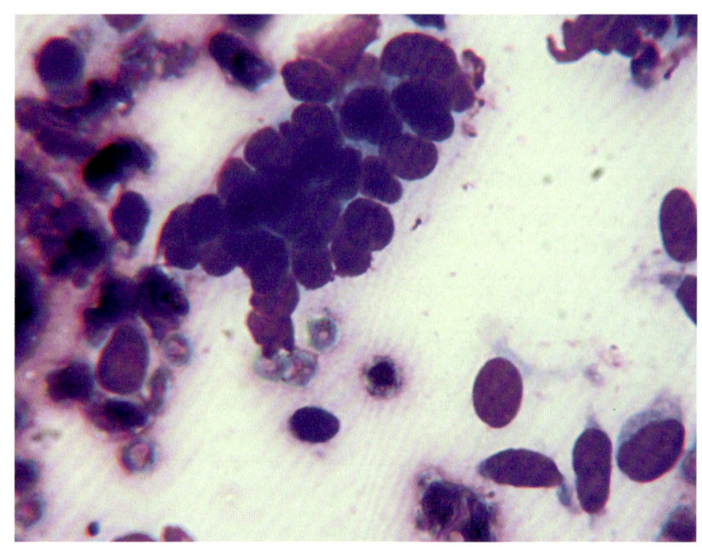

图2.57 猫的毛母细胞瘤FNA（50×）

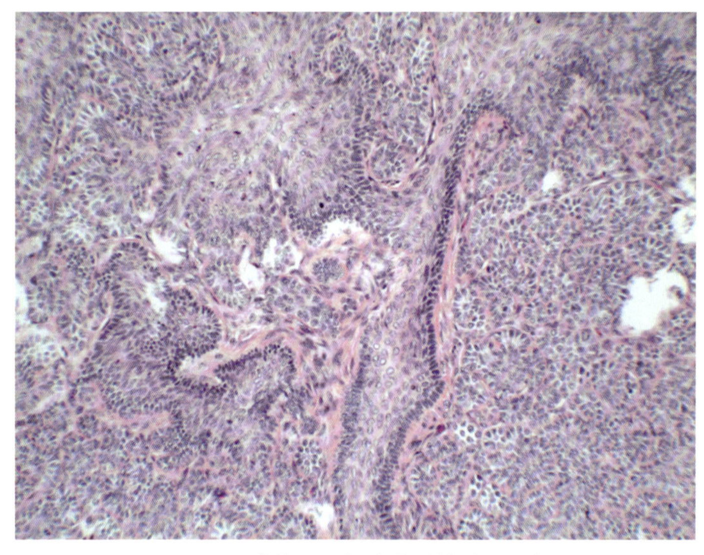

图2.58 猫的毛母细胞瘤活检（10×）

图 2.59 是犬的毛母细胞瘤活检。组织来自爱尔兰软毛㹴的左下侧嘴角的 2cm 的圆形肿块。肿块在 2 个月内体积增大了一倍。切取了典型的病变送到实验室进行检测。肿块由相互连接的岛状或者链状的基底样细胞构成，被纤维血管基质分割开。有丝分裂相在不同区域或不常见或常见。切缘干净，此为条状的毛母细胞瘤（以前叫作基底细胞瘤）。肿块通常不会转移，但是偶尔可发生多个。条状的毛母细胞瘤通常在犬中发生，完全切除通常可以治愈。

图 2.60 是犬触须的毛母细胞瘤活检。组织来自一成年雄性拳师犬的口鼻部，在由条状的基底样上皮细胞组成的毛母细胞周围是个正常的、含有 1 根胡须的毛囊。通常正常的结构也会被检查，因为它可能会有皮肤肿块的外观。

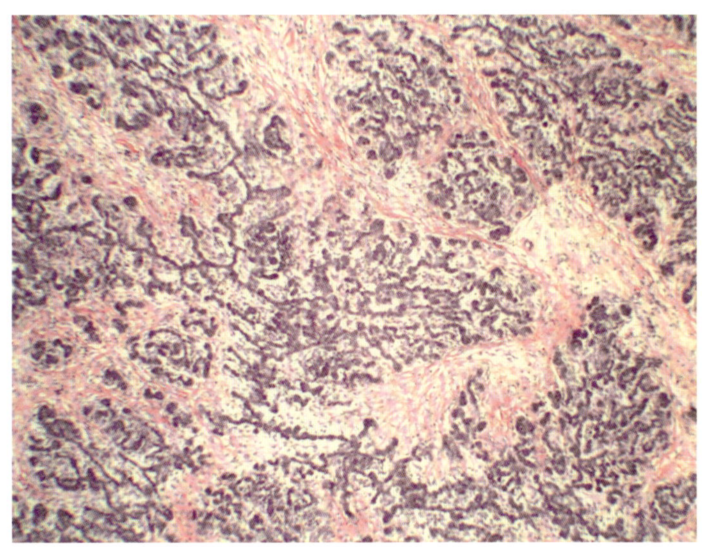

图2.59 犬的毛母细胞瘤活检（10×）

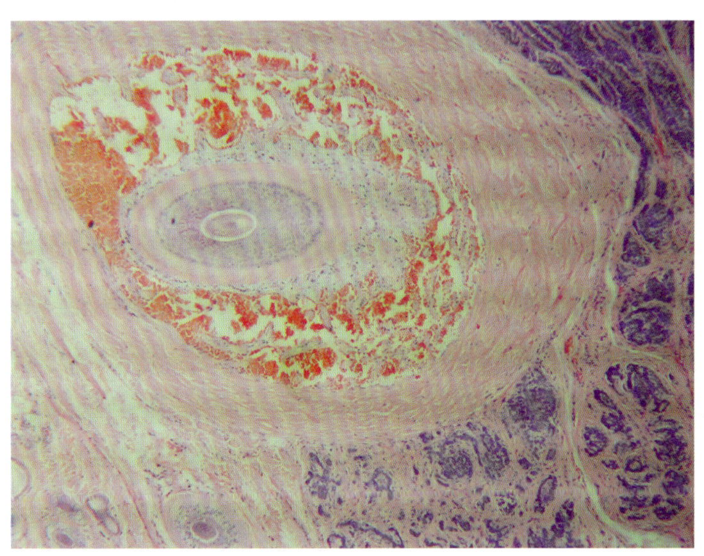

图2.60 犬触须的毛母细胞瘤活检（2.5×）

MCT

图 2.61 是犬 MCT 的 FNA。来自 5 岁雌性巴哥犬的口鼻部肿块，从图中可见大量肥大细胞以及背景中的肥大细胞颗粒。有中等程度的细胞核多形性，证明很可能是高等级 MCT。建议手术切除后进行活检，来确定等级和切缘。

图 2.62 是犬的 MCT 活检。组织来自 8 岁雌性绝育的卡他豪拉豹犬混种犬的多个皮肤肿块。图示的肿块来自颈部右下侧，可见皮肤及皮下组织含有浸润的、弥漫性分布的肥大细胞，肥大细胞呈片状、磨叶状、窄的线状分布。细胞核轻度大小不等，细胞质边缘不清晰。细胞分裂相不常见。MI=0/10HPF。但散在的细胞有双核，伴有不等数量的嗜酸性粒细胞。组织深处有扩张的顶泌汗腺被纤维组织基质包围。这在犬的皮肤肥大细胞瘤中很常见。边缘清晰。中间部位的深部切缘为 1.5mm，皮肤边缘的切缘为 5mm。细胞分化良好，很少见分裂相，为 2 级（Patnaik 分级系统）或者低等级（双等级 MCT 分级系统）MCT，边缘窄但是已经被完全切除。然而，MCT 预后可疑，有可能局部复发，或者多中心分布，甚至可以通过淋巴转移。

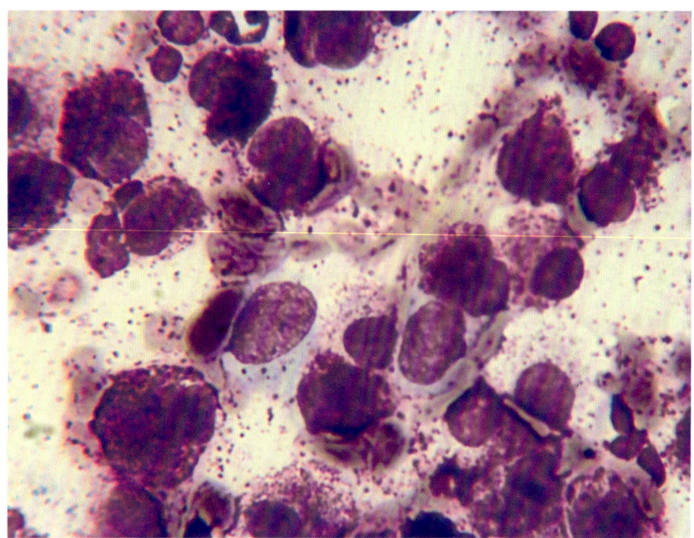

图2.61 犬MCT的FNA（50×）

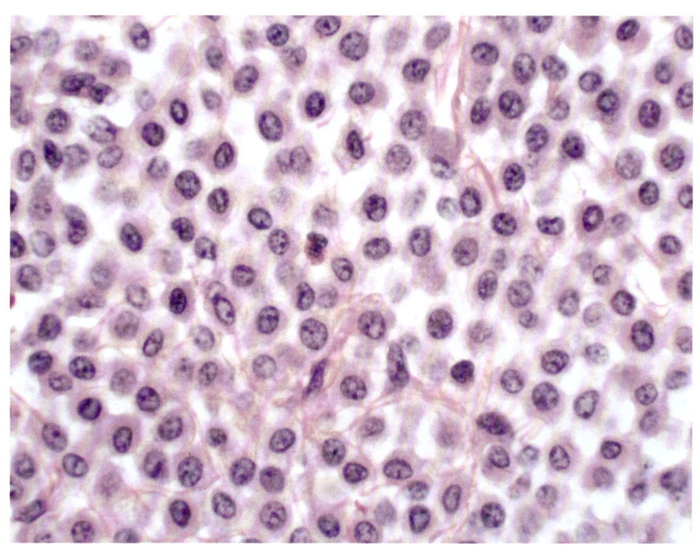

图2.62 犬的MCT活检（40×）

浆细胞瘤

图 2.63 是犬的浆细胞瘤 FNA。样本来自 6 岁雄性可卡犬口鼻部隆起的皮肤肿块，图中可见大量的圆形细胞，细胞核呈圆形至多形性，呈分叶状，细胞质呈弱嗜碱性。此类肿瘤可能有侵略性的细胞学表现，细胞核形态多样，但是临床表现常是良性的。建议活检确定肿瘤类型。

图 2.64 是犬的耳道浆细胞瘤活检。样本来自一只品种不详的雄性去势犬，临床表现为左侧耳朵感染。完全切除左侧外耳道呈小叶状的肿块。肿块由瘤变的圆形细胞构成，有的被纤维组织基质分割成团块。圆形细胞大小不一，细胞核呈圆形、椭圆形或不规则形，核深染，有粗糙团块状的核染色质。细胞质呈多形性且数量不等，细胞边界清晰。可见中等数量的分裂相。细胞无颗粒不染色，呈浆细胞样。分散在肿块中的还有细胞核大、双核或多核的单个细胞。肿块被厚的、分化良好的鳞状上皮细胞覆盖，表面有中等厚度的角质层。肿块浸润至组织边缘。尽管细胞核和细胞质表现有多形性，但通常此类肿瘤在犬中是良性且单一的。此类肿瘤可以发生在皮肤的任何部位，通常在口腔内部、耳朵及趾尖。如果切除不完全，可能会复发。在可卡犬中更常见此类肿瘤，在其他种类犬中也可见到。

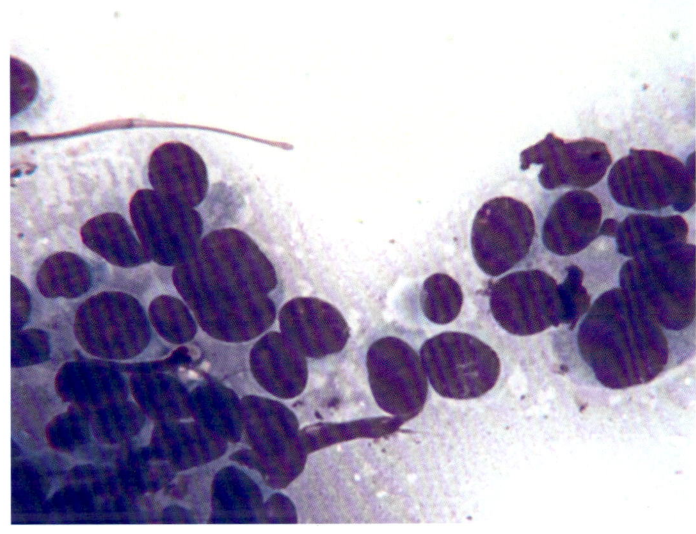

图2.63 犬的浆细胞瘤FNA（50×）

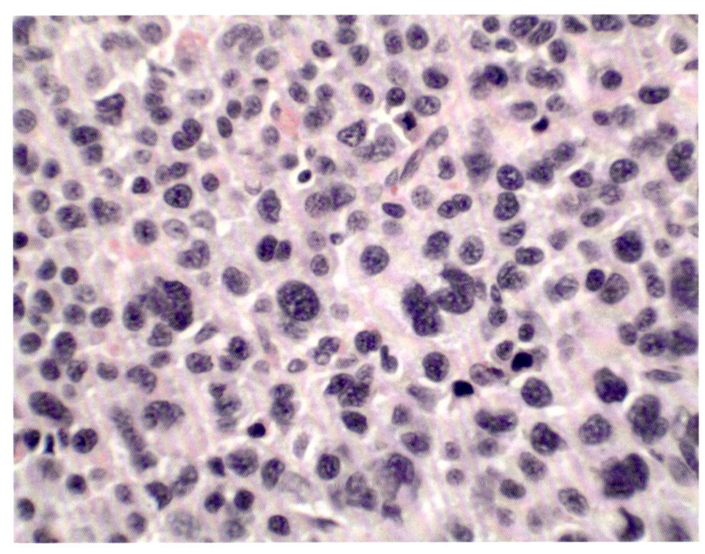

图2.64 犬的耳道浆细胞瘤活检（40×）

下颌下区的肿块

下颌下区肿块如果是双侧同时发生，很可能来自下颌淋巴结或者唾液腺。通过 FNA 可以立即分辨出组织来源是淋巴结还是唾液腺。如果发现明显的肿瘤细胞，建议活检来鉴定肿瘤类型并给出相应的预后。如果是炎性病变，可以用常规药物治疗。

反应性淋巴结

图 2.65 是 2 岁雄性家养短毛猫的反应性淋巴结 FNA。可见小到中等大小的淋巴细胞（图左下侧可见小于或者等于中性粒细胞大小的淋巴细胞）和分散的浆细胞。母细胞和中性粒细胞很少见，这些都说明是典型的反应性淋巴结。但是仅仅通过少量的细胞，不能排除分化良好的淋巴癌的可能性，需要活检才能提供更准确的组织结构信息。下颌淋巴结通常有很强的反应性，如果是全身性的淋巴结肿大，更常用肩前淋巴结或者膝后淋巴结进行 FNA。

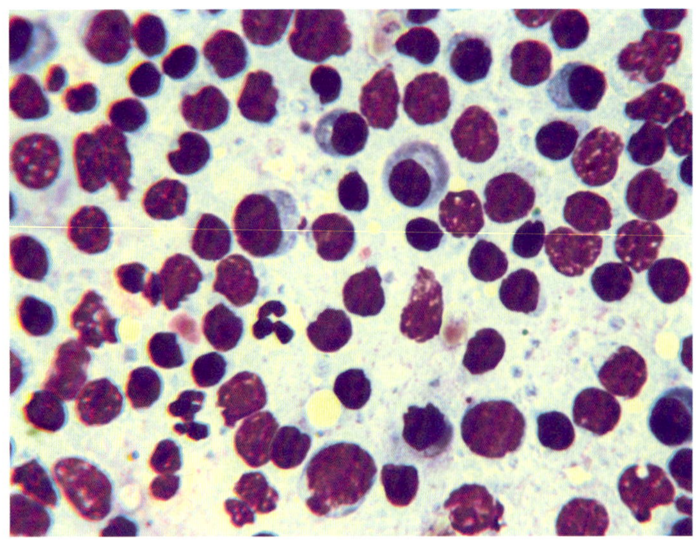

图2.65 猫的反应性淋巴结FNA（50×）

图 2.66 是猫的反应性淋巴结活检。图示为反应性淋巴结的组织结构。皮质有淋巴小结，由中间的生发中心（由大的淋巴细胞、巨噬细胞、树突状细胞、母细胞构成）和围绕生发中心的小淋巴细胞构成，这个区域颜色较深。往外是浆细胞层过渡到髓质区域，髓质区域有被浆细胞窦分割的、呈索状的、小的淋巴细胞。FNA 可见图 2.65。

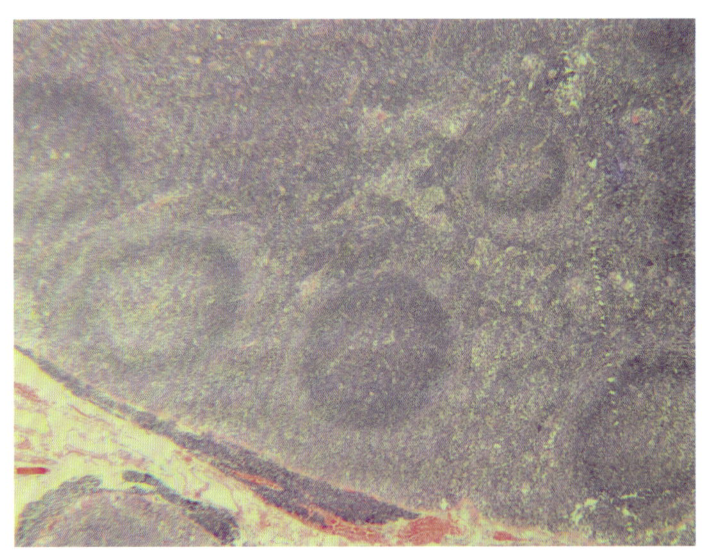

图2.66 是猫的反应性淋巴结组织活检（10×）

恶性淋巴瘤

图 2.67 是犬的恶性淋巴瘤（淋巴肉瘤）的 FNA。样本来自增大的膝后淋巴结，大的圆形细胞为大淋巴细胞，在右上角可见其大小比周围的中性粒细胞要大。有一些圆形细胞可见核仁（长箭状指针）说明是淋巴母细胞，还有一些圆形细胞内有多个小的类似核仁（箭头）的结构，其实是假象。只有细胞膜完整的细胞才可以用作细胞学判断（短箭状指针）。此图符合高等级的淋巴癌。

图 2.68 是犬下颌淋巴结的恶性淋巴瘤活检。组织来自 10 岁的雄性去势查尔斯王骑士犬，病史为多处淋巴结肿大。切取多个淋巴结组织进行活检检查，仍不能准确评估核分裂相。图示可见呈多形性的、中等到大的、多边形和圆形的淋巴细胞。细胞核大小为红细胞的 1–2 倍。大部分细胞

有大而单一的核仁。其他细胞可见大量小的核仁。未见正常的淋巴组织结构。这些组织学特征符合恶性淋巴瘤、免疫母细胞和大细胞型。细胞浸润到周围的脂肪细胞和纤维血管组织。这个是多中心性疾病，从淋巴结开始，然后转移到内脏（如肝脏、脾脏、骨髓）和外周血。

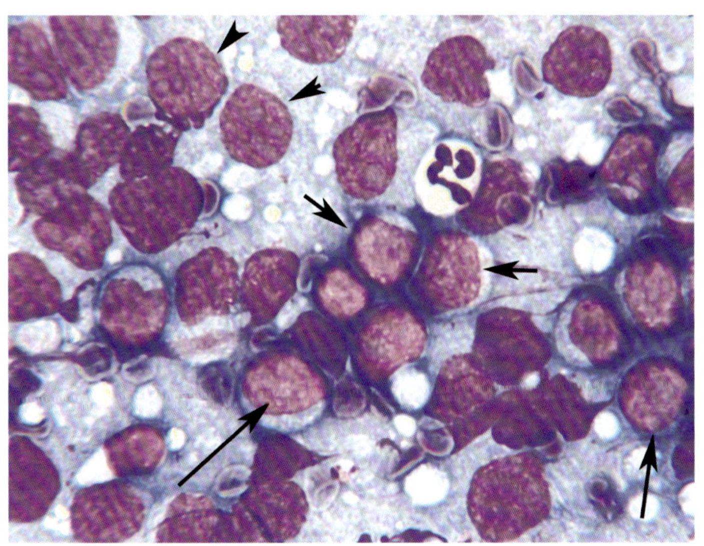

图2.67　犬的恶性淋巴瘤的FNA（50×）

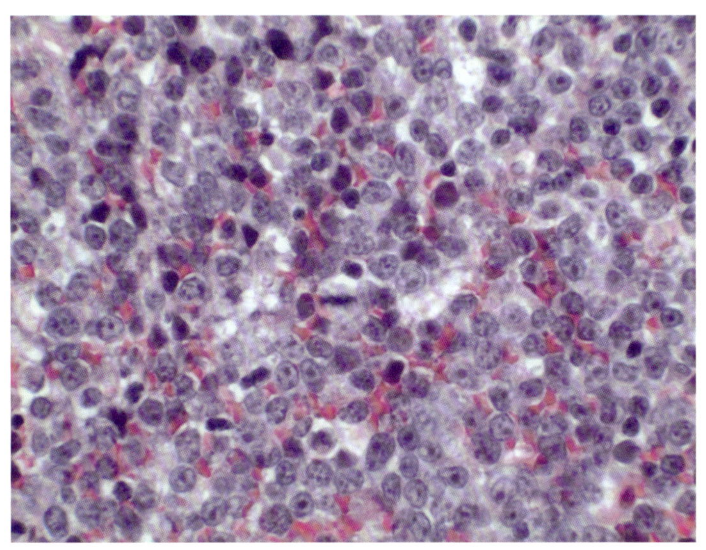

图2.68　犬的下颌淋巴结的恶性淋巴瘤的活检（40×）

正常唾液腺

图 2.69 是犬正常唾液腺的 FNA。从图中可见呈团块分布的腺上皮细胞（黏液性和浆液性）和小的基底样（管样）上皮细胞，背景中有线状的黏液和血液。体检时，唾液腺可能会被误诊为淋巴结肿大。如果是多个淋巴结肿大，为避免损伤到唾液腺，最好选择下颌淋巴结以外的其他淋巴结作为 FNA 的对象。

图 2.70 是犬正常唾液腺的活检。有黏液腺和浆液腺的小叶组织，管状结构内衬立方上皮。

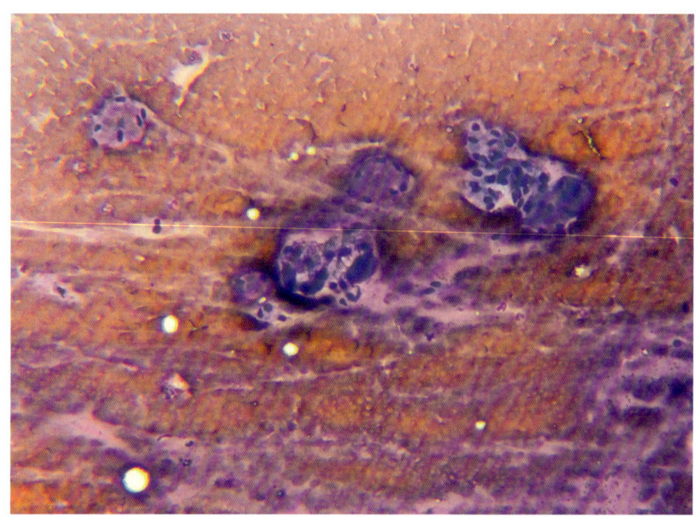

图2.69 犬正常唾液腺的FNA（10×）

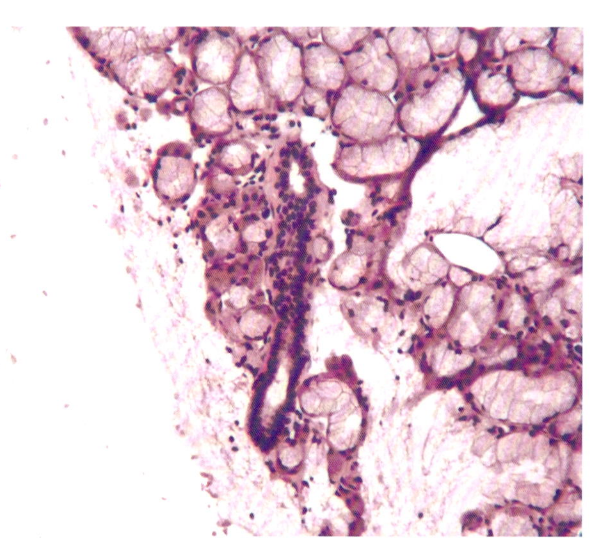

图2.70 犬正常的唾液腺的活检（10×）

唾液腺囊肿

图 2.71 是犬的唾液腺囊肿的 FNA。唾液腺损伤或者管道堵塞会使分泌的黏蛋白和唾液流入周围的基质，引起强烈的炎症反应，形成坚硬的颌下腺肿块。通常情况下会有慢性炎症，如图所示来自 5 岁的贵宾犬的下颌淋巴结，可见巨噬细胞内含有碎片。巨噬细胞通常含有红细胞、血红蛋白分解色素，偶尔可见血色素晶体。背景中有团块的黏蛋白（箭状指针）、红细胞以及细胞碎片。

图 2.72 是犬唾液腺囊肿的活检。组织来自 3 岁罗威纳犬的唾液腺，唾液流入基质导致组织坏死和严重的炎症反应，坏死组织有巨噬细胞、中性粒细胞、浆细胞和小淋巴细胞的浸润以及纤维变性。导致病变的原因是浓缩的黏蛋白和唾液（箭头）从受损的唾液腺漏出。

唾液腺癌

图 2.73 是犬的唾液腺癌 FNA。来自成年雌性混种犬，唾液腺癌导致腮腺区域有快速增大的肿块。图示可见大的上皮样细胞，细胞核呈多形性，细胞质呈嗜碱性，背景中有巨噬细胞和中性粒细胞。右上角的细胞有 2 个大小不同的细胞核，说明细胞核发育不良，可以作为恶性细胞的标准。左侧中间有细胞核碎片，右下侧有巨噬细胞。

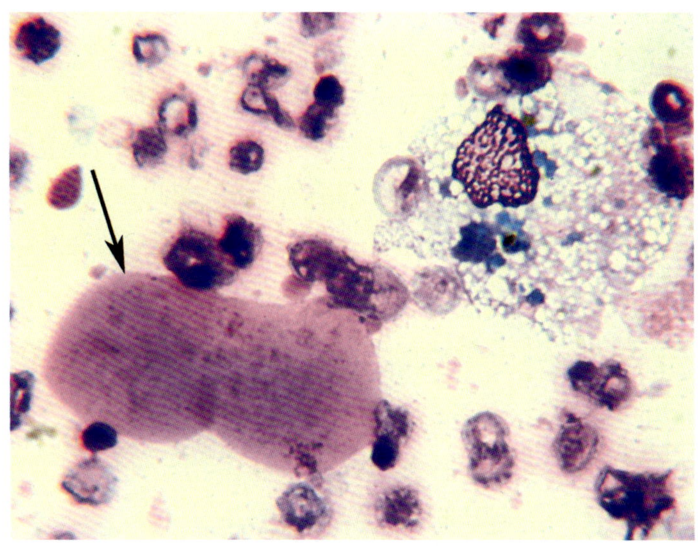

图2.71　犬唾液腺囊肿的FNA（50×）

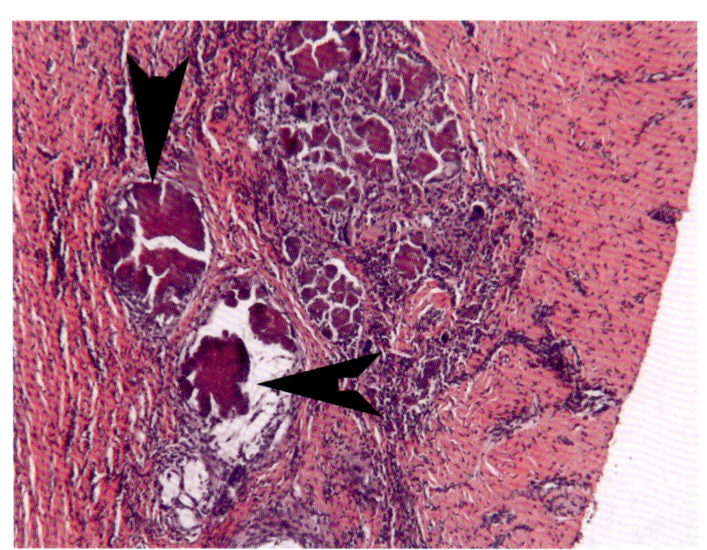

图2.72　犬唾液腺囊肿的活检（10×）

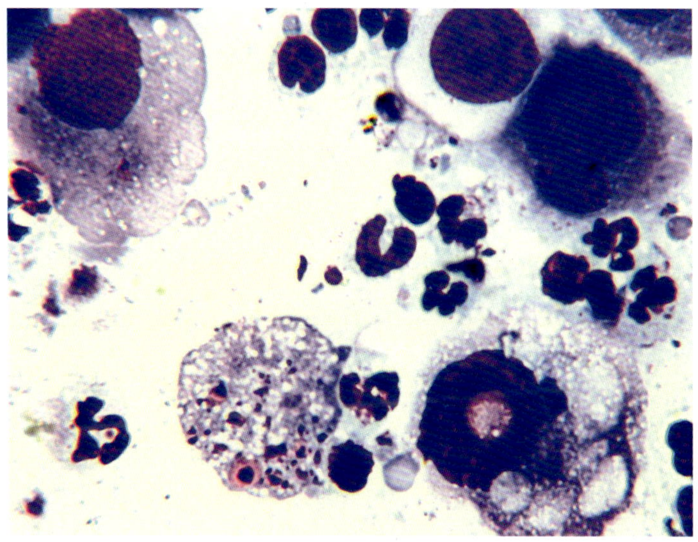

图2.73　犬唾液腺癌FNA（50×）

图 2.74 是犬的唾液腺癌的活检。来自一只雄性去势的德国牧羊犬的右下颌唾液腺肿块。唾液腺是混合的黏液腺和浆液腺，其中一叶有很明显的缺血性坏死，周围的唾液腺黏液囊肿和唾液腺囊肿被纤维组织包裹。肿块边界不清，由多形性的上皮样细胞小岛构成，有一些细胞有鳞状细胞分化和角化的特征。有一些腺体有小的、含有中性粒细胞的腔隙。大多数的细胞小岛是硬的。细胞大小和细胞核有中等程度的差异，偶见细胞分裂相。没有看到外周淋巴内的栓塞。组织外周切缘干净。此癌症具有局部侵袭性，即使完全切除也有复发的可能。可以通过血液和淋巴进行转移。因此，建议大边界切除并且跟踪复查。

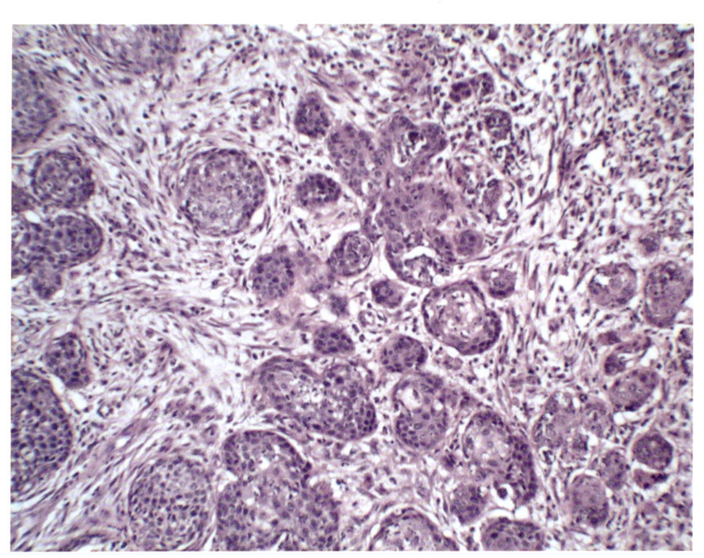

图2.74 犬的唾液腺癌的活检（10×）

颈下部肿块

颈下部病变通常来自甲状腺，更常见于猫，犬偶尔可见。猫的甲状腺肿块可能是增生或者腺瘤的结果。犬的甲状腺肿块通常是恶性的。通过 FNA 可以进行甲状腺肿块的初步检查，排除淋巴病变、血管瘤或者基质瘤。此部位有结构复杂的血管和神经，活检有一定的风险。所以需要先确定是否可以通过相应的药物进行治疗。

甲状腺瘤

图 2.75 是猫的甲状腺肿块。样本来自一只 9 岁雌性家养短毛猫。可见立方上皮细胞团块形成腺泡样组织。疾病最开始 T4 水平升高，很可能是甲状腺增生或者腺瘤，可以通过相应的药物治疗。

图 2.76 是猫的甲状腺瘤的活检。组织来自 14 岁雄性去势家养短毛猫，病史为体重减轻但是食欲很好，T4 水平高。进行了左侧甲状腺的切除，左侧的甲状腺比右侧大得多。腺体大小为 2.5cm×1.0cm×0.8cm，是分散的结节状。肿块样本中间被切开。邻近的正常甲状腺组织正在积极分泌。多小叶的肿块呈分散结构，与外围的组织有界限，但是没有被包裹。由大的甲状腺腺泡细胞单层紧密围绕着塌陷或扩张的腺体。腺体有无色的嗜酸性分泌物。甲状腺细胞是单细胞核的，细胞体积增大，同时有大的细胞核和单一的核仁。未见细胞分裂相。肿块大部分被完全切除，但有少量脱落。甲状腺肿块在组织学上判断为良性，但是这种良性肿块会导致临床症状。甲状腺瘤偶尔可能是双侧的或者多中心的，因此建议定期复查。

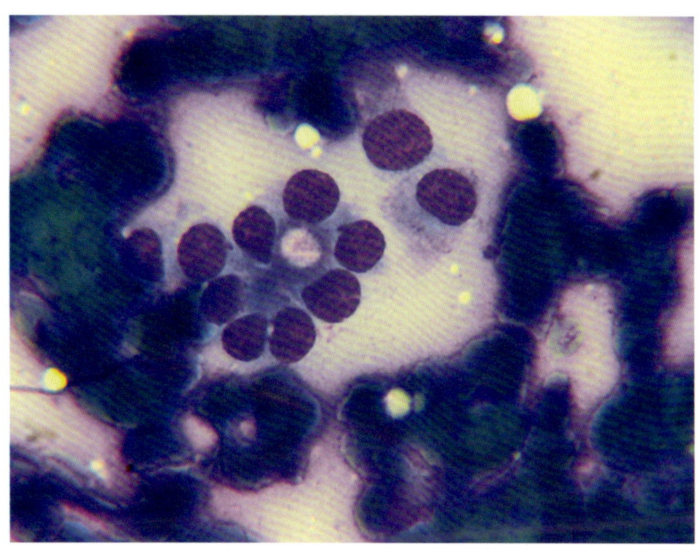

图2.75　猫的甲状腺瘤（40×）

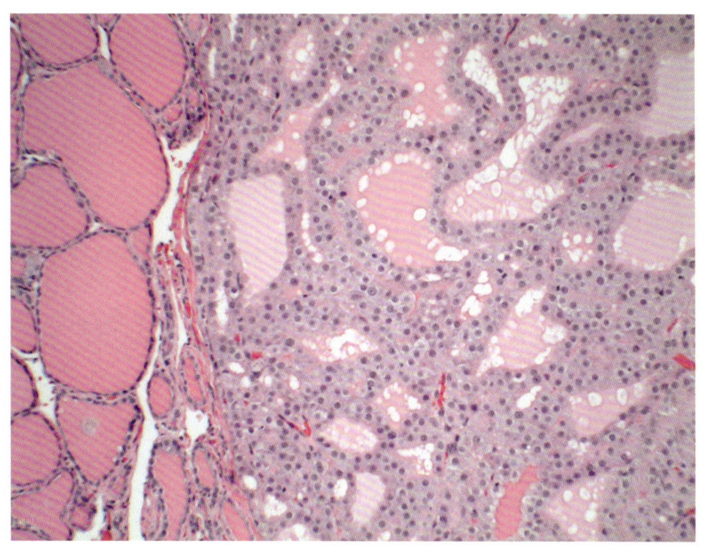

图2.76　猫甲状腺瘤的活检（10×）

甲状腺癌

图 2.77 是犬的甲状腺癌 FNA。来自 12 岁的雌性绝育波美拉尼亚丝毛混血犬的颈下侧肿块，临床上表现为 6cm 的肿块，与下层组织紧密连接。可见小的上皮细胞呈片状分布，有轻微的细胞核大小不等，偶尔可见模糊的腺泡结构。

图 2.78 是犬的甲状癌活检。样本来自图 2.77 同一个体的死后组织。肿块同时包含了颈动脉和颈静脉。局部还可看到残存的正常甲状腺腺泡，但是大部分腺体已经被小的上皮细胞形成的结节所压迫，轻微的细胞核大小不均。还可见血管浸润。尽管细胞还是单一形态，但肿瘤的侵袭性符合恶性癌的表现。

甲状旁腺瘤

图 2.79 是犬的甲状旁腺瘤的 FNA。可见浓密的、成团块状的、小的上皮细胞，细胞核呈单一形态，分散的细胞质说明是基底样上皮或者神经内分泌上皮。未见腺泡的形成，证明是非甲状腺来源。需要进行活检来确诊。

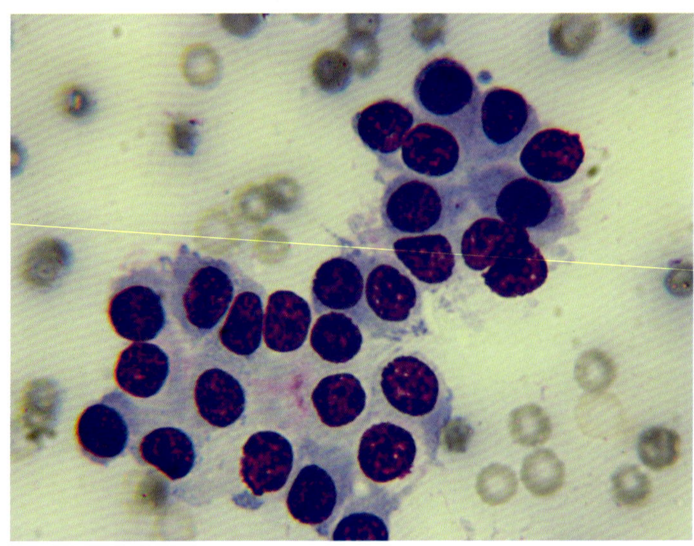

图2.77 犬的甲状腺癌FNA（50×）

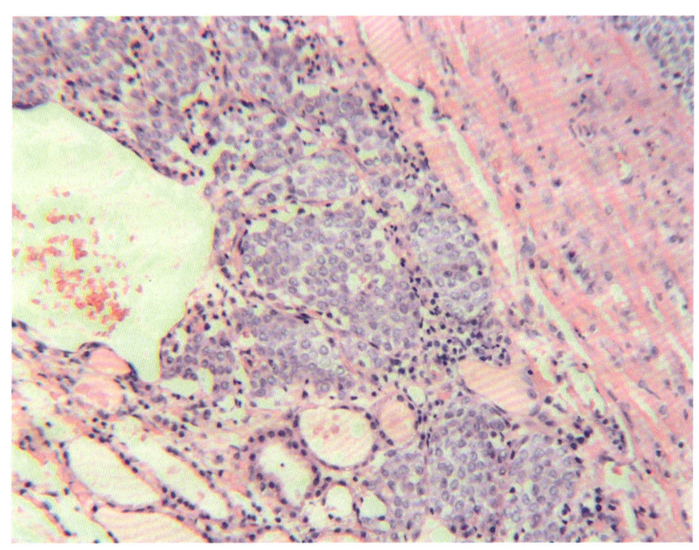

图2.78 犬的甲状癌活检（10×）

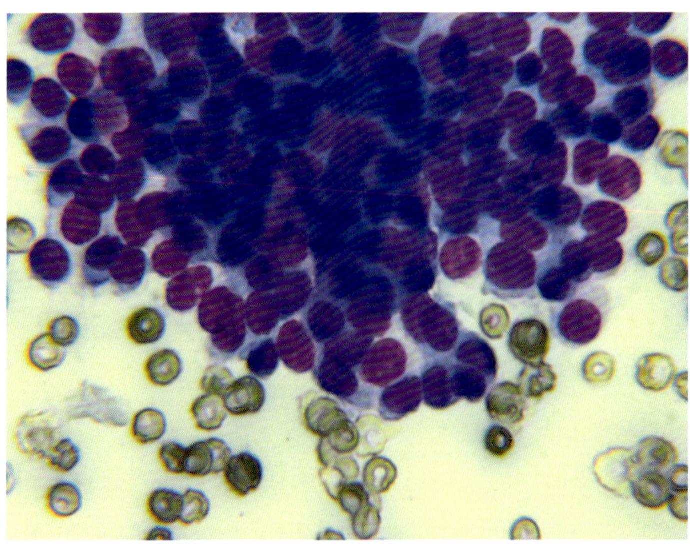

图2.79 犬的甲状旁腺瘤的FNA（50×）

图 2.80 是犬的甲状腺瘤的活检。组织来自 12 岁比格犬颈部左侧的肿块，切除后一分为二做组织学检查。这是一种与主细胞甲状旁腺瘤相符的内分泌型肿瘤。肿块被窄的外囊包裹；由规则的中等大小的多边形细胞构成，细胞核大小类似，细胞质呈轻微的空泡样或细颗粒状的嗜酸性染色，细胞边界明显，细胞多呈单核，未见核分裂相。未见甲状腺或淋巴结组织。肿块部分脱落。甲状旁腺瘤通常见于老年犬，临床表现有高血钙症。甲状旁腺的结节增生会导致类似的结节肿块，但往往是双侧的，在一些患有慢性肾衰竭的犬中也可见到。

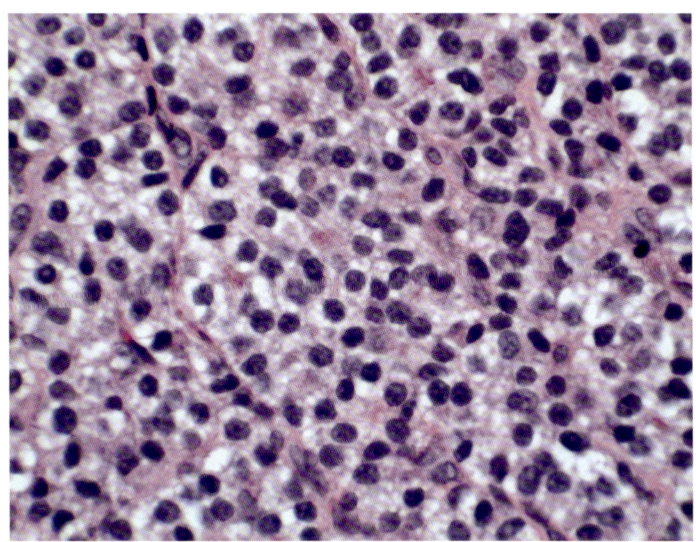

图2.80 犬的甲状腺瘤的活检（40×）

推荐阅读

头部的骨肿瘤

[1] Barger AM. Musculoskeletal System. In Canine and Feline Cytology; A Color Atlas and Interpretation Guide. 3rd ed. Raskin and Meyer. 2016. Elsevier. St. Louis. 353-368.

[2] Craig LE, Dittmer KE, Thompson KG. Bones and Joints. In Jubb, Kennedy, and Palmer's Pathology of Domestic Animals. Vol 1. 6th ed. M. Grant Maxie, Editor. Elsevier. St Louis. 2016. 16-163.

[3] Ehrhart NP, Ryan SD, Fan TM. Tumors of the Skeletal System. In Small Animal Clinical Oncology, 5th ed. Withrow and MacEwen. 2013. Elsevier. St. Louis. 463-503.

[4] Fielder SE. The Musculoskeletal System. In Cowell and Tyler's Diagnostic Cytology and Hematology of the Dog and Cat. 4th ed. Valenciano and Cowell. 2014. Elsevier. St. Louis. 216-221.

耳道肿块

[1] Hauck ML. Tumors of the Skin and Subcutaneous tissues. In Tumors of the Skeletal System. In Small Animal Clinical Oncology, 5th ed. Withrow and MacEwen. 2013. Elsevier. St. Louis. 305-320.

[2] Wallace KA, DeHeer H, Patel RT. The External Ear Canal. In Cowell and Tyler's Diagnostic Cytology and Hematology of the Dog and Cat. 4th ed. Valenciano and Cowell. 2014. Elsevier. St. Louis. 171-179.

[3] Wilcox BP, Njaa BL. Special Senses. In Jubb, Kennedy, and Palmer's Pathology of Domestic Animals. Vol 1. 6th ed. M. Grant Maxie, Editor. Elsevier. St Louis. 2016. 407-508.

耵聍腺癌

[1] de Lorimier LP. Ceruminous Gland Adenocarcinoma, Ear. In Blackwell's Five-Minute Veterinary Consult: Canine and Feline. 5th ed.

[2] Tilley LP and Smith FWK, Jr. 2011. John Wiley & Sons, Inc. West Sussex, UK. 231.

外耳郭肿块

[1] Hauck ML. Tumors of the Skin and Subcutaneous Tissues. In Small Animal Clinical Oncology, 5th ed. Withrow and MacEwen.2013. Elsevier. St. Louis. 305-320.
[2] Mauldin EA, Peters-Kennedy J. Integumentary System. In Jubb, Kennedy, and Palmer's Pathology of Domestic Animals. Vol 1. 6th ed. M. Grant Maxie, Editor. Elsevier. St Louis. 2016. 509-736.

组织细胞瘤

[1] Clifford CA. Histiocytoma. In Blackwell's Five-Minute Veterinary Consult: Canine and Feline. 5th ed. Tilley LP and Smith FWK, Jr.2011. John Wiley & Sons, Inc. West Sussex, UK. 585.
[2] Clifford CA, Skorupski KA, Moore PF. Histiocytic Diseases. In Small Animal Clinical Oncology, 5th ed. Withrow and MacEwen.2013. Elsevier. St. Louis. 706-715.
[3] Gross TL, Ihrke PJ, Walder EJ, and Affolter VK. Histiocytic Tumors. In Skin Diseases of the Dog and Cat; Clinical and Histopathologic Diagnosis. 2nd ed. 2005. Blackwell Publishing. Oxford. 837-852.

鳞状细胞癌

[1] Gross TL, Ihrke PJ, Walder EJ, Affolter VK. Epidermal Tumors. In Skin Diseases of the Dog and Cat; Clinical and Histopathologic Diagnosis. 2nd ed. 2005. Blackwell Publishing. Oxford. 562-603.
[2] Wypij JM. Squamous Cell Carcinoma, Ear. In Blackwell's Five-Minute Veterinary Consult: Canine and Feline. 5th ed. Tilley LP and Smith FWK, Jr. 2011. John Wiley & Sons, Inc. West Sussex, UK. 1184.

结膜和第三眼睑的肿块

[1] Gilger BC. Third Eyelid Protrusion. In Blackwell's Five-Minute Veterinary Consult: Canine and Feline. 5th ed. Tilley LP and Smith FWK, Jr. 2011. John Wiley & Sons, Inc. West Sussex, UK. 1223-1224.
[2] Miller PE, Dubielzig RR. Ocular Tumors. In Small Animal Clinical Oncology, 5th ed. Withrow and MacEwen. 2013. Elsevier.St. Louis. 597-607.
[3] Wilcox BP, Njaa BL. Special Senses. In Jubb, Kennedy, and Palmer's Pathology of Domestic Animals. Vol 1. 6th ed. M. Grant Maxie, Editor. Elsevier. St Louis. 2016. 407-508.
[4] Young KM. Eyes and Associated Structures. In Cowell and Tyler's Diagnostic Cytology and Hematology of the Dog and Cat. 4th ed.Valenciano and Cowell. 2014. Elsevier. St. Louis. 150-170.

眼睑肿瘤

[1] Miller PE, Dubielzig RR. Ocular Tumors. In Small Animal Clinical Oncology, 5th ed. Withrow and MacEwen. 2013. Elsevier.St. Louis. 597-607.

睑板腺瘤

[1] Wilcox BP, Njaa BL. Special Senses. In Jubb, Kennedy, and Palmer's Pathology of Domestic Animals. Vol 1. 6th ed. M. Grant Maxie, Editor. Elsevier. St Louis. 2016. 407-508.

梭形细胞瘤

[1] Bell CM, Schwarz T, Dubielzig RR. Diagnostic Features of Feline Restrictive Orbital Myofibroblastic Sarcoma. Vet Path 2011; 48:742-750.

口腔和鼻部黏膜上皮的病变

[1] Hauck ML. Tumors of the Skin and Subcutaneous Tissues. In Small Animal Clinical Oncology, 5th ed. Withrow and MacEwen.2013. Elsevier. St. Louis. 305-320.
[2] Liptak JM, Withrow SJ. Oral Tumors. In Small Animal Clinical Oncology, 5th ed. Withrow and MacEwen. 2013. Elsevier. St. Louis.381-398.
[3] Uzal FA, Plattner BL. Alimentary System. In Jubb, Kennedy and Palmer's Pathology of Domestic Animals. Vol 2. 6th ed. M. Grant Maxie, Editor. Elsevier. St Louis. 2016. 1-257.

嗜酸性粒细胞性炎症

淋巴浆细胞性炎症

[1] Bellows J. Feline Oropharyngeal Inflammation. In Blackwell's Five-Minute Veterinary Consult: Canine and Feline. 5th ed. Tilley LP and Smith FWK, Jr. 2011. John Wiley & Sons, Inc. West Sussex, UK. 474.

[2] Gross TL, Ihrke PJ, Walder EJ, Affolter VK. Ulcerative and Crusting Diseases of the Epidermis. In Skin Diseases of the Dog and Cat; Clinical and Histopathologic Diagnosis. 2nd ed. 2005. Blackwell Publishing. Oxford. 116-135.

[3] Peak RM. Oral Ulceration. In Blackwell's Five-Minute Veterinary Consult: Canine and Feline. 5th ed. Tilley LP and Smith FWK, Jr.2011. John Wiley & Sons, Inc. West Sussex, UK. 911-912.

[4] Werner AH. Eosinophilic Granuloma Comple×）In Blackwell's Five-Minute Veterinary Consult: Canine and Feline. 5th ed. Tilley LP and Smith FWK, Jr. 2011. John Wiley & Sons, Inc. West Sussex, UK. 420-421.

棘皮瘤型牙龈瘤

[1] Morrison WB. Ameloblastoma. In Blackwell's Five-Minute Veterinary Consult: Canine and Feline. 5th ed. Tilley LP and Smith FWK, Jr. 2011. John Wiley & Sons, Inc. West Sussex, UK. 61.

病毒性乳头状瘤

[1] Gross TL, Ihrke PJ, Walder EJ, Affolter VK. Epidermal Tumors. In Skin Diseases of the Dog and Cat; Clinical and Histopathologic Diagnosis. 2nd ed. 2005. Blackwell Publishing. Oxford. 562-603.

鳞状细胞癌

[1] Withrow SJ. Cancer of the Nasal Planum. In Small Animal Clinical Oncology, 5th ed. Withrow and MacEwen. 2013. Elsevier.St. Louis. 432-435.

[2] Wypij JM. Squamous Cell Carcinoma, Gingiva. In Blackwell's Five-Minute Veterinary Consult: Canine and Feline. 5th ed. Tilley LP and Smith FWK, Jr. 2011. John Wiley & Sons, Inc. West Sussex, UK. 1185.

黑色素瘤

[1] Bergman PJ, Kent MS, Farese JP. Melanoma. In Small Animal Clinical Oncology, 5th ed. Withrow and MacEwen. 2013. Elsevier.St. Louis. 321-334.

[2] de Lorimier LP. Melanocytic Tumors, Oral. In Blackwell's Five-Minute Veterinary Consult: Canine and Feline. 5th ed. Tilley LP and Smith FWK, Jr. 2011. John Wiley & Sons, Inc. West Sussex, UK. 807.

鼻腔肿瘤

[1] Arndt TP. Nasal Exudates and Masses. In Cowell and Tyler's Diagnostic Cytology and Hematology of the Dog and Cat. 4th ed.Valenciano and Cowell. 2014. Elsevier. St. Louis. 131-138.

[2] Burkhard MJ. Respiratory Tract. In Canine and Feline Cytology; A Color Atlas and Interpretation Guide. 3rd ed. Raskin and Meyer.2016. Elsevier. St. Louis. 138-190.

[3] Caswell JL, Williams KJ. Respiratory System. In Jubb, Kennedy and Palmer's Pathology of Domestic Animals. Vol 2. 6th ed. M. Grant Maxie, Editor. Elsevier. St Louis. 2016. 465-591.

[4] Turek MM, Lana SE. Nasosinal Tumors. In Small Animal Clinical Oncology, 5th ed. Withrow and MacEwen. 2013. Elsevier. St. Louis.435-451.

腺瘤

[1] De Lorimier LP. Adenocarcinoma, Nasal. In Blackwell's Five-Minute Veterinary Consult: Canine and Feline. 5th ed. Tilley LP and Smith FWK, Jr. 2011. John Wiley & Sons, Inc. West Sussex, UK. 26.

软骨肉瘤

[1] Bailey DB. Chondrosarcoma, Nasal and Paranasal Sinus. In Blackwell's Five-Minute Veterinary Consult: Canine and Feline. 5th ed.Tilley LP and Smith FWK, Jr. 2011. John Wiley & Sons, Inc. West Sussex, UK. 252.

犬和猫的口鼻部皮肤肿块

[1] Fisher DJ. Cutaneous and Subcutaneous Lesions. In Cowell and Tyler's Diagnostic Cytology and Hematology of the Dog and Cat. 4th ed. Valenciano and Cowell. 2014. Elsevier. St. Louis. 80-109.
[2] Hauck ML. Tumors of the Skin and Subcutaneous Tissues. In Small Animal Clinical Oncology, 5th ed. Withrow and MacEwen.2013. Elsevier. St. Louis. 305-320.
[3] Mauldin EA, Peters-Kennedy J. Integumentary System. In Jubb, Kennedy and Palmer's Pathology of Domestic Animals. Vol 1. 6th ed.M. Grant Maxie, Editor. Elsevier. St Louis. 2016. 509-736.
[4] Raskin RE. Skin and Subcutaneous Tissues. In Canine and Feline Cytology; A Color Atlas and Interpretation Guide. 3rd ed. Raskin and Meyer. 2016. Elsevier. St. Louis. 34-90.

皮脂腺结节状增生

皮脂腺瘤

皮脂腺上皮瘤

[1] Gross TL, Ihrke PJ, Walder EJ, Affolter VK. Sebaceous Tumors. In Skin Diseases of the Dog and Cat; Clinical and Histopathologic Diagnosis. 2nd ed. 2005. Blackwell Publishing. Oxford. 641-664.

毛母细胞瘤（基底细胞瘤）

[1] Gross TL, Ihrke PJ, Walder EJ, Affolter VK. Epidermal Tumors. In Skin Diseases of the Dog and Cat; Clinical and Histopathologic Diagnosis. 2nd ed. 2005. Blackwell Publishing. Oxford. 562-603.

MCT

[1] Gross TL, Ihrke PJ, Walder EJ, Affolter VK. Mast Cell Tumors. In Skin Diseases of the Dog and Cat; Clinical and Histopathologic Diagnosis. 2nd ed. 2005. Blackwell Publishing. Oxford. 853-865.
[2] London CA, Thamm DH. Mast Cell Tumors. In Small Animal Clinical Oncology, 5th ed. Withrow and MacEwen. 2013. Elsevier.St. Louis. 335-355.

浆细胞瘤

[1] Gross TL, Ihrke PJ, Walder EJ, Affolter VK. Lymphocytic Tumors. In Skin Diseases of the Dog and Cat; Clinical and Histopathologic Diagnosis. 2nd ed. 2005. Blackwell Publishing. Oxford. 866-893.
[2] Vail DM. Myeloma-Related Disorders. In Small Animal Clinical Oncology, 5th ed. Withrow and MacEwen. 2013. Elsevier. St. Louis.665-678.

下颌下区的肿块

反应性淋巴结

恶性淋巴瘤

[1] Messick JB. The Lymph Nodes. In Cowell and Tyler's Diagnostic Cytology and Hematology of the Dog and Cat. 4th ed. Valenciano and Cowell. 2014. Elsevier. St. Louis. 180-194.
[2] Raskin RE. Hemolymphatic System. In Canine and Feline Cytology; A Color Atlas and Interpretation Guide. 3rd ed. Raskin and Meyer. 2016. Elsevier. St. Louis. 91-137.
[3] Vail DM, Pinkerton ME, Young KE. Canine Lymphoma and Lymphoid Leukemias. In Small Animal Clinical Oncology, 5th ed.Withrow and MacEwen. 2013. Elsevier. St. Louis. 608-638.
[4] Valli VEO, Kiupel M, Bienzle D. Hematopoietic System. In Jubb, Kennedy and Palmer's Pathology of Domestic Animals. Vol 3. 6th ed. M. Grant Maxie, Editor. Elsevier. St Louis. 2016. 102-268.

正常唾液腺

唾液腺囊肿

[1] Allison RW. Subcutaneous Glandular Tissue: Mammary, Salivary, Thyroid and Parathyroid. In Cowell and Tyler's Diagnostic Cytology and Hematology of the Dog and Cat. 4th ed. Valenciano and Cowell. 2014. Elsevier. St. Louis. 110-130.
[2] Lauer SK. Salivary Mucocele. In Blackwell's Five-Minute Veterinary Consult: Canine and Feline. 5th ed. Tilley LP and

Smith FWK, Jr. 2011. John Wiley & Sons, Inc. West Sussex, UK. 1124-1125.

唾液腺癌

[1] Mutsaers AJ. Adenocarcinoma, Salivary Gland. In Blackwell's Five-Minute Veterinary Consult: Canine and Feline. 5th ed. Tilley LP and Smith FWK, Jr. 2011. John Wiley & Sons, Inc. West Sussex, UK. 30.
[2] Withrow SJ. Salivary Gland Cancer. In Small Animal Clinical Oncology, 5th ed. Withrow and MacEwen. 2013. Elsevier. St. Louis.398-399.

颈下部肿块

[1] Allison RW. Subcutaneous Glandular Tissue: Mammary, Salivary, Thyroid and Parathyroid. In Cowell and Tyler's Diagnostic Cytology and Hematology of the Dog and Cat. 4th ed. Valenciano and Cowell. 2014. Elsevier. St. Louis. 110-130.
[2] Choi US, Arndt T. Endocrine/Neuroendocrine System. In Canine and Feline Cytology; A Color Atlas and Interpretation Guide. 3rd ed. Raskin and Meyer. 2016. Elsevier. St. Louis. 430-452.
[3] Lunn KF, Page RL. Tumors of the Endocrine System. In Small Animal Clinical Oncology, 5th ed. Withrow and MacEwen. 2013.Elsevier. St. Louis. 504-531.
[4] Rosol, TJ, Grone A. Endocrine Glands. In Jubb, Kennedy and Palmer's Pathology of Domestic Animals. Vol 3. 6th ed. M. Grant Maxie, Editor. Elsevier. St Louis. 2016. 269-357.

甲状腺癌

[1] Newman RG. Adenocarcinoma, Thyroid-Dogs. In Blackwell's Five-Minute Veterinary Consult: Canine and Feline. 5th ed. Tilley LP and Smith FWK, Jr. 2011. John Wiley & Sons, Inc. West Sussex, UK. 33-34.

第3章 四肢、爪及指（趾）部的特定疾病

动物若出现四肢及爪部的炎性、增生性及肿瘤性病变，常会表现为明显的跛行，当然也可能是因为爪垫或是家具周围出现血迹才被主人发现。厚重的毛发也会掩盖小的、不明显的病变，发现时通常已经比较明显。

骨的相关疾病

骨组织可以通过增殖性修复来应对任何的损伤。肿瘤病变会导致骨组织不稳定或坏死，同时也可以通过相邻正常骨组织来对其进行修复。 这会使诊断过程复杂化，因此需要综合所有的检查手段，包括病史、X 线片、FNA 和活组织检查，从而得到明确的诊断和预后。

骨膜增生

图 3.1 是一张骨膜增生组织的 X 线片。骨膜增生常见于正在愈合的骨折和胸部肿块。从图中可看到骨边缘由钙化物质形成的整齐的花边图案（箭头），没有明显的骨质破坏或异常的骨组织增生。

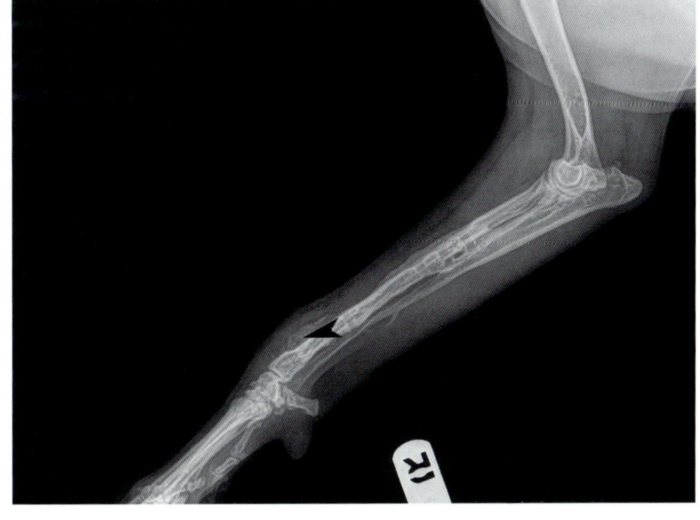

图3.1 骨膜增生组织的X线片（致谢医生Laura Hokett）

图 3.2 为骨膜增生组织的 FNA。样本于图 3.1 中箭头所指的增生性骨区域穿刺所得，出现了大量的异染性骨基质，其中分布着小的、有轻微核异常的单核细胞。这些细胞可能是成软骨细胞或成骨细胞，虽然它们没有表现出恶性肿瘤的特征，但活检对于分析其结构仍是必要的。

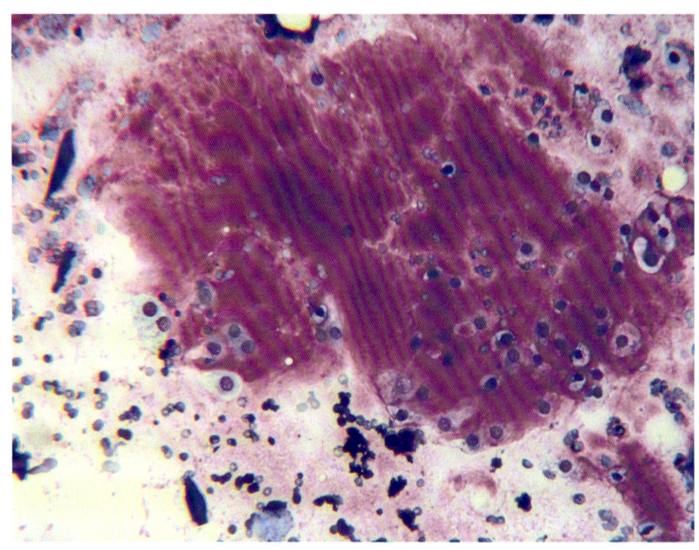

图3.2 犬骨膜增生组织的FNA（10×）

图 3.3 为骨膜增生组织的活检。组织来自于图 3.1 中箭头所指区域，可发现皮质骨中分化良好的骨小梁在不断增殖，同时挤压周边的软组织。如果通过 FNA 进行诊断，通常只能得到很少的细胞样本，表现为异染性骨细胞或者小的上皮样成骨细胞和 / 或成软骨细胞。

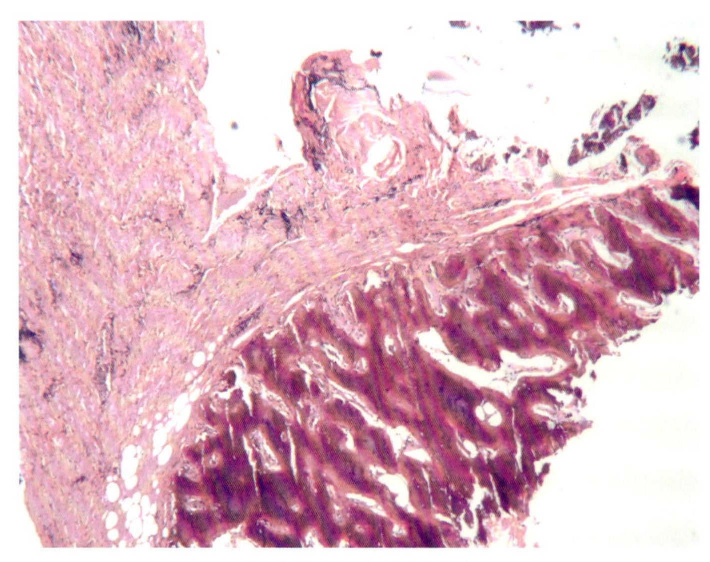

图3.3 骨膜增生组织的活检（2.5×）

骨肉瘤

图 3.4 为犬桡骨远端的骨肉瘤的 X 线片，可观察到骨增生、裂解以及皮质骨破裂的区域。活检应于箭状指针所指处进行。

图 3.5 为犬骨肉瘤的 FNA。在箭头部位取样得到的骨病变组织中，可以观察到血细胞、梭形细胞、多个细胞融合形成的多核细胞（破骨细胞）以及上皮样成软骨细胞或成骨细胞。这种高密度、复杂的骨原细胞群与嗜酸性基质同时出现时，便代表了骨增生。当细胞形态特征典型时，很难仅依照细胞学分析得到确定的诊断结果。临床病史对于骨病变分析十分重要。如果临床上没有其他因素导致骨增生，比如骨折或感染，但仍然出现核大小不同的骨原细胞，此时常常预示着肿瘤。

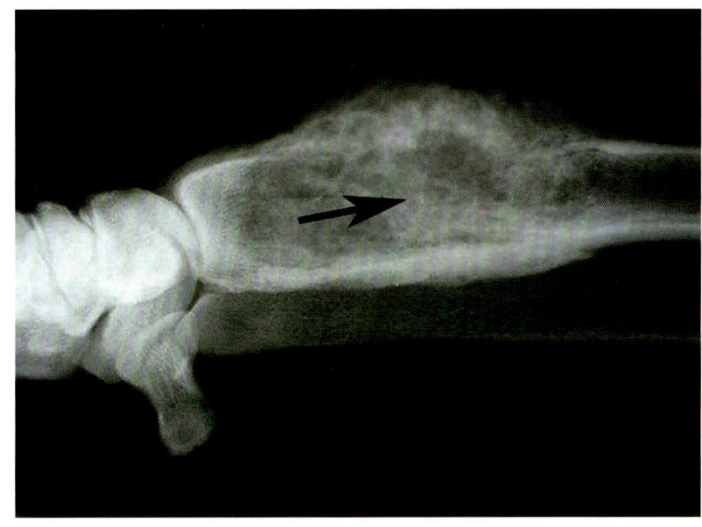

图3.4　犬桡骨远端的骨肉瘤的X线片（致谢医生Rowan Milner）

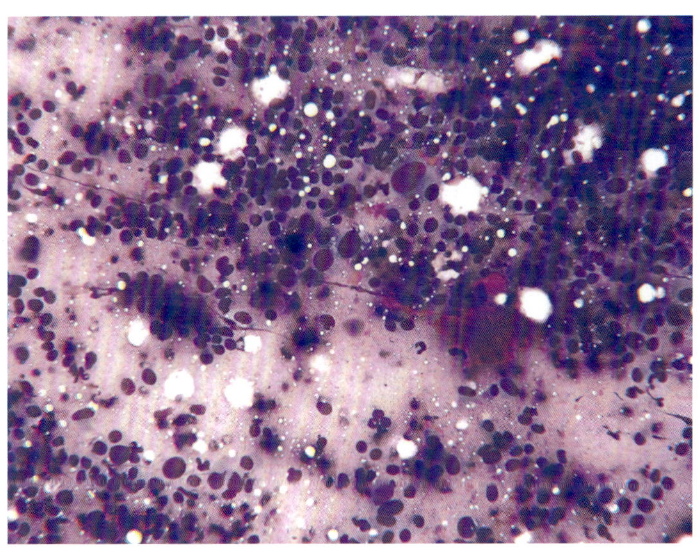

图3.5　犬骨肉瘤的FNA（10×）

图 3.6 为犬肱骨的骨肉瘤组织活检。这是一只 9 岁雌性绝育的拉布拉多，表现为难以负重、跛行、肩胛肱骨处肌肉萎缩以及左前肢疼痛。放射学影像显示了近尾部左侧肱骨干骺端的皮质骨出现增生性及裂解性病变。临床诊断为骨肉瘤或骨髓炎，动物主人最终决定截肢。两份肱骨处病变区域的活检样本被提交。每份样本中仅有一部分的小梁间隙。在这些小梁间隙存在散在的，大小从中等到相对较大的、片状分布的、多边形的成骨细胞。这些细胞的核大小不一，大部分细胞均为单一细胞核。同时也在该细胞群中发现了正在进行有丝分裂的细胞。这些细胞周围分布嗜酸性的类骨质。在显微照片中也存在着非肿瘤病变的骨组织。细胞中小梁间隙的区域基质很少。组织学检查显示的结果为成骨细胞性骨肉瘤。这些肿瘤具有局部侵袭性，其中许多肿瘤早期转移至肺部，也可转移至局部淋巴结。肿瘤有时也会在截肢处复发。

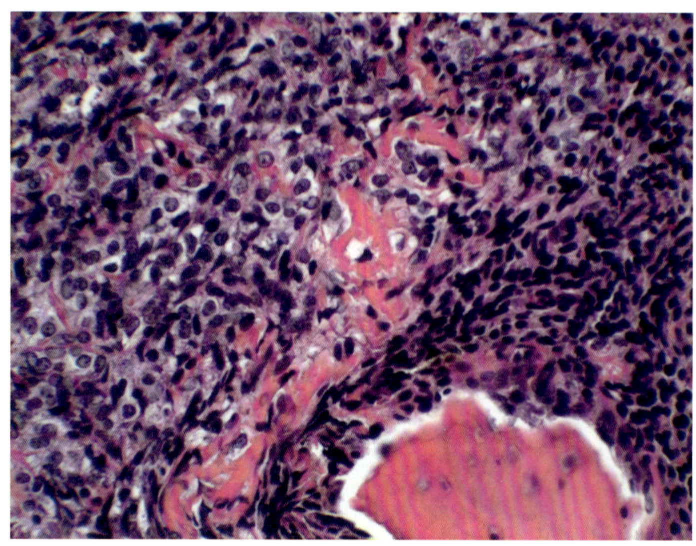

图3.6 犬肱骨骨肉瘤活检（20×）

指（趾）甲下肿瘤

黑色素瘤

图 3.7 为犬黑色素瘤的 FNA。在穿刺吸取的黑色素瘤中，由于不同的穿刺位置，可见梭状、颗粒化不完全的黑色素细胞或上皮状、高度颗粒化的黑色素细胞。这种肿瘤的差异性较大，并且细胞表现出不同的形态。皮肤的黑色素肿瘤，此处为指（趾）甲下肿块，常可见到细胞质含少量颗粒物的、细长的梭状细胞。可能需要在最高倍镜下才能发现黑色素颗粒，诊断为分化不完全的黑色素瘤。

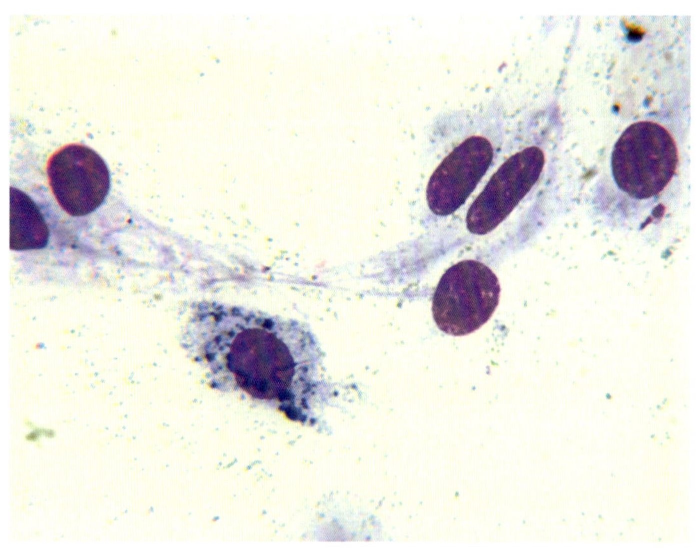

图3.7 犬黑色素瘤的FNA（40×）

图 3.8 为一只 12 岁腊肠犬左后肢第三节趾下肿块的活检（与图 3.7 组织来源相同）。肿块大致呈扁虱状，穿刺后可见散在的黑色素细胞，提取后确诊为黑色素沉着较少的黑色素瘤（有丝分裂率为 0–1/HPF，MI<1/10HPF）。图中出现的罕见的交叉嵌套证实了黑色素瘤的诊断。指（趾）甲下黑色素瘤的侵袭性通常都很强，但在此病例中，肿瘤是高度分化的，同时其核分裂率较低，未见侵蚀邻近骨，因此认为该肿瘤侵袭性可能较低。在肿瘤切除后的 3 年内都没有出现进一步发病的症

状。本病例证明了 FNA 在诊断肿瘤过程中的作用，在初步检查中看似为良性的肿瘤可能会比想象中的更具侵袭性，因此早期黑色素瘤的切除能够有效减少后续的复发。

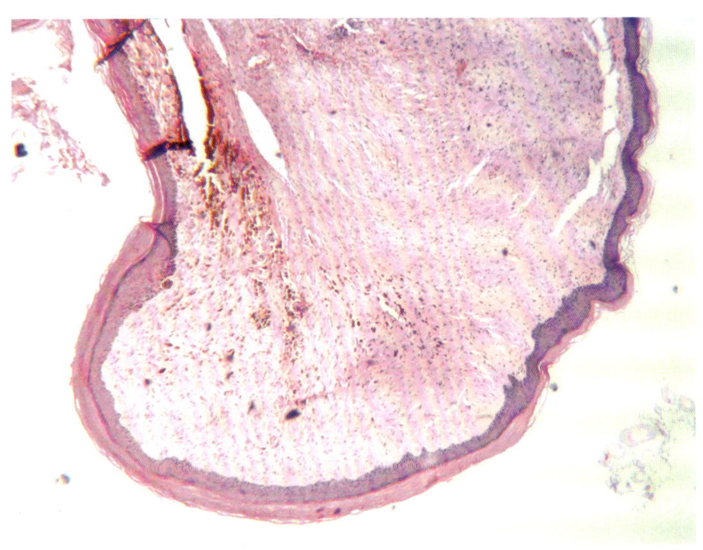

图3.8　犬甲下黑色素瘤活检（2.5×）

图 3.9 为犬甲床黑色素瘤的 FNA。样本来自一只成年绝育雌性的混种犬的甲下肿块，可见梭状及上皮状的细胞群，该细胞群的细胞核有轻微的核大小不均，细胞质有程度不等的黑色素沉积。建议活检以确定有丝分裂指数，以及邻近骨是否被侵袭。

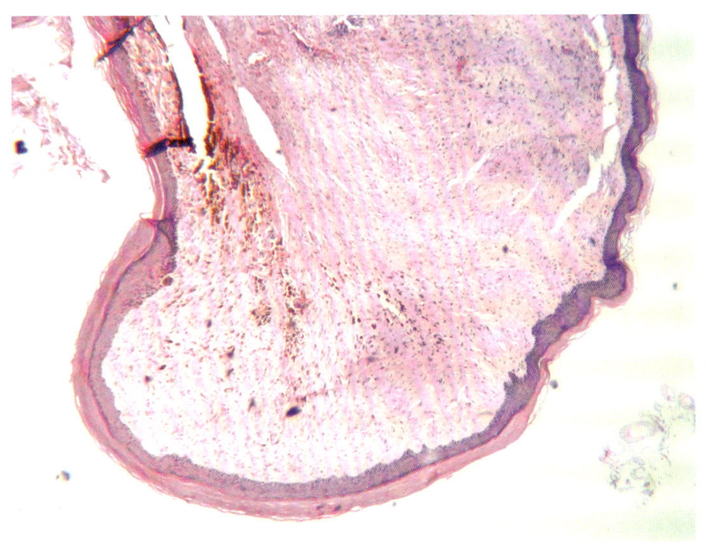

图3.9　犬甲床黑色素瘤FNA（40×）

图 3.10 为犬甲下恶性黑色素瘤的活检。一只 8 岁绝育雌性拉布拉多犬在其左前肢第五指的第三指骨有损坏性病变，同时伴有第二指骨的增生。在掌骨和指骨关节处进行截肢手术。在截掉的指节中，有一个突出的正常第一指关节，一个分裂的、发育不良的指甲，已经溃疡的肿块在指节远端内侧。将远端指节和指甲切掉后，将剩下的指节进行矢状锯开，可见一个多叶的黑色肿块已经侵袭到甲床、第三指关节以及第二指关节远端。该肿瘤已被完全切除，周边软组织边缘距离为 0.8cm。对该肿块的一侧典型切面进行了组织学检查。大部分肿块表面都发生了严重溃疡病变。该肿块为多叶肿瘤，其中包含了多形的、中等到大体积的多角形细胞，这些细胞大多有严重的色素沉着。另

外，细胞大小以及核大小都存在些许的区别，一些细胞还具有多核。有丝分裂率为 0–3/HPF，但区域不同可能也会出现不同的有丝分裂率。指甲的结构已难以辨别，第三指节已完全被破坏。这类肿瘤具有局部侵袭性。日后可能在截肢处复发。即使最初的肿瘤区域被完整及时地清除，随时间发展，肿瘤也可能会转移到附近淋巴结、肺或者其他部位。

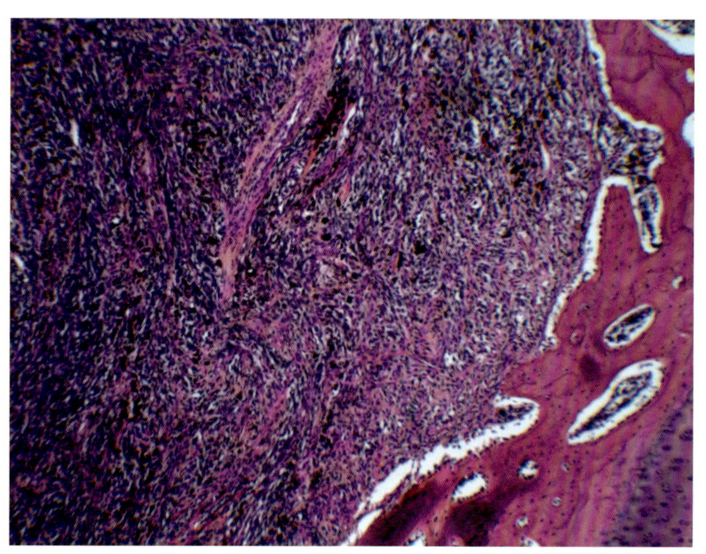

图3.10 犬甲下恶性黑色素瘤活检（20×）

鳞状细胞癌

图 3.11 为犬鳞状细胞癌的 FNA。从一只成年雄性混种犬左前肢第三指甲下肿块穿刺所得组织中，发现了大小不一的上皮细胞，具有嗜碱性或透明的细胞质，细胞核有一定程度的大小不等，同时伴随细胞核 / 质的不成熟（随着细胞质的透明化，细胞核应逐渐致密，从而使得细胞在移至表皮表面时停止代谢），说明细胞没有正常成熟，可能存在不受控制的生长。一些鳞状细胞在透明的细胞质中有大的细胞核，代表着未成熟的细胞，同时也是鳞状细胞癌的标志。在细胞碎片的背景中可见大量的中性粒细胞，该病变缺乏正常皮肤的保护性角质层，界面还存在较密集的炎性细胞浸润。

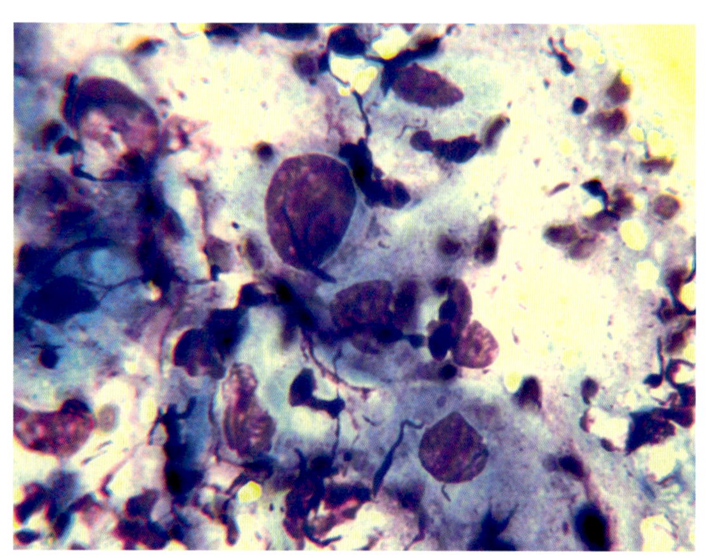

图3.11 犬鳞状细胞癌的FNA（50×）

图 3.12 为犬趾甲下鳞状细胞癌的活检。样本来自一只 10 岁去势雄性的巨型雪纳瑞犬截肢的右

后肢第三趾节，组织被直径为 1.7cm 的溃疡替代。该样本被纵向锯成两半，露出界限不明显的白色或棕褐色或棕色的肿块，此肿块已被完全切除，边缘为 0.7cm。将肿块代表性的切面进行组织学检查。远端溃疡床中增生肿块的纤维血管基质有轻微的多灶性炎症。它由浸润性结节和中央角化不良的、多形鳞状上皮的网状小梁组成。此肿块确诊为甲下鳞状细胞癌。这类肿瘤具有局部侵袭性，因此截肢是首选的治疗方法。即使及时完全切除，偶尔也会出现局部淋巴结和肺部的转移。另外，此种癌症在雪纳瑞的发病率较高。

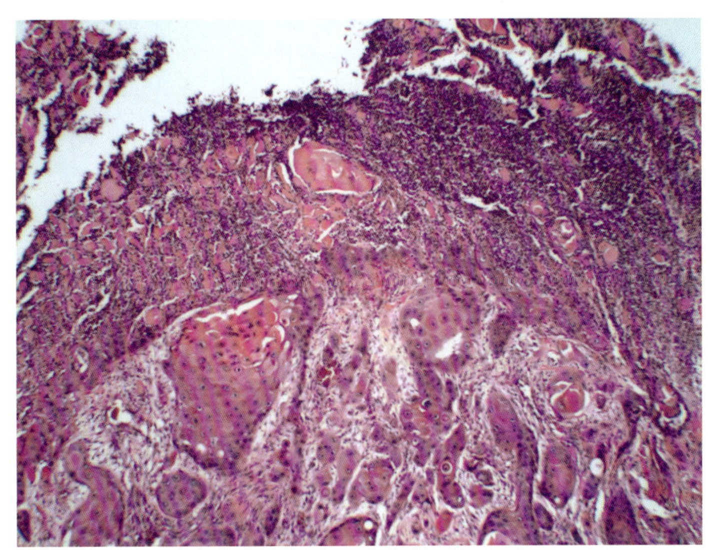

图3.12　犬甲下鳞状细胞癌活检（4×）

指（趾）部皮肤及甲床病变

图 3.13 是临床上剃毛后的趾节肿块。在剃毛后，该犬趾上的肿块才得以显现。在此之前，仅表现为爪部疼痛。

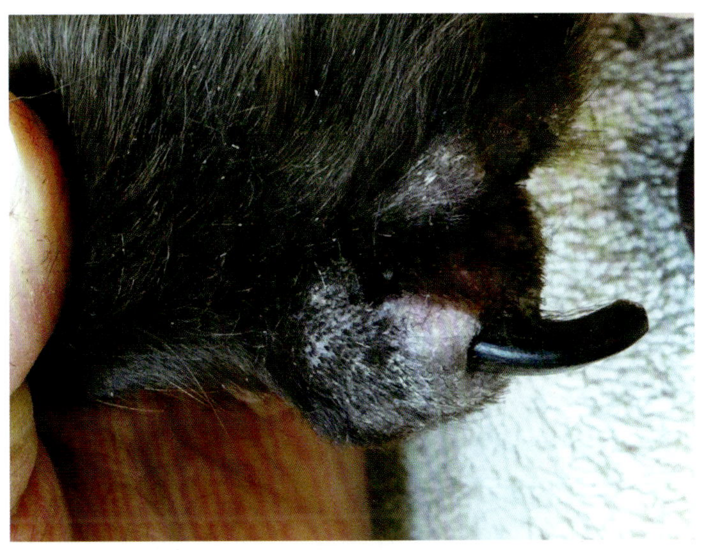

图3.13　临床上剃毛后的趾节肿块的照片

局限性钙质沉着

图 3.14 为局限性钙质沉着的 FNA。此病变可能表现为四肢远端处的多个较硬肿块。一只 3 岁

去势雄性德国牧羊犬在其左前爪的外侧远端出现多个小肿块。在 50 倍油镜下可见可折射不定形的细胞碎片，同时有少量有活性的巨噬细胞。

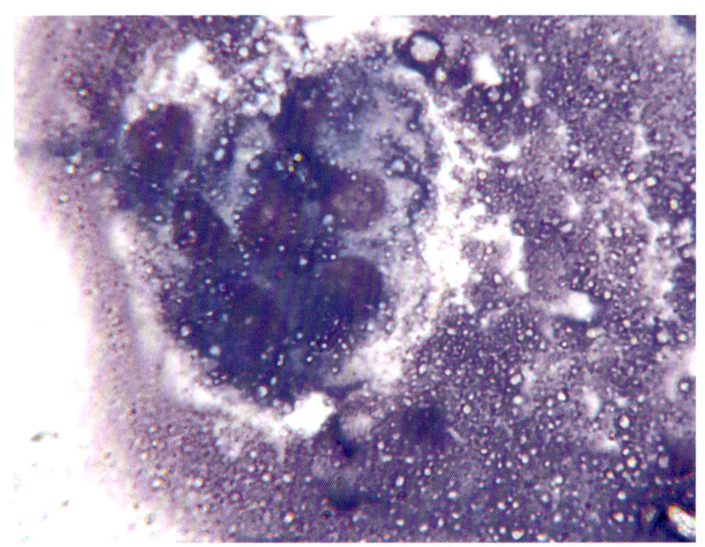

图3.14 局限性钙质沉着的FNA（50×）

图 3.15 为局限性钙质沉着组织活检。组织来自于一只年轻的雄性大丹犬跗关节上的肿块，发现有钙化组织碎片形成的密集灶被纤维壁包裹，此层纤维壁包含巨噬细胞和中性粒细胞，此为典型的局限性钙质沉着。该病变通常是单个至多个坚硬的、多结节的肿块，通常见于四肢、压力点，偶见于耳尖。在大型犬身上尤其多见。这可能是患犬创伤性损伤和营养不良性钙化的结果。但此病变是良性的，完全切除通常可治愈。

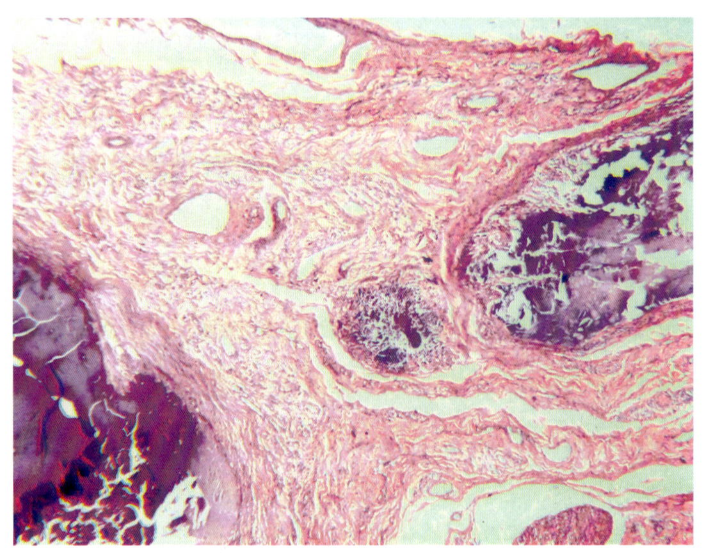

图3.15 局限性钙质沉着活检（2.5×）

浆细胞性爪部皮炎

图 3.16 为浆细胞性爪部皮炎的 FNA。一只成年绝育雌性家养短毛猫的粉色爪垫出现多个肿胀。浆细胞性爪部皮炎抽吸常可见大量的浆细胞以及少量的小淋巴细胞，有时还可见中性粒细胞，偶见嗜碱性粒细胞；也可见含球蛋白的浆细胞及莫特细胞（Mott 细胞，箭状指针）。该种混合的细胞群表明针对抗原刺激而发生的过敏反应。

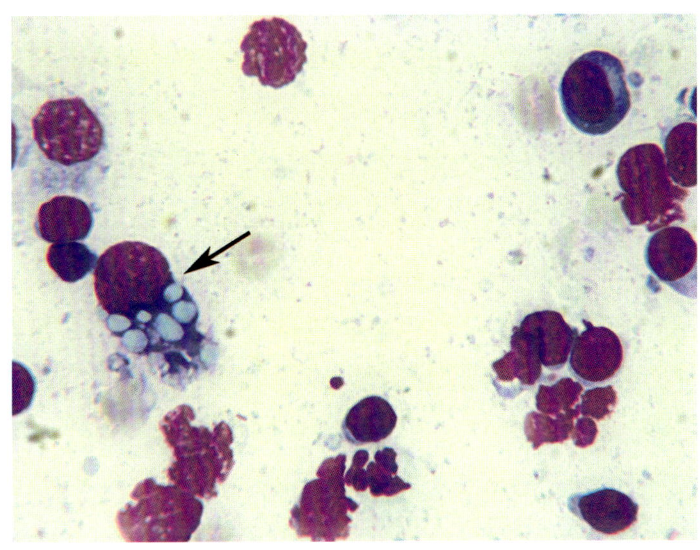

图3.16　浆细胞性足皮肤炎的FNA（10×）

图 3.17 为猫浆细胞性爪部皮炎的活检。一只 10 岁绝育雌性家养短毛猫出现了多足爪垫溃疡，时好时坏。活检后可见爪垫上皮处出现多灶性糜烂和溃疡，真皮处有严重的浆细胞浸润，在浸润的细胞中可见淋巴细胞以及极少量的嗜酸性粒细胞。

乳头状瘤

乳头状瘤是一种常见的浅表上皮肿瘤，由感染性病毒引起。乳头状瘤在幼犬和免疫功能低下的动物中更为常见，可能会自发消退或变成多个。当乳头状瘤在甲床的局限区域出现时，尤其是在甲下区域，可能引起第三趾节的压力性坏死、炎症、疼痛和跛行。其他更具侵袭性的肿瘤常发生在趾甲下区域在此种情况下截肢是获得更准确的活检组织最好的方式，从而得到准确的预后。

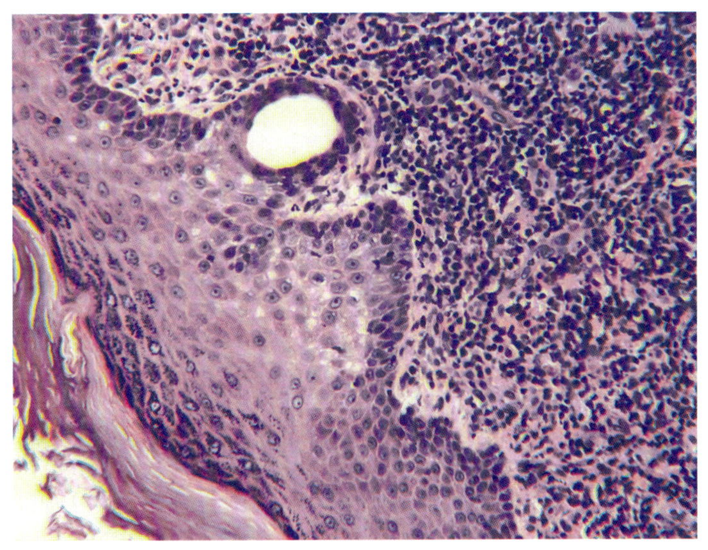

图3.17　猫浆细胞性爪部皮炎的活检（10×）

图 3.18 为犬乳头状瘤的细胞学。从乳头状瘤的 FNA、刮片或压片中会发现大多是成熟的鳞状上皮细胞，偶见角化不良或因病毒引起的多形核的细胞，正如这个从一只 8 岁绝育雌性拉布拉多犬脚趾取得的肿块制成的刮片所示。如果该病变是外伤所致，可能会有更多中性粒细胞出现。

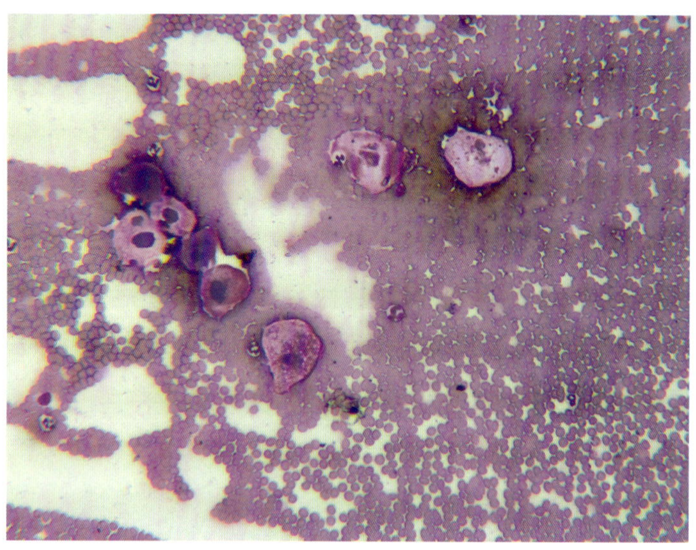

图3.18 犬乳头状瘤的刮片（10×）

图 3.19 为犬内翻性病毒性乳头状瘤的活检。一只 7 岁绝育雌性杜宾犬在其左后肢第二趾节的背侧表面突然形成了一个直径为 11mm 的肿块，该肿块的底部略窄。图片可见角化内陷的厚层鳞状上皮细胞，局部角化不全。在向内角化区域的颗粒层附近存在被称为“挖空细胞”的肿胀上皮细胞，其具有苍白的双染性细胞质（病毒致细胞病变效应导致）。中心内陷的角化栓可见大量坏死的挖空细胞。组织各层的分界明显。犬病毒性乳头状瘤种类和数量一般都很多。内翻性肿块最常见于犬足部。动物主人常被告知，若幼犬与患犬接触，很有可能会受到乳头状瘤病毒的感染。

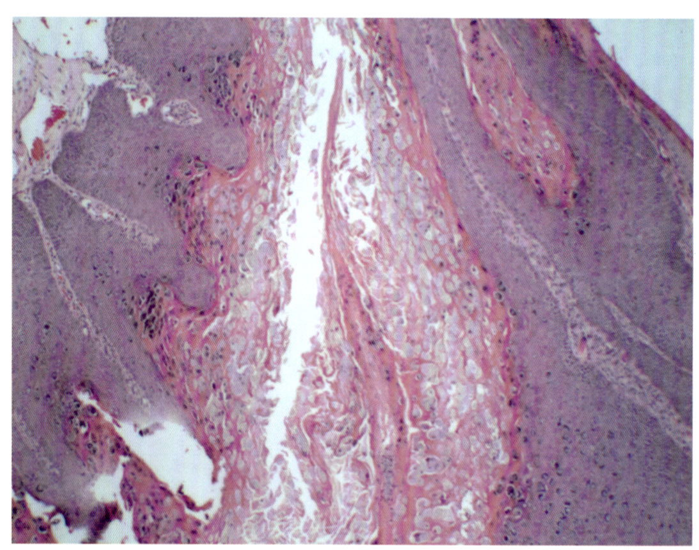

图3.19 犬内翻性病毒性乳头状瘤的活检（4×）

图 3.20 为犬甲下内翻性病毒性乳头状瘤的活检。一只 8 岁绝育雌性拉布拉多犬出现左前肢的跛行，其指内侧肿胀和疼痛明显。活检显示，在其甲床出现了内翻性病毒性乳头状瘤，对第三指骨产生压迫，从而导致远端指骨扭曲、骨关节炎、肿胀和疼痛。截去趾节后，疼痛得到缓解，不再跛行。

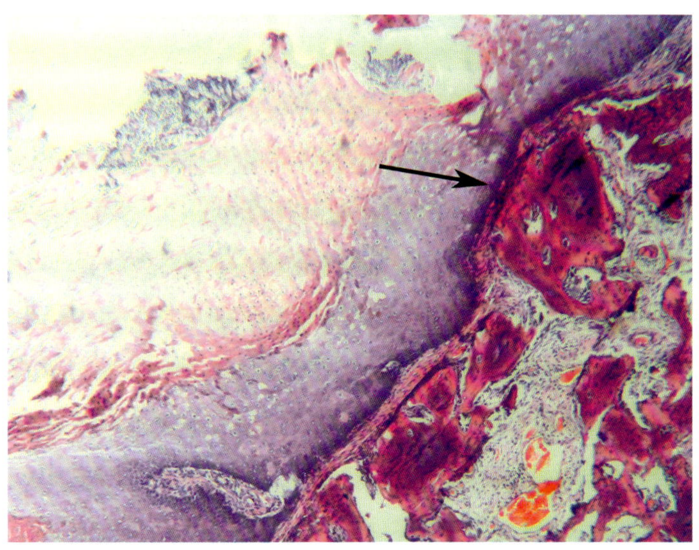

图3.20　犬甲下内翻性病毒性乳头状瘤的活检（2.5×）

纤维附件增生

指（趾）部皮肤的附属结构可以形成充满角蛋白或分泌物质的囊肿或囊性肿瘤。指（趾）部因为缺乏皮下脂肪而常会受到外伤的侵害。这会导致囊肿的破裂，同时囊肿的内容物释放到基质中又会引起蜂窝织炎。因此建议在病变很小时就进行切除。FNA 可对病因进行初步诊断，这有助于确定切除所需的边缘大小。

图 3.21 为纤维附件错构瘤的 FNA。此病变在皮肤上呈现出坚硬的肿块，在病变处可见少量分散的梭状细胞（来自于病变周边纤维组织）、角化蛋白（来自于囊肿中心），以及极少的皮脂腺细胞、导管细胞和鳞状上皮细胞（来自于皮肤附属结构）。成年绝育雌性杜宾犬的背侧腕骨上的肿块临床上被诊断为“嗜舔性肉芽肿”，FNA 可见大量纤细的梭形细胞和少量的血管上皮细胞。

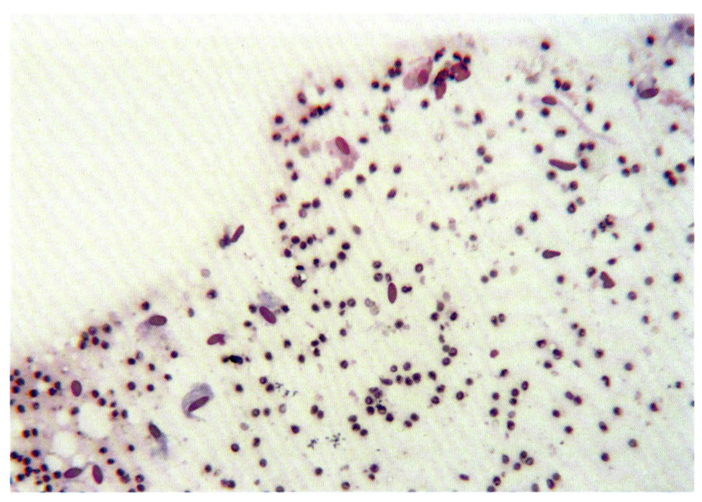

图3.21　犬纤维附件错构瘤的FNA（10×）

图 3.22 为犬纤维附件错构瘤的活检。一只 10 岁雄性小猎犬在其左侧腕背部远端出现了一个溃疡肿块。局限性纤维结节含有因纤维化而发育不良的巨大毛囊皮脂腺单位。囊肿的滤泡破裂引发了 2 个包含角质碎片和至少 1 个毛发碎片的异物反应。其中的一个炎症病灶已经延伸到样本的边缘深部。纤维结节边界完整，基本已经完全被切除。这个坚硬的皮肤肿块常被称为纤维附件错构瘤，炎

症是其常见的并发症。错构瘤一般意味着先天性病变，但在此病例中似乎不太可能。这些良性的纤维结节可能继发于创伤，可能会有多个。它们常会出现在长期刺激或反复创伤的区域，此病例应该是发生在自残（嗜舔性肉芽肿）的部位。如果后续没有持续的自残（舔舐）行为，完全切除结节是有效的治疗手段。

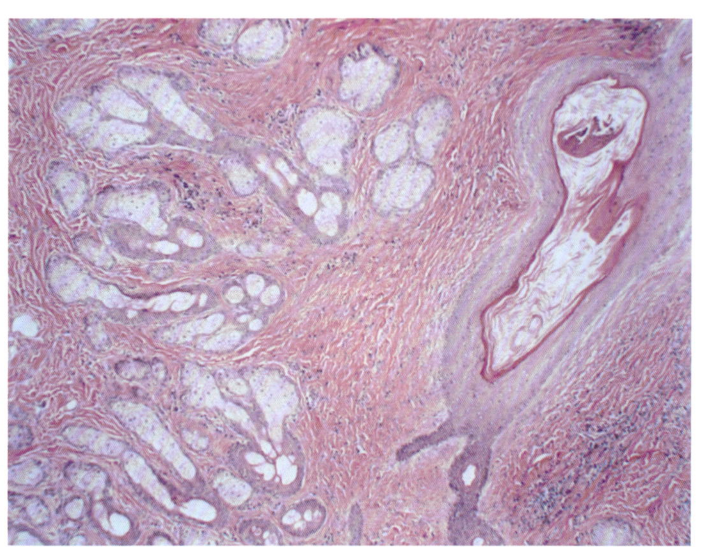

图3.22 犬纤维附件错构瘤的组织活检（4×）

肢体的间质瘤

软组织肉瘤可能来自于成纤维细胞、神经细胞、脂肪细胞、关节囊或肢体任何组织结构，可以是良性也可以是恶性的。如果 FNA 发现恶性肿瘤的标志，则可帮助判定该肿瘤预后。建议进行早期切除，因为如果组织活检发现肿瘤是侵袭性的或者肿瘤未完全切除，则后期手术切缘可用的组织很少。当肿块位于难以完全去除的区域时，可以转诊给外科专家。

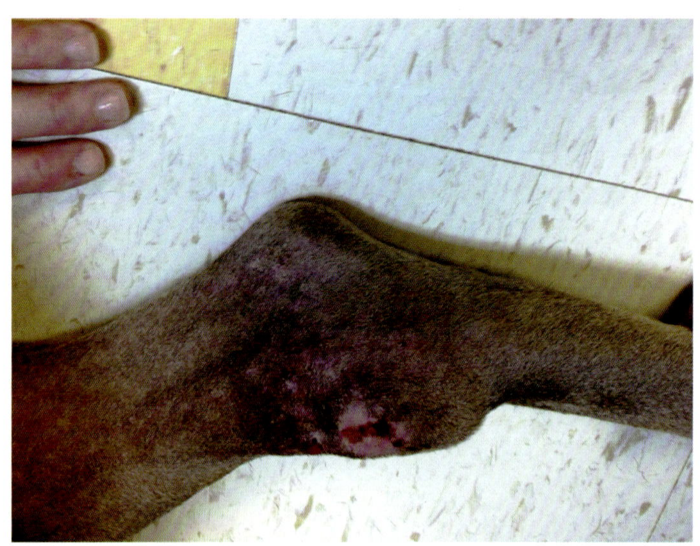

图3.23 临床上犬跗关节上的皮下肿块

图 3.23 为犬跗关节皮下肿块的临床图片。抽吸该软组织肿块可见梭形细胞。该部位的梭形细胞瘤通常难以完全切除，因为它们是围绕着肌腱鞘和神经生长的。不完全切除肿瘤后，若没有进一

步的干预，通常会再次复发并逐渐再生，最终截肢。

犬低度梭形细胞瘤

图 3.24 为犬梭形细胞瘤的 FNA。从一只成年去势雄性拳师混种犬肘关节的肿块抽吸可见细长梭形细胞，散布于背景的血细胞中，某些呈小团簇状。不同类型的犬低度梭形细胞瘤在细胞学上表现为看似良性的细长梭形细胞，但这些细胞可能会以小团块聚集，而这种现象在正常组织中并不常见。有轻微的核大小不一，有时会稍明显。

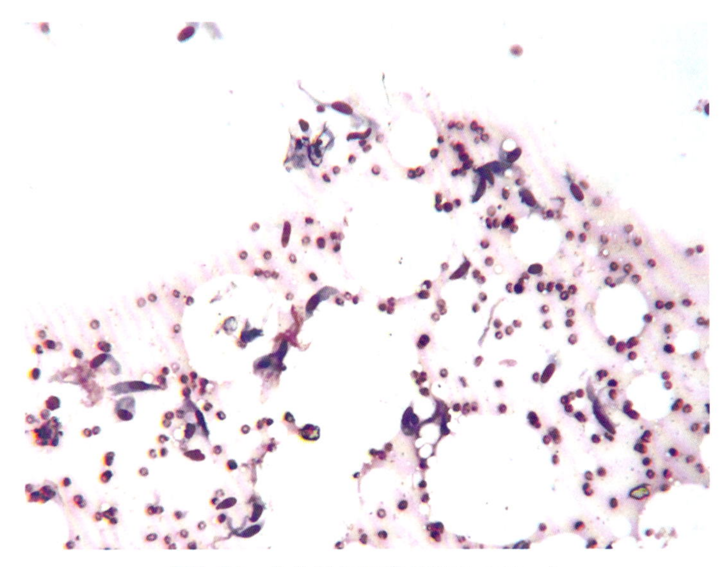

图3.24 犬梭形细胞瘤的FNA（10×）

图 3.25 为犬纤维瘤的组织活检。组织来自于一只 4 岁去势雄性斗牛犬后腿外侧的、小的硬肿块。此纤维肿块边界清晰但没有被包被，其中大多由厚的交叉胶原蛋白束构成，其中分散着相对稀疏的中小型梭形细胞，这些细胞看起来是成纤维细胞，细胞和细胞核大小有轻微变化，大多数细胞都是单核的，细胞质融合为致密的胶原基质。仔细寻找即可见有丝分裂相。切缘干净但是比较窄。此类良性肿瘤可能存在于皮肤或皮下，有时不止一个。完全切除可达到治愈效果。

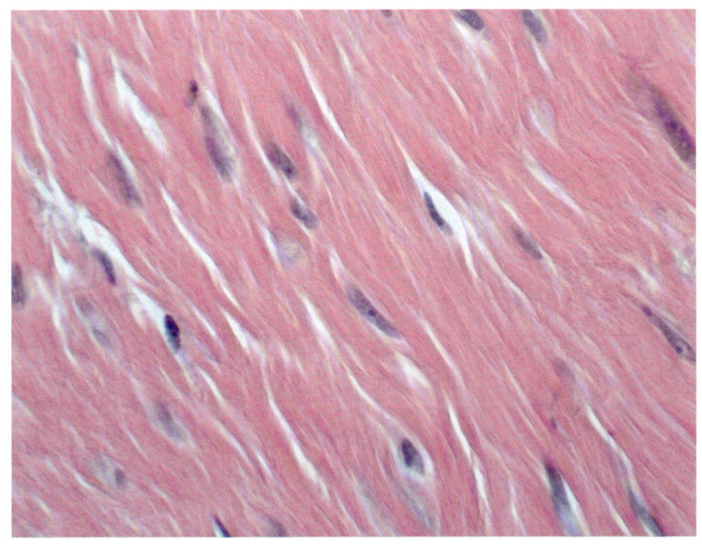

图3.25 犬纤维瘤的活检（40×）

图 3.26 为犬的 1 级神经纤维肉瘤组织活检。一只 12 岁绝育雌性拳师犬在右跗关节外侧有一肿块，已存在 4 个月。该肿块主要是由多小叶的癌变多形性的梭形细胞构成，这些细胞以束状、漩涡状和人字状排列。图中所示区域细胞比较密集，基质较少。在其他区域，细胞松散排列，有一定的胶原蛋白。细胞核呈椭圆形或细长形，具有 1 个或 2 个核仁。可见少量有丝分裂相，有时也可见多核细胞。细胞质通常呈嗜酸性，呈流状分布，细胞边界不清。肿块多灶性地向边缘扩展，出现剥落。癌症等级：分化，怀疑神经鞘起源 =2；有丝分裂相，2/10HPF=1；坏死 =1。总和 =4。1 级。梭形细胞瘤较难用光学显微镜鉴别。最常见的梭形细胞瘤类型包括纤维肉瘤、犬血管外皮瘤、神经或神经鞘源性肿瘤（神经纤维瘤、神经纤维肉瘤、神经鞘瘤）。本例中的细胞学特征和增殖模式更符合神经鞘源性肿瘤。神经纤维肉瘤通常是单发的，偶尔沿着神经分支有多结节的，很少有多中心的。所有这些肿瘤转移都很缓慢，但很容易局部复发。因此，通常建议根治性切除和定期复查。

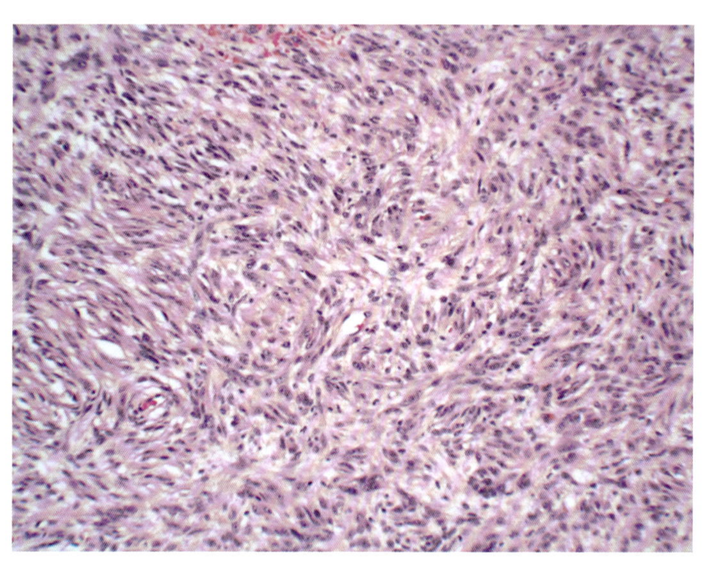

图3.26 犬的1级神经纤维肉瘤活检（10×）

梭形细胞瘤

图 3.27 为猫梭形细胞瘤的 FNA。犬、猫高度梭形细胞瘤的 FNA 显示，梭形细胞群具有轻微或明显的核大小不均，细胞有多个细胞核，核仁明显，细胞质呈程度不一的嗜碱性。组织来自于一只成年雄性家养短毛猫，观察后可见梭形细胞群呈现轻度核大小不均，细胞质呈轻微嗜碱性，有时在血细胞的背景下可见多核细胞出现，伴随轻度的炎症反应。如果在视野中能看到极为稀少的多核细胞或核大小不均的现象，就要予以警惕，检查其他视野中是否也可见该种不正常细胞，因为即使是极低概率的出现，也代表着组织活检的必要性。这种肿瘤可沿着筋膜面快速扩散，必须在比较小的时候完全去除。先进的成像技术可以帮助确定肿瘤的真实大小。如果肿瘤变得太大而无法局部切除，则需要截肢处理。

图 3.28 为猫纤维肉瘤的组织活检。此肿块被诊断为多叶梭形细胞瘤，来自于一只 10 岁绝育雌性家养中长毛猫的右前腿。在可见区域中，细胞以模糊的交错束的形式排列，密集堆积的细胞间仅有少量的基质；在其他区域，细胞间距增宽，其中充满透明化的结缔组织和黏液基质。细胞核大小不一，呈椭圆形至细长，具有一个或多个突出的核仁。可见较多核分裂相。细胞质通常呈嗜酸性的空泡化和流动态。囊性变性在肿块内的一些小叶和结节之间是多灶性的。基质内还出现了慢性血管周炎、结节性淋巴炎和浆细胞炎。 肿块以多点状延伸到边缘，出现剥落状态。猫软组织肉瘤可以是自发的，或病毒导致的，可能出现在以前接种疫苗或注射药物的部位。病毒性肉瘤，通常见于年

轻猫，可能是多个肿块，但通常是单独的肿块。无论如何，原始细胞可能是原始的肌成纤维细胞。这些肿瘤可分化为各种类型的间充质组织、纤维肉瘤、骨肉瘤等。这些肿瘤转移缓慢，即使完全切除，也常常局部复发。因此，通常建议广泛切除并进行定期复查，包括咨询专家。

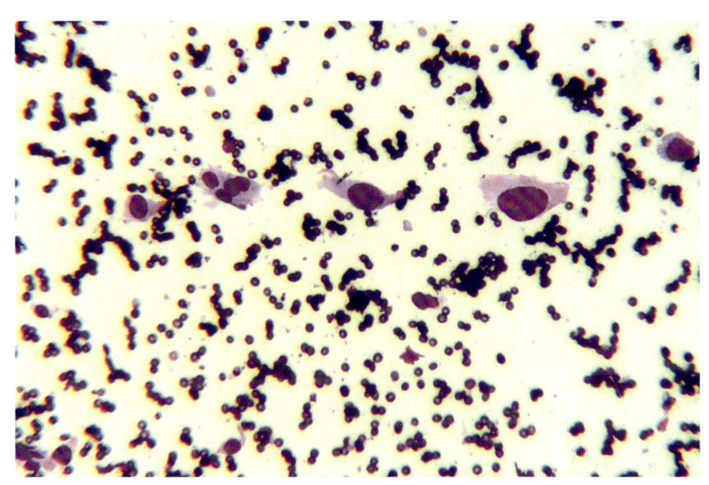

图3.27 猫梭形细胞瘤的FNA（10×）

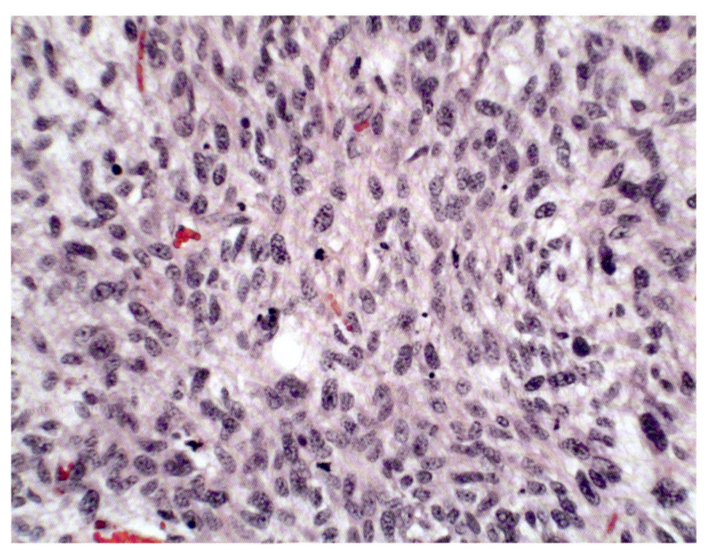

图3.28 猫纤维肉瘤的活检（20×）

脂肪瘤

图 3.29 为犬脂肪瘤的 FNA。样本来自一只成年绝育雌性混种犬的腋下肿块，检查可见小核的肥大的脂肪细胞团块。如果脂肪细胞没有吸附在切片上，有时只能看到角质和脂质碎片。

图 3.30 为犬纤维脂肪瘤的组织活检。在一只 10 岁绝育雌性拉布拉多犬右前足的内侧面有一个波动状的皮下肿块。该肿块由分化良好的脂肪组织构成。不同宽度的纤维和纤维血管将脂肪分割成较小的小叶和厚的小梁。尽管肿块触诊有边界，但从组织学来看边缘并不明显。病变延伸到很多部位，出现剥落。 纤维脂肪瘤主要是由纤维结缔组织构成的脂肪瘤。 脂肪瘤被认为是良性的，但有时是多发性肿瘤。 完全切除通常可达到治愈目的。

图 3.31 为犬浸润性脂肪瘤的 FNA。在 13 岁的雄性去势混种犬的桡骨内侧上有一肿块，抽吸后发现其中主要为脂肪细胞和偶尔可见的肌肉或胶原碎片，背景有分散不均的血细胞。当抽吸物中存在血液时，建议进行组织活检以排除血管瘤。

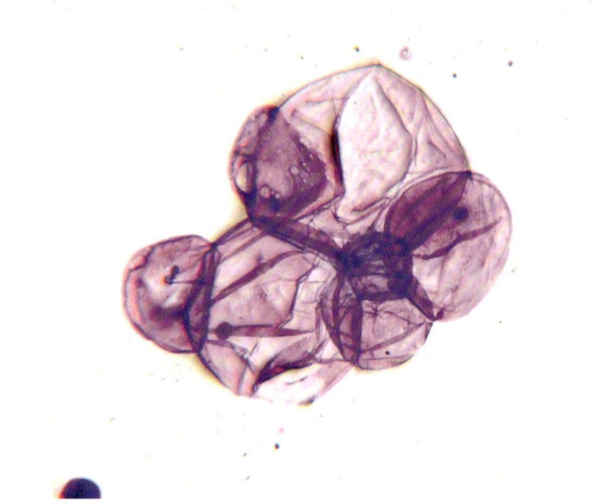

图3.29 犬脂肪瘤的FNA（50×）

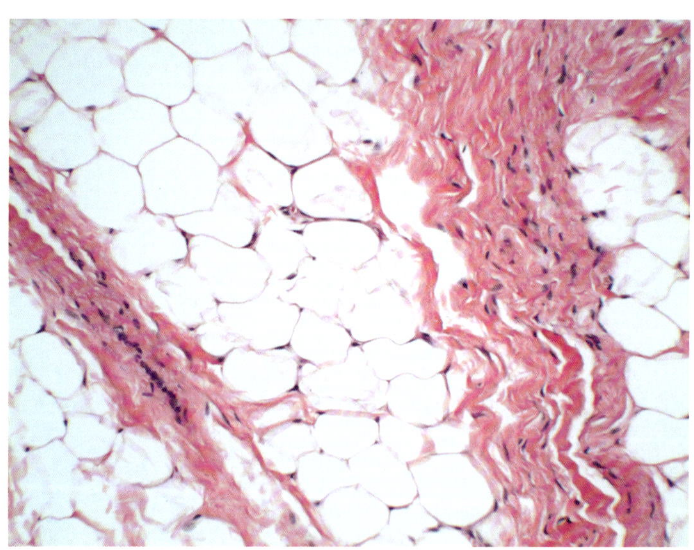

图3.30 犬纤维脂肪瘤的活检（10×）

图3.31 犬浸润性脂肪瘤的FNA（10×）

图 3.32 为犬浸润性脂肪瘤的组织活检。一只 12 岁去势雄性比熊犬在其左侧肱二头肌出现了一个生长迅速的肿块。肿块内脂肪组织分化良好，浸润了周边的骨骼肌。组织边界不明显。脂肪瘤可能是单一的或多灶性的，但是脂肪细胞永远是分化良好的。浸润性脂肪瘤如果不能完全切除可能会复发。

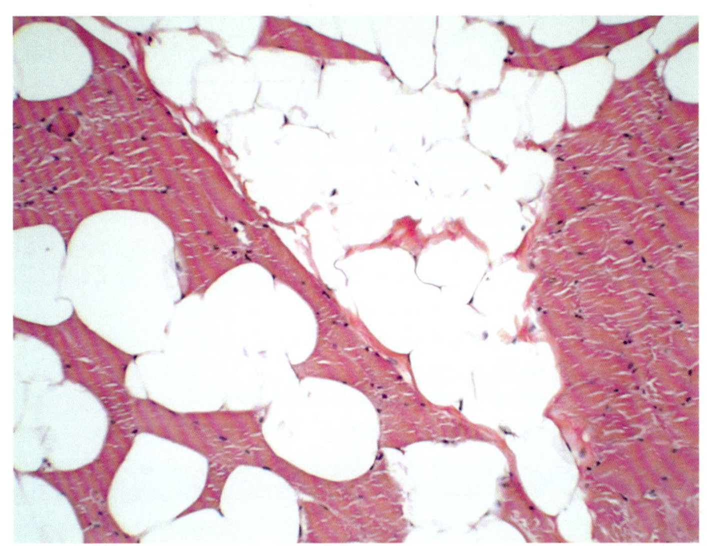

图3.32　犬浸润性脂肪瘤的活检（10×）

脂肪肉瘤

图 3.33 为犬脂肪肉瘤的 FNA。一只成年雌性短毛猫身上的肿块 FNA 显示大量梭状和上皮样细胞，具有中度的细胞核大小不均以及呈不同程度嗜碱性空泡化的细胞质，背景中充满了脂质和细胞碎片。细胞质中的液泡表明该细胞起源于脂肪组织，但其细胞核的特征是肉瘤的典型代表。

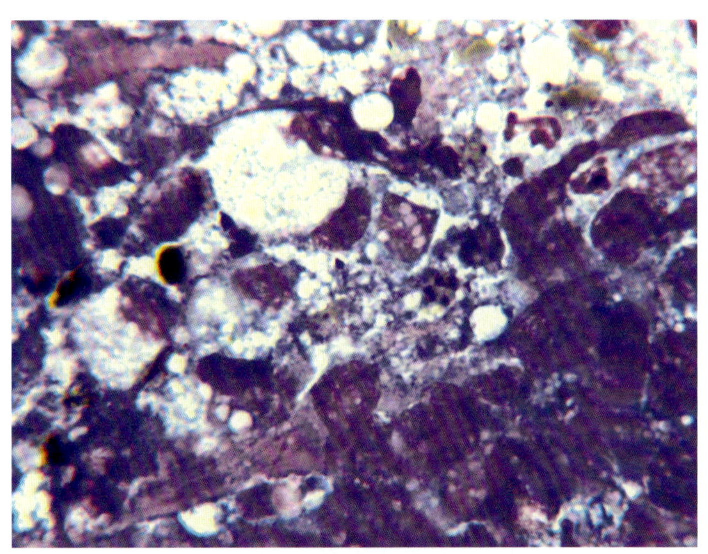

图3.33　犬脂肪肉瘤的FNA（50×）

图 3.34 为猫脂肪肉瘤的组织活检。两个活检组织来自于一只 6 岁去势雄性家养中长毛猫左前腿的一处软组织肿块，在该猫同一部位曾被检出脂膜炎，当时该病变看似愈合了，但在最近又开始复发。抽吸组织发现完全由模糊的多叶脂肪梭形细胞瘤构成，同时伴有多灶性缺血，无炎症和感染反应出现。肿块主要由中小的多边形和梭形细胞组成，细胞出现轻度的核大小不一，本就稀少的细胞质还存在脂肪空泡。细胞间的基质也含有丰富的脂肪空泡。多数肿瘤细胞是单核细胞，但也有一

些细胞有多个细胞核。细胞有时围绕在血管周围。未见有丝分裂相。肿块延伸到切片的边缘，在某些区域出现剥落。肿块是一种软组织肉瘤，与脂肪肉瘤最为相符，此次活检没有发现脂膜炎的特征。目前尚不清楚肿块是否在之前的注射部位附近。多种猫软组织肉瘤可发生于以前的注射部位，伴有或不伴有炎症反应。如果不完全切除，脂肪肉瘤可能会复发，建议咨询专科医生制定最好的治疗计划。脂肪肉瘤的远处转移虽然很少发生，但还是建议术后对手术部位进行密切观察。

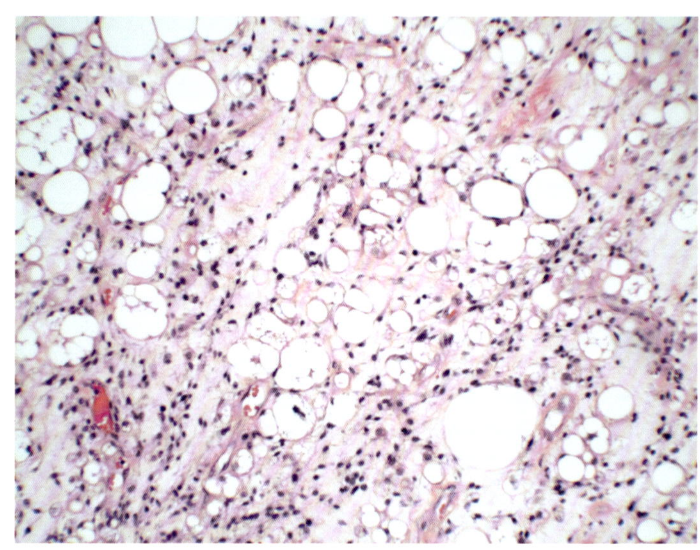

图3.34 猫脂肪肉瘤的活检（10×）

滑膜肉瘤

图 3.35 为猫滑膜肉瘤的 FNA。一只成年雄性家养短毛猫跗关节处肿块抽吸显示梭状至上皮样细胞，以及含有嗜碱性细胞质的多核细胞，细胞可见轻度至中等的多形性细胞核。目前判定为滑膜肉瘤和组织细胞肉瘤。骨肉瘤和间变性纤维肉瘤也可能表现出多核细胞。组织活检是确切诊断的必须过程。

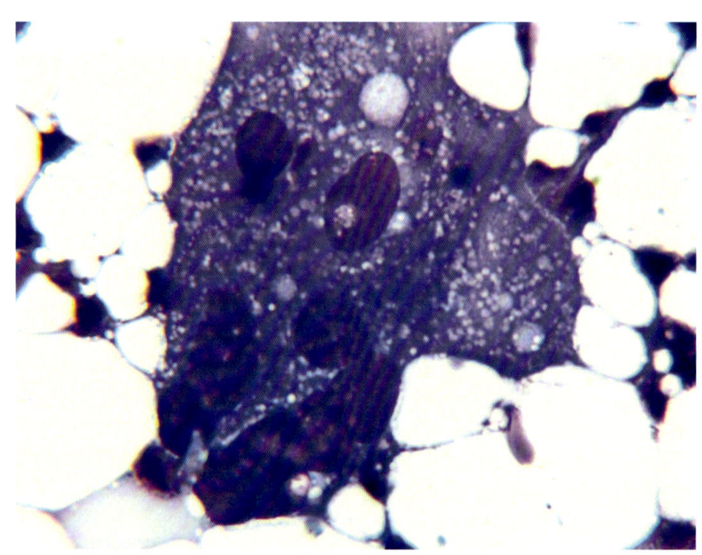

图3.35 猫滑膜肉瘤的FNA（50×）

图 3.36 为猫滑膜肉瘤的组织活检。一只 12 岁的去势雄性家养短毛猫在左侧跗骨的爪底处有一处难以愈合的渗出伤口，导致其跛行和出血 2 周，血细胞压积降低。提交了皮下样本，诊断为多形

性肉瘤，最可能是滑膜肉瘤。肿块在一些区域含有致密的纤维结缔基质，其他区域则为较松散的水肿基质，并伴有多灶性间质出血。肿块由中型到大型的多边形细胞组成，由一层至多层密集排列的细胞形成了分支区域。在肿瘤细胞群中观察到有丝分裂率为 0–1/10HPF，存在多个异常的有丝分裂纺锤体，并且一些细胞具有双核或多核。存在间质性出血，但分支区域是空的。无法评估边缘，也未提供 X 线片。尽管血管肉瘤在猫的肢体远端相对常见，并且它们也可能会导致出血，但基于所提交的活检材料，组织学诊断为滑膜肉瘤。在石蜡切片和福尔马林固定的组织中肿瘤滑膜细胞和内皮细胞非常相似。滑膜肉瘤在猫中很少报道，它们可以通过淋巴管和血管转移。本案例没有进一步的跟踪调查。

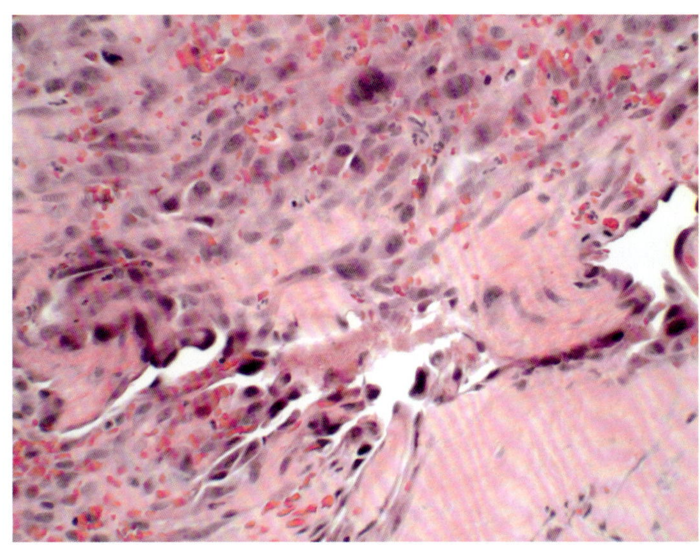

图3.36 猫滑膜肉瘤的活检（20×）

推荐阅读

骨的相关疾病

[1] Barger AM. Musculoskeletal System. In Canine and Feline Cytology; A Color Atlas and Interpretation Guide. 3rd ed. Raskin and Meyer. 2016. Elsevier. St. Louis. 353-368.

[2] Chun R. Osteosarcoma. In Blackwell's Five-Minute Veterinary Consult: Canine and Feline. 5th ed. Tilley LP and Smith FWK, Jr.2011. John Wiley & Sons, Inc. West Sussex, UK. 923-924.

[3] Craig LE, Dittmer KE, Thompson KG. Bones and Joints. In Jubb, Kennedy and Palmer's Pathology of Domestic Animals. Vol 1. 6th ed. M. Grant Maxie, Editor. Elsevier. St Louis. 2016. 16-163.

[4] Ehrhart NP, Ryan SD, Fan TM. Tumors of the Skeletal System. In Small Animal Clinical Oncology, 5th ed. Withrow and MacEwen. 2013. Elsevier. St. Louis. 463-505.

指（趾）甲下肿瘤

[1] Fisher DJ. Cutaneous and Subcutaneous Lesions. In Cowell and Tyler's Diagnostic Cytology and Hematology of the Dog and Cat. 4th ed. Valenciano and Cowell. 2014. Elsevier. St. Louis. 80-109.

[2] Gross TL, Ihrke PJ, Walder EJ, and Affolter VK. Nailbed Epithelial Tumors. In Skin Diseases of the Dog and Cat; Clinical and Histopathologic Diagnosis. 2nd ed. 2005. Blackwell Publishing. Oxford. 695-707.

[3] Hauck ML. Tumors of the Skin and Subcutaneous Tissues. In Small Animal Clinical Oncology, 5th ed. Withrow and MacEwen. 2013. Elsevier. St. Louis. 305-320.

[4] Mauldin EA, Peters-Kennedy JP. Integumentary System. In Jubb, Kennedy and Palmer's Pathology of Domestic Animals. Vol 1. 6th ed. M. Grant Maxie, Editor. Elsevier. St Louis. 2016. 509-736.

[5] Raskin RE. Skin and Subcutaneous Tissue. In Canine and Feline Cytology; A Color Atlas and Interpretation Guide. 3rd ed.

Raskin and Meyer. 2016. Elsevier. St. Louis. 34-90.

黑色素瘤

[1] Bergman PJ, Kent MS, Farese JP. Melanoma. In Small Animal Clinical Oncology, 5th ed. Withrow and MacEwen. 2013. Elsevier. St. Louis. 321-334.
[2] de Lorimier LP. Melanocytic Tumors, Skin and Digit. In Blackwell's Five-Minute Veterinary Consult: Canine and Feline. 5th ed. Tilley LP and Smith FWK, Jr. 2011. John Wiley & Sons, Inc. West Sussex, UK. 808-809.
[3] Gross TL, Ihrke PJ, Walder EJ, Affolter VK. Melanocytic tumors. In Skin Diseases of the Dog and Cat; Clinical and Histopathologic Diagnosis. 2nd ed. 2005. Blackwell Publishing. Oxford. 813-836.

鳞状细胞癌

[1] Gross TL, Ihrke PJ, Walder EJ, Affolter VK. Nailbed Epithelial Tumors. In Skin Diseases of the Dog and Cat; Clinical and Histopathologic Diagnosis. 2nd ed. 2005. Blackwell Publishing. Oxford. 695-707.
[2] Wipij JM. Squamous Cell Carcinoma, Digit. Blackwell's Five-Minute Veterinary Consult: Canine and Feline. 5th ed. Tilley LP and Smith FWK, Jr. 2011. John Wiley & Sons, Inc. West Sussex, UK. 1183.

指（趾）部皮肤及甲床病变

[1] Fisher DJ. Cutaneous and Subcutaneous Lesions. In Cowell and Tyler's Diagnostic Cytology and Hematology of the Dog and Cat. 4th ed. Valenciano and Cowell. 2014. Elsevier. St. Louis. 80-109.
[2] Gross TL, Ihrke PJ, Walder EJ, Affolter VK. Epidermal Tumors. In Skin Diseases of the Dog and Cat; Clinical and Histopathologic Diagnosis. 2nd ed. 2005. Blackwell Publishing. Oxford. 562-603.
[3] Mauldin EA, Peters-Kennedy JP. Integumentary System. In Jubb, Kennedy and Palmer's Pathology of Domestic Animals. Vol 1. 6th ed. M. Grant Maxie, Editor. Elsevier. St Louis. 2016. 509-736.
[4] Raskin RE. Skin and Subcutaneous Tissue. In Canine and Feline Cytology; A Color Atlas and Interpretation Guide. 3rd ed. Raskin and Meyer. 2016. Elsevier. St. Louis. 34-90.

局限性钙质沉着

[1] Fisher DJ. Cutaneous and Subcutaneous Lesions. In Cowell and Tyler's Diagnostic Cytology and Hematology of the Dog and Cat. 4th ed. Valenciano and Cowell. 2014. Elsevier. St. Louis. 80-109.
[2] Gross TL, Ihrke PJ, Walder EJ, Affolter VK. Degenerative, Dysplastic and Depositional Diseases of Dermal Connective Tissue.In Skin Diseases of the Dog and Cat; Clinical and Histopathologic Diagnosis. 2nd ed. 2005. Blackwell Publishing. Oxford.373-403.
[3] Logas DE. Dermatoses, Sterile Nodular/Granulomatous. Blackwell's Five-Minute Veterinary Consult: Canine and Feline. 5th ed. Tilley LP and Smith FWK, Jr. 2011. John Wiley & Sons, Inc. West Sussex, UK. 354-355.

浆细胞性爪部皮炎

[1] Gross TL, Ihrke PJ, Walder EJ, Affolter VK. Nodular and Diffuse Diseases of the Dermis with Prominent Eosinophils, Neutrophils or Plasma Cells. In Skin Diseases of the Dog and Cat; Clinical and Histopathologic Diagnosis. 2nd ed. 2005. Blackwell Publishing. Oxford. 342-372.

乳头状瘤

[1] Macy DW, Henry CJ. The Etiology of Cancer; Cancer Causing Viruses. In Small Animal Clinical Oncology, 5th ed. Withrow and MacEwen. 2013. Elsevier. St. Louis. 20-29.

纤维附件增生

[1] Gross TL, Ihrke PJ, Walder EJ, Affolter VK. Follicular tumors. In Skin Diseases of the Dog and Cat; Clinical and Histopathologic Diagnosis. 2nd ed. 2005. Blackwell Publishing. Oxford. 604-640.

肢体的间质瘤

猫低度梭形细胞瘤

猫梭形细胞瘤

脂肪瘤

脂肪肉瘤

滑膜肉瘤

[1] Campbell KL. Dermatoses, Neoplastic. Blackwell's Five-Minute Veterinary Consult: Canine and Feline. 5th ed. Tilley LP and Smith FWK, Jr. 2011. John Wiley & Sons, Inc. West Sussex, UK. 350-351.

[2] Chun R. Synovial Cell Sarcoma. In Blackwell's Five-Minute Veterinary Consult: Canine and Feline. 5th ed. Tilley LP and Smith FWK, Jr. 2011. John Wiley & Sons, Inc. West Sussex, UK. 1215.

[3] Fisher DJ. Cutaneous and Subcutaneous Lesions. In Cowell and Tyler's Diagnostic Cytology and Hematology of the Dog and Cat.4th ed. Valenciano and Cowell. 2014. Elsevier. St. Louis. 80-109.

[4] Gross TL, Ihrke PJ, Walder EJ, Affolter VK. Fibrous Tumors. In Skin Diseases of the Dog and Cat; Clinical and Histopathologic Diagnosis. 2nd ed. 2005. Blackwell Publishing. Oxford. 710-734.

[5] Gross TL, Ihrke PJ, Walder EJ, Affolter VK. Lipocytic Tumors. In Skin Diseases of the Dog and Cat; Clinical and Histopathologic Diagnosis. 2nd ed. 2005. Blackwell Publishing. Oxford. 766-777.

[6] Gross TL, Ihrke PJ, Walder EJ, and Affolter VK. Neural and Perineural Tumors. In Skin Diseases of the Dog and Cat; Clinical and Histopathologic Diagnosis. 2nd ed. 2005. Blackwell Publishing. Oxford. 786-798.

[7] Gross TL, Ihrke PJ, Walder EJ, Affolter VK. Mesenchymal Neoplasms and Other Tumors. In Skin Diseases of the Dog and Cat; Clinical and Histopathologic Diagnosis. 2nd ed. 2005. Blackwell Publishing. Oxford. 706-893

[8] Kuntz CA, Dernell WS, Powers BE, et al. JAVMA. 1997. 211:1147-1151.

[9] Liptak JM, Forrest LJ. Soft Tissue Sarcomas. In Small Animal Clinical Oncology, 5th ed. Withrow and MacEwen. 2013. Elsevier.St. Louis. 356-380.

[10] Mauldin EA, Peters-Kennedy JP. Integumentary System. In Jubb, Kennedy and Palmer's Pathology of Domestic Animals. Vol 1. 6th ed. M. Grant Maxie, Editor. Elsevier. St Louis. 2016. 509-736.

[11] Mutsaers AJ. Lipoma. In Blackwell's Five-Minute Veterinary Consult: Canine and Feline. 5th ed. Tilley LP and Smith FWK, Jr. 2011.John Wiley & Sons, Inc. West Sussex, UK. 752.

[12] Mutsaers AJ. Lipoma, Infiltrative. In Blackwell's Five-Minute Veterinary Consult: Canine and Feline. 5th ed. Tilley LP and Smith FWK, Jr. 2011. John Wiley & Sons, Inc. West Sussex, UK. 753.

[13] Raskin RE. Skin and Subcutaneous Tissue. In Canine and Feline Cytology; A Color Atlas and Interpretation Guide. 3rd ed. Raskin and Meyer. 2016. Elsevier. St. Louis. 34-90.

第4章 生殖器和会阴部肿块

会阴部肿块

肛门及会阴部肿块起源于软组织，发现时往往已经出血和出现恶臭。由于皮下腺体的肿瘤位于深层的解剖位置，在很小时不易破损，直到很大时才被发现。

直肠息肉

图 4.1 为犬直肠息肉的 FNA，一只 15 岁雄性去势混种犬的肛门出现一个出血性息肉样肿块。FNA 可见成簇的上皮细胞，细胞核小，轻微核大小不均；有的细胞呈柱状，提示为直肠腺。大量集中的上皮细胞提示这个肿块具有上皮成分，而不是正常的直肠黏膜（如直肠脱垂时）。只有少量的淋巴细胞或嗜酸性粒细胞，提示这个肿块不是能通过药物来治疗的炎性病变。这是一个典型的直肠息肉，但是仍建议通过活检来排除高分化的直肠癌。

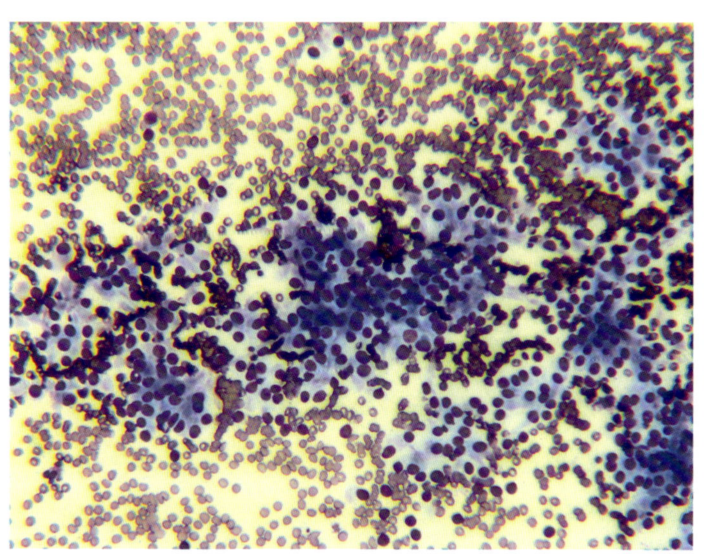

图4.1 犬直肠息肉FNA（10×）

图 4.2 为犬的直肠息肉活检，样本来自一只 6 岁雄性波尔多獒犬的降结肠或直肠上切下的一个出血性肿块，可见其表面有小的乳头状突起。这是一些紧密排列的假复层柱状细胞，它们和分化的杯状细胞排列成分枝腺，与黏膜表面连接。血管间质有淋巴细胞、浆细胞和少量中性粒细胞浸润。柱状上皮细胞中有较多的有丝分裂相，胞核多位于底部，间质有充血现象。肿块的边缘由于已被切掉，不能准确评估。这些良性的肿块有不同的名称，结肠或直肠乳头状腺瘤、腺瘤样黏膜增生、黏膜息肉等。这些肿块可能是单个的，也可能是多发性的。结肠末端和直肠是犬肠黏膜最常见的病变部位。有些肿块完全切除后可以治愈。

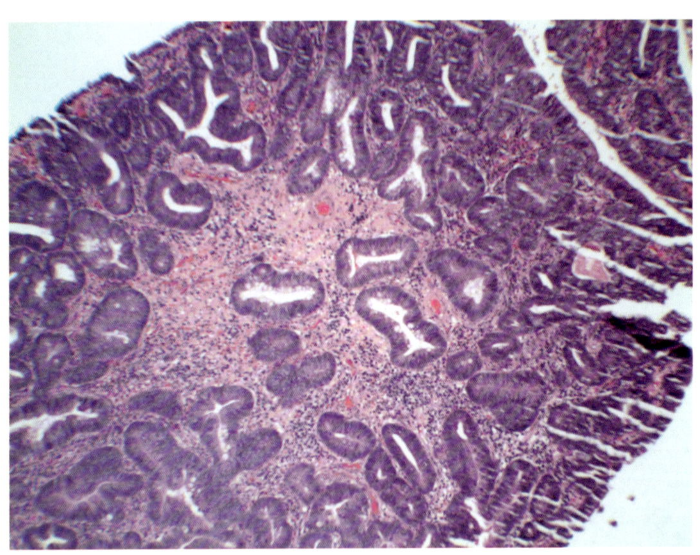

图4.2 犬直肠息肉活检（4×）

肛周腺瘤

图 4.3 为犬肛周腺瘤的 FNA 结果，一只 10 岁未去势雄性安纳托利亚牧羊犬的肛周肿块，FNA 可见簇状的肝样上皮细胞，细胞核小、细胞质丰富，此外周围还有一些细胞核小、胞浆少的细胞，应为腺体周围的储备细胞。在一只未去势有着高激素水平的犬上，出现这样成簇的细胞群符合肛周腺瘤的诊断。

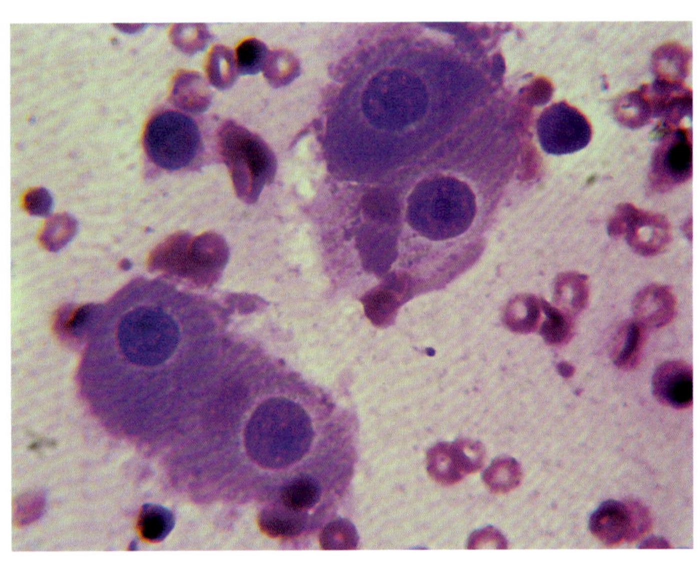

图4.3 犬肛周腺瘤FNA（50×）

图 4.4 为犬肛周腺瘤活检，样本来自一只 9 岁已去势的雄性拳师犬切下的一个肛周肿块，可见边缘整齐但有很多小梁结构，这些小梁结构由很多嗜酸性的肝样细胞组成，被一些小的储备细胞分开，肿块中分散的腺体小叶轻度增生。肿块可以从深层组织上被剥离，在组织学上确定是良性的。肛周腺瘤通常在雄性犬上是良性的，而在雌性犬上通常是具有侵袭性的，且该肿瘤对雄性激素有依赖性（因此建议雄性犬去势）。

图 4.5 为犬肛周腺瘤活检结果，一只 10 岁的雌性已绝育德国牧羊犬出现肛周肿块，切除后组织病理学观察显示大量密集的肛周腺上皮细胞局限性增生（图中右侧大的团块），并可见典型的储

备细胞。在10倍镜下可见在肿块周围的组织中有肛周腺体增生（图中左侧多个小团块)。在雌性绝育犬中，雄性激素的刺激导致了这些肿块的生长。此肿瘤分化良好，可以通过手术完全切除，但是由于旁边的腺体会再次复发，所以建议定期复查。

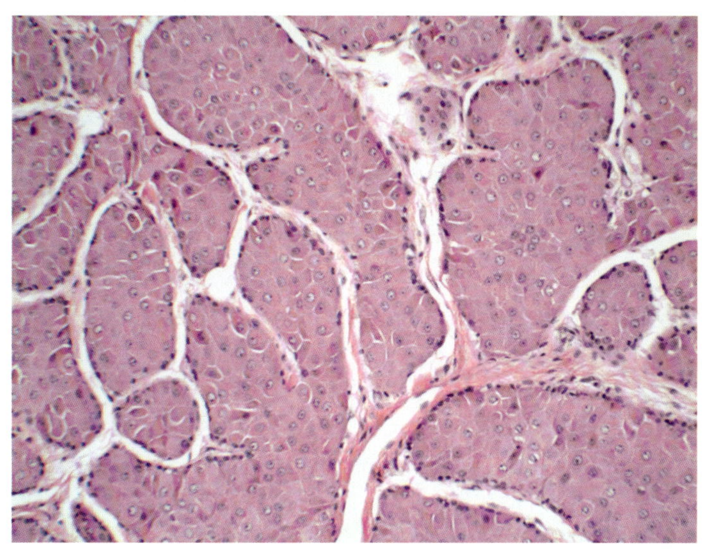

图4.4　犬肛周腺瘤活检（10×）

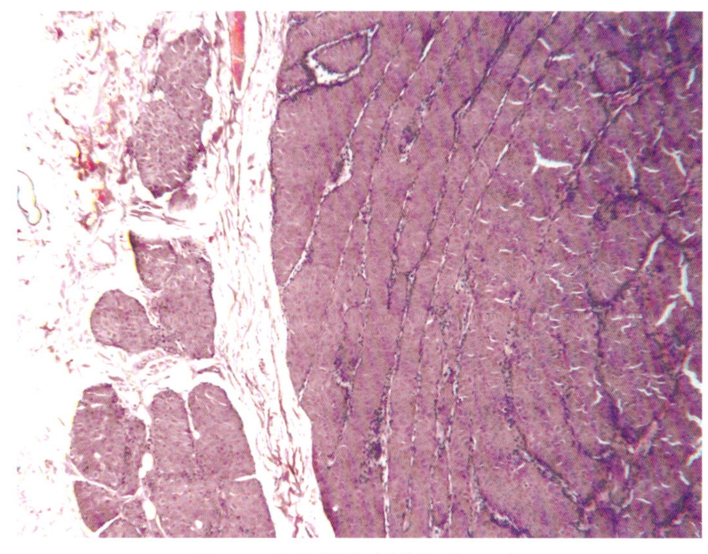

图4.5　犬肛周腺瘤活检（10×）

肛周腺癌

图4.6显示为肛周腺肿瘤的FNA结果，样本来自一只6岁已去势雄性混种犬会阴部肿块，显示簇状肝样上皮细胞增多，细胞核多形性，胞浆丰富，更具有诊断意义的是细胞核小、胞浆少的储备细胞数量增加，这通常见于肛周腺癌——一种更具有侵袭性的肿瘤类型。这是一只低睾酮水平的已去势犬，组织学也提示预后良好。

图4.7显示为犬肛周腺癌，一只11岁已绝育雌性混种边境牧羊犬的肛周肿块活检结果显示，肿块存在表面溃疡和多灶性炎症，局部可见纤维化。有些区域小叶由中度多型性的肝样细胞组成，但是大部分区域由较小的上皮细胞组成，细胞核呈现中度异型性，未成熟细胞的有丝分裂指数为0–3/HPF。在标本的深部和边缘可见肿瘤细胞浸润。大多数的犬肛周腺肿瘤通常为良性，但是这个

肿瘤的细胞具有恶性的组织学特征以及有丝分裂指数增加。恶性成分如果不完全切除有可能复发，也可能通过淋巴转移，所以需要与专家协商并做好随访。

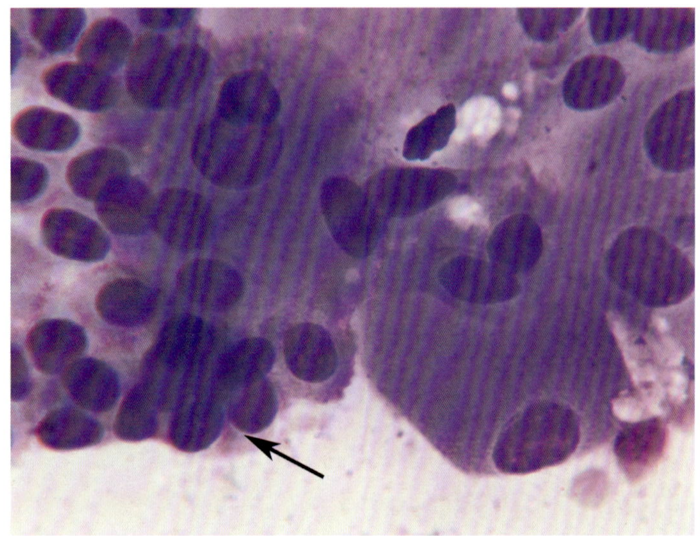

图4.6 肛周腺瘤FNA（50×）

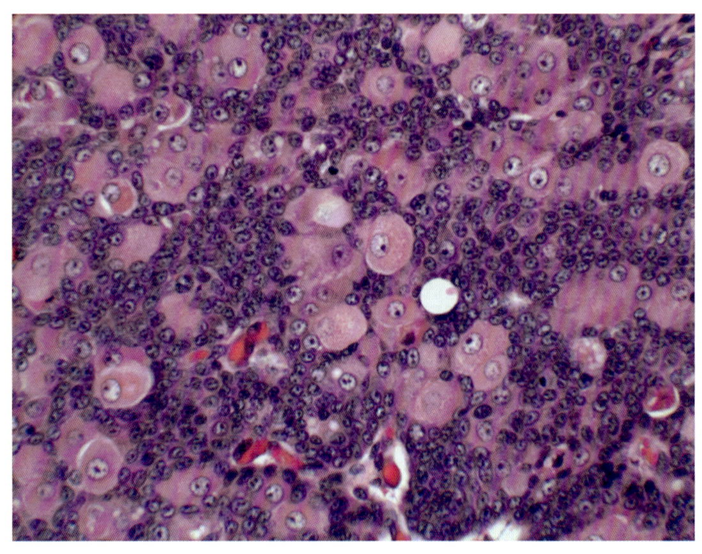

图4.7 犬肛周腺癌（20×）

肛门囊顶泌腺癌

图 4.8 显示为犬肛门囊顶泌腺癌的 FNA 结果，一只成年母犬肛门旁边出现一个圆形肿块，FNA 可见成片小的顶分泌型上皮细胞，呈轻度到中度的核大小不均，含少量到中量的嗜碱性细胞质。细胞形成带状和腺泡状结构，这是典型的肛门囊顶泌腺癌的特点。这种肿瘤可能会引起副肿瘤综合征，如高钙血症。FNA 出现的良性细胞学特征会掩盖该肿瘤的侵袭性，一旦存在该类型的肿瘤，建议尽早完全切除，并对肿瘤边缘做活检，检查是否切除干净。

图 4.9 显示的是一只 10 岁已去势雄性查理王猎犬的肛门囊肿块活检，肛门囊内出现高分化的复层鳞状上皮细胞，囊壁上有呈多边形或立方形的多小叶 / 多结节样增生，在腺泡和分支管局部区域可见鳞状上皮细胞较多。细胞和细胞核大小不等，并可见有丝分裂相。肛门囊及周围组织可见慢性炎症。肿块切除边界完整，是一种位于肛门囊的顶泌腺癌。这种肿瘤即使完全切除后仍可复发，

并可转移至荐椎、腰下和腹股沟淋巴结，然后转移到更远的部位。该肿瘤会出现犬常见的高钙血症类的副肿瘤综合征，完全切除后可纠正高钙血症，但是需要不断监测血钙水平，高血钙的复发提示肿瘤的复发或转移。该肿瘤雌性发病率高于雄性，并在老年犬高发。

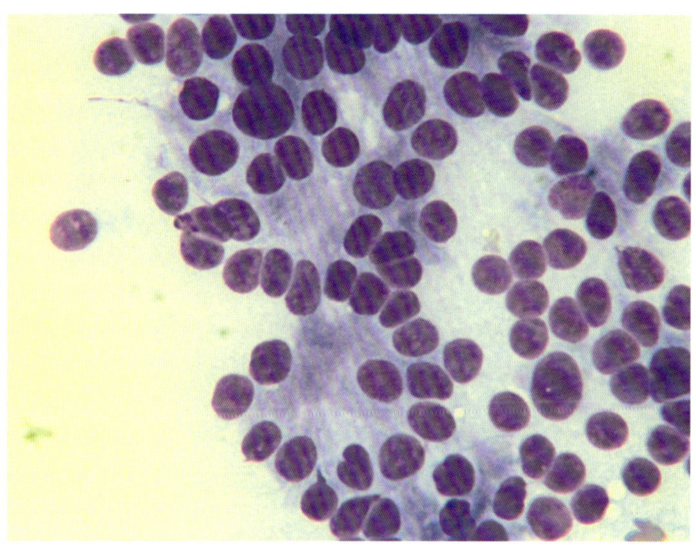

图4.8　犬肛门囊顶泌腺癌的FNA（40×）

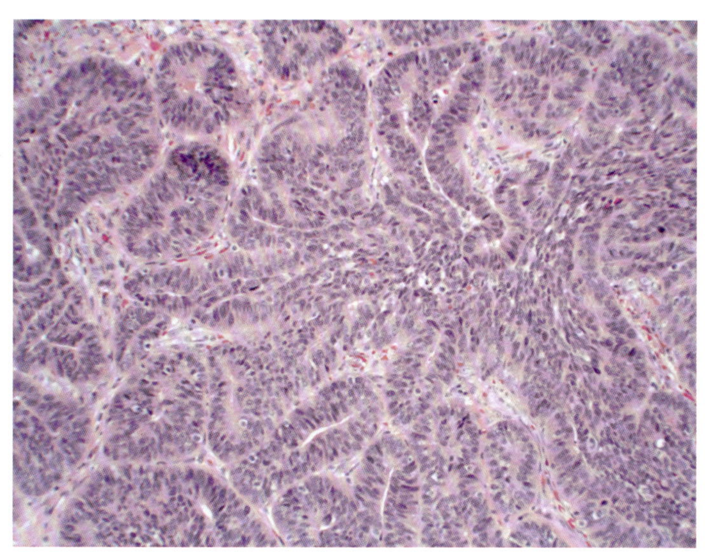

图4.9　犬肛门囊顶泌腺癌活检（10×）

外生殖器肿块

外阴、包皮和阴囊的皮肤及皮肤黏膜结合处的增生性病变包括上皮性肿瘤（如乳头状瘤和鳞状细胞癌）、血管肿瘤（如血管瘤和血管肉瘤）、圆形细胞肿瘤（如肥大细胞瘤）和传染性性病肿瘤（TVT）。

传染性性病肿瘤

图 4.10 为犬 TVT 的 FNA 结果，样本来自一只 3 岁已去势雄性斗牛犬阴茎上的肿块，可见大量圆形细胞，内有明显的核仁，部分胞浆中有空泡，这是典型的 TVT 细胞类型。

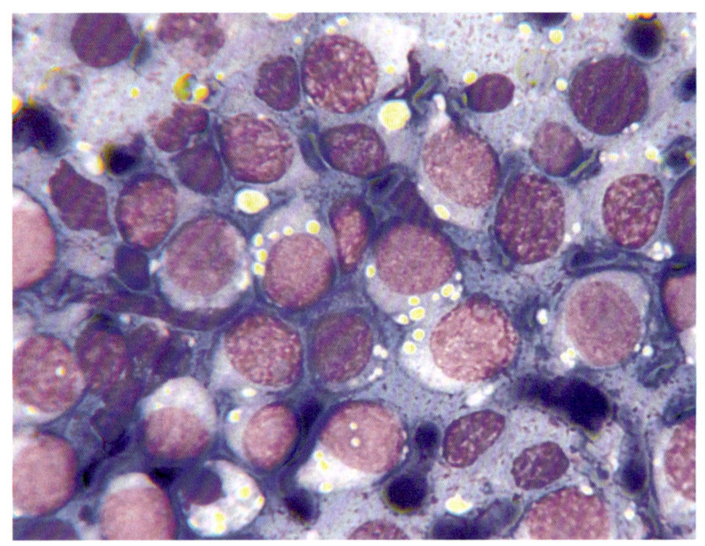

图4.10 犬TVT的FNA（50×）

图 4.11 为犬 TVT 活检，一只 10 岁未绝育雌性拳师犬有一出血性的阴道肿瘤，边界不清晰，大小为 4.7cm×2.4cm×2.0cm，为褐色不规则的软组织肿块。发现时阴道黏膜和黏膜下层已有多处溃疡、红肿。这是一种与犬传染性性病肿瘤一致的圆形细胞瘤。肿块由多形性的中等大小的圆形和多角形细胞组成，细胞核居中或偏心，胞浆中含少量至中度的嗜酸性颗粒，并可见中等程度的有丝分裂相。肿块的根部较小，切除的边缘未见肿瘤细胞。这种肿瘤在阴道内可能是单个的，也可能存在多个。大多数肿瘤最终会自行退化，罕见转移。这是一种性传播肿瘤。

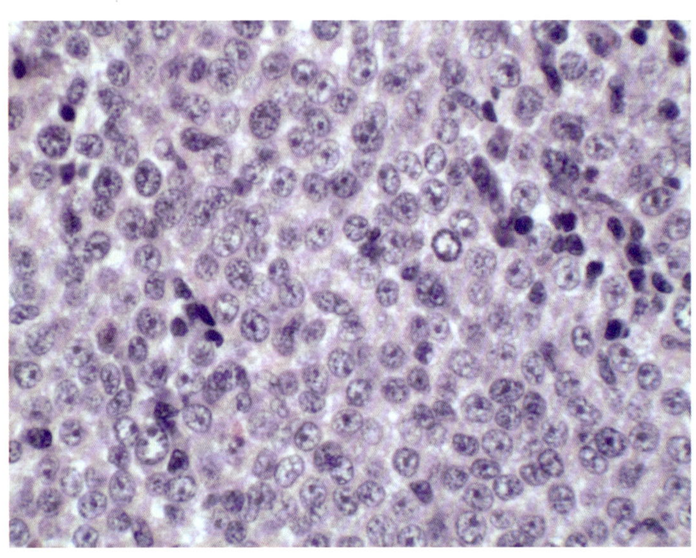

图4.11 犬阴道TVT活检（40×）

图 4.12 为犬阴道处 TVT 活检，样本来自一只 3 岁已绝育雌性混种犬在阴道皮肤黏膜交界处的肿块，低倍镜下常规染色可能会将犬 TVT 误认为肥大细胞瘤；在这种情况下，吉姆萨染色和甲苯胺蓝等特殊染色（见第 8 章）可能对肥大细胞瘤的判读更有帮助。生殖器黏膜皮肤表面出现肿块是该病变的特征性临床表现，且罕见该病变转移至其他部位。

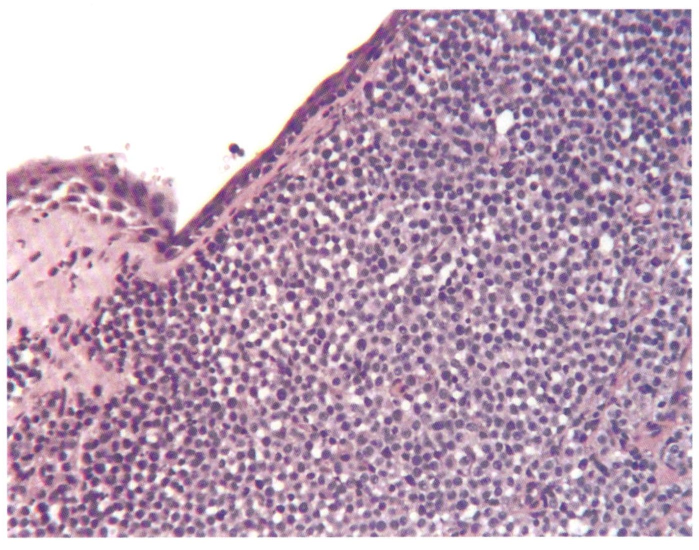

图4.12　犬阴道TVT活检（10×）

肥大细胞瘤

图 4.13 为犬阴囊 MCT，一只未去势雄性成年斗牛犬的阴囊上有一肿块，镜检显示血细胞背景下有大量多颗粒的肥大细胞。发现密集颗粒化的肥大细胞是诊断肥大细胞瘤的重要特征。必须注意的是，要寻找具有完整胞浆内颗粒的细胞（箭状指针），因为有时一些游离的细胞碎片可能会被误认为肥大细胞颗粒。一些部位因刺激会出现溃疡和渗出。

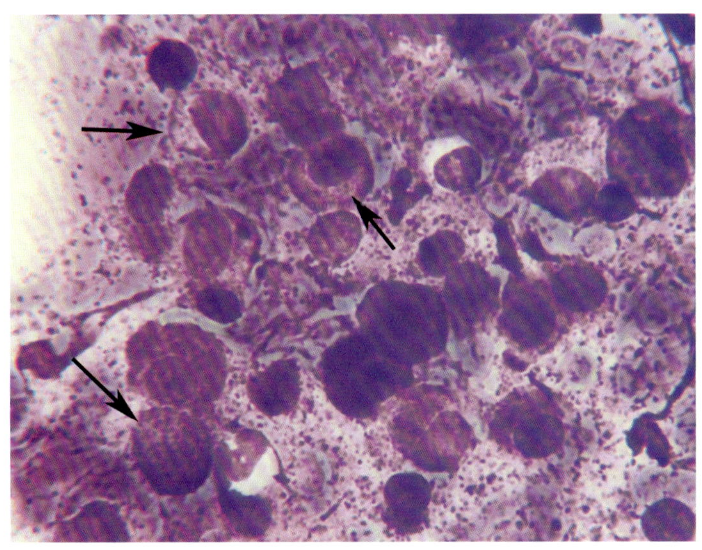

图4.13　犬阴囊MCT压片（50×）

图 4.14 为犬阴囊 2 级 MCT 活检，一只被救助的 2 岁雄性拳师犬的左侧阴囊上有一个 0.5cm 的肿块，FNA 可见肥大细胞，之后进行了去势手术和阴囊肿块消融术。肿块由呈条索状排列的肥大细胞组成，细胞核呈中度异型性，MI 为 0/10 HPF，但可见少量双核细胞，同时可见个别嗜酸性粒细胞。与原发性肿块相邻处有一个浅而小的结节，两者都被完全切除。MCT 在拳师犬上发病率较高。犬阴囊处的 MCT 常是低分化的，但是这个肿瘤是高分化的。MCT 常会在局部复发，具有多中心外观，并可通过淋巴管转移。

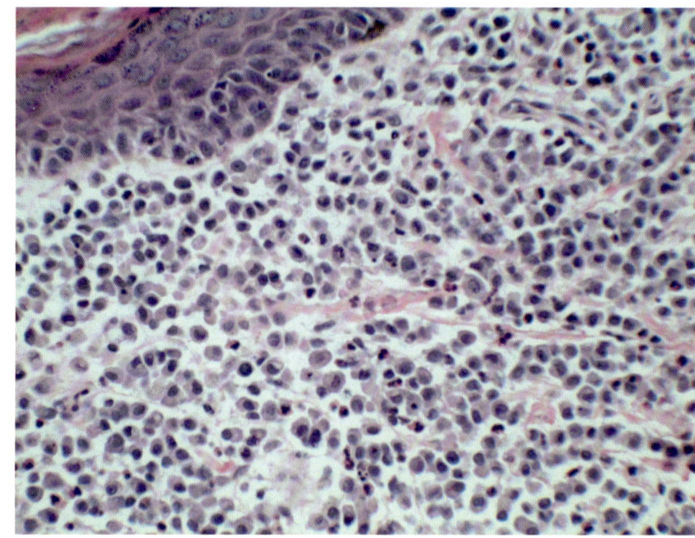

图4.14 犬阴囊2级MCT活检（20×）

推荐阅读

[1] Uzal FA, Plattner BL, Hostetter JM. Integumentary System. In Jubb, Kennedy and Palmer's Pathology of Domestic Animals. Vol 1.6th ed. M. Grant Maxie, Editor. Elsevier. St Louis. 2016. 509-736.

会阴肿块

直肠息肉

[1] Pope ER. Rectoanal Polyps. In Blackwell's Five-Minute Veterinary Consult: Canine and Feline. 5th ed. Tilley LP and Smith FWK, Jr. 2011. John Wiley & Sons, Inc. West Sussex, UK. 1087.

肛周腺瘤

肛周腺癌

[1] Gross TL, Ihrke PJ, Walder EJ, Affolter VK. Sebaceous Tumors. In Skin Diseases of the Dog and Cat; Clinical and Histopathologic Diagnosis. 2nd ed. 2005. Blackwell Publishing. Oxford. 641-654.
[2] Turek MM, Withrow SJ. Perianal Tumors. In Small Animal Clinical Oncology, 5th ed. Withrow and MacEwen. 2013. Elsevier. St. Louis. 423-431.

肛门囊顶泌腺癌

[1] Garrett LD. Adenocarcinoma, Anal Sac. In Blackwell's Five-Minute Veterinary Consult: Canine and Feline. 5th ed. Tilley LP and Smith FWK, Jr. 2011. John Wiley & Sons, Inc. West Sussex, UK. 24.

外生殖器肿块

[1] Lawrence JA, Saba CF. Tumors of the Male Reproductive System. In In Small Animal Clinical Oncology, 5th ed. Withrow and MacEwen. 2013. Elsevier. St. Louis. 557-571.

传染性性病肿瘤

[1] Chun R. Transmissible Venereal Tumor. In Blackwell's Five-Minute Veterinary Consult: Canine and Feline. 5th ed. Tilley LP and Smith FWK, Jr. 2011. John Wiley & Sons, Inc. West Sussex, UK. 1249.
[2] Gross TL, Ihrke PJ, Walder EJ, Affolter VK. Other Mesenchymal Tumors. In Skin Diseases of the Dog and Cat; Clinical and Histopathologic Diagnosis. 2nd ed. 2005. Blackwell Publishing. Oxford. 797-812.
[3] Woods JP. Canine Transmissible Venereal Tumor. In Small Animal Clinical Oncology, 5th ed. Withrow and MacEwen.

2013. Elsevier. St. Louis. 692-696.

肥大细胞瘤

[1] Gross TL, Ihrke PJ, Walder EJ, and Affolter VK. Mast Cell Tumors. In Skin Diseases of the Dog and Cat; Clinical and Histopathologic Diagnosis. 2nd ed. 2005. Blackwell Publishing. Oxford. 853-865.

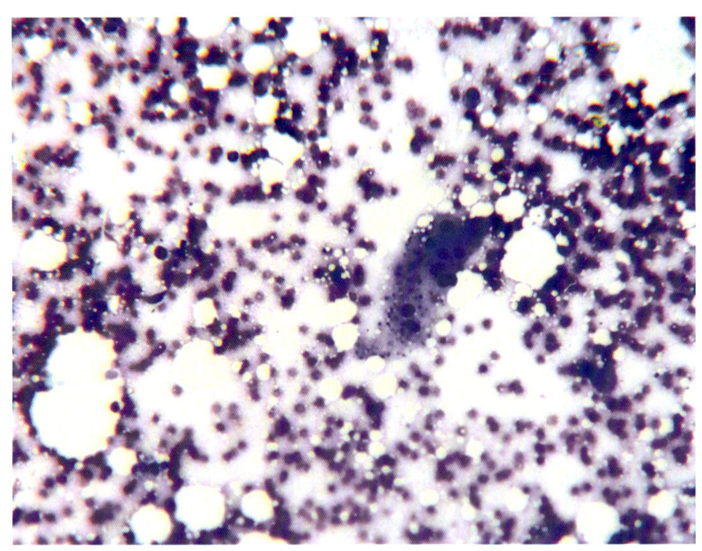

图5.2 犬皮肤钙质沉着的FNA（10×）

图 5.3 为一例犬皮肤钙质沉着的活检。病例为一只成年雌性混种犬，皮肤多处出现斑块及局部溃烂、出血。活检发现多处矿化胶原蛋白被纤维化的巨噬细胞和中性粒细胞包围，这些变化提示可能为皮质醇增多症。对应用地塞米松和促肾上腺皮质激素前后的皮质醇水平进行评估，进一步证实了皮质醇增多症的推测。

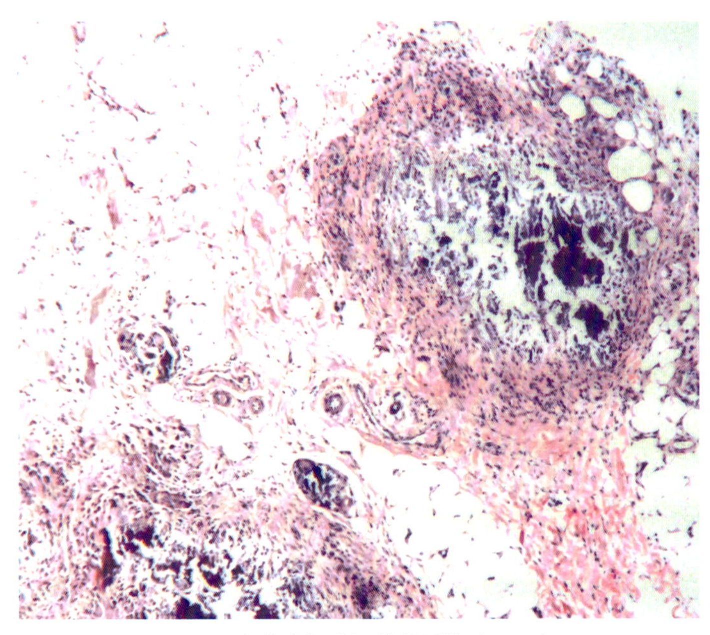

图5.3 犬皮肤钙质沉着的活检（10×）

滤泡囊肿

图 5.4 为一例臀部皮肤肿物的剖面，为囊状皮肤病变。

图 5.5 为一例犬皮肤囊肿的 FNA。于一只 14 岁雄性狮子犬臀部一处可活动的皮肤肿物处抽吸，发现血液中存在大量角蛋白碎片，这提示附件囊肿或囊状肿瘤。

图 5.6 为一例犬滤泡囊肿的活检。于一只 2 岁混种贵宾犬臀部的皮肤囊状肿物处切除活检，发

现扩张的毛囊被覆鳞状上皮，毛囊内充满角蛋白。这是一种良性病变，可通过完全切除来治疗。若囊肿于切除前破裂，由于游离角蛋白释放到周围基质，其异物作用会引发强烈的炎症反应，从而导致更大范围的组织流脓。因此，建议在病变小而完整时切除。

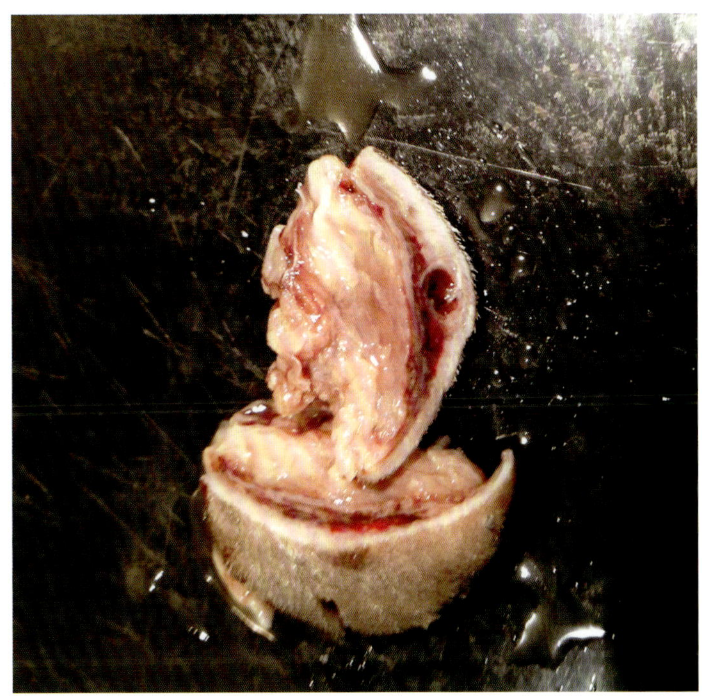

图5.4　囊状皮肤病变的臀部皮肤肿物的剖面

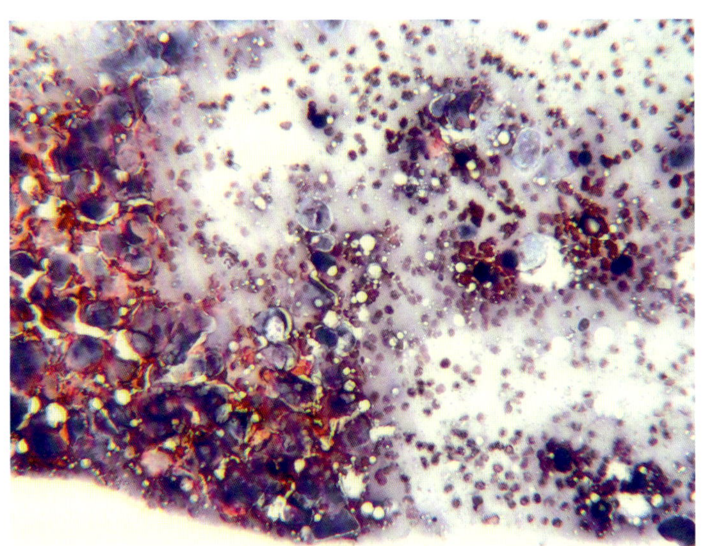

图5.5　犬皮肤囊肿的FNA（10×）

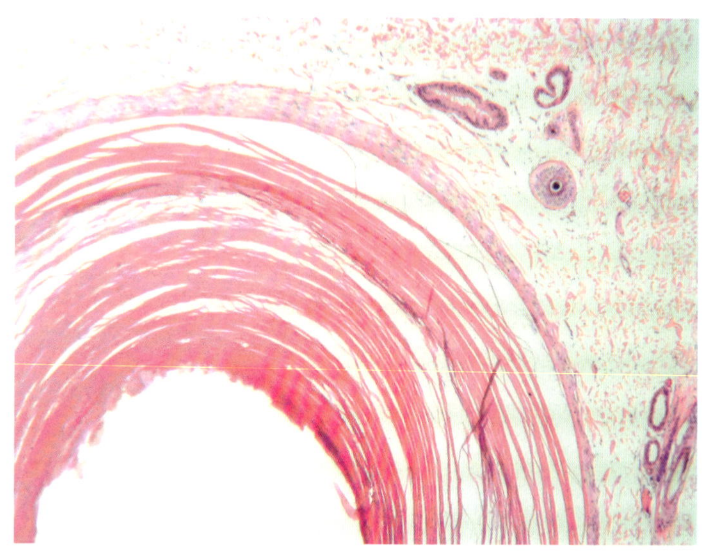

图5.6 犬滤泡囊肿的活检（2.5×）

囊状附件肿瘤——毛发上皮瘤，角化棘皮瘤

图 5.7 为一例犬囊状附件肿瘤的 FNA。取毛发上皮瘤、毛母细胞瘤和角化棘皮瘤（皮内角化上皮瘤）等囊状附件肿瘤的抽吸物在镜下观察，能发现角蛋白碎片（箭状指针）、成片的具有单个圆核和少量淡染细胞质的小上皮细胞（箭头）以及折射呈金色物质的团块，该物质可能是毛囊根鞘组分。

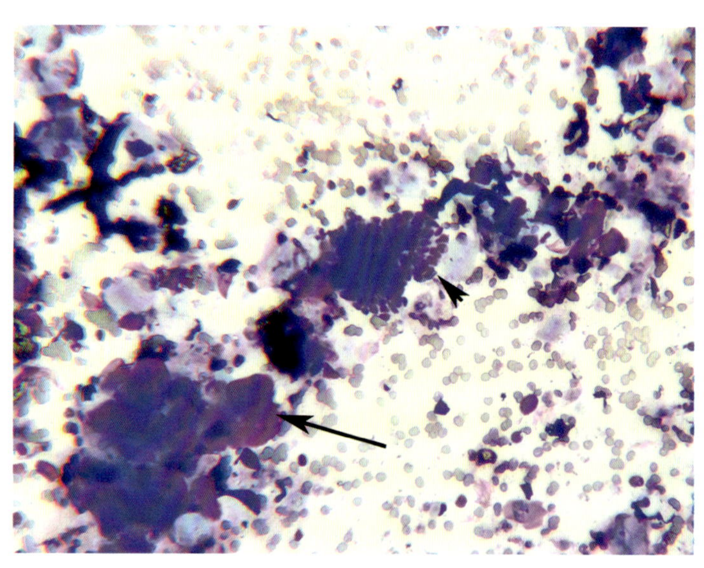

图5.7 犬囊状附件肿瘤的FNA（10×）

图 5.8 为一例犬毛发上皮瘤的活检。一只 4 岁已绝育雌性金毛猎犬，一侧有一快速生长结节，已有 2 个月。该处皮肤上有一大小约为 1.9cm×1.5cm×1.3cm 的结节肿物，并形成了具代表性的中央囊腔。该肿物由多个类似毛囊细胞的肿瘤基底细胞、分支发育不全的滤泡结构及多灶性鳞状分化或突发性角化的细胞排列形成的较大囊肿组成，其中囊肿和滤泡结构内充满了层状、无定形的角蛋白和上皮影细胞团。该肿物凸出于皮肤表面，同时也累及浅表皮下组织，仅深入皮下组织一侧且边缘清晰。这是毛发上皮瘤——一类发源于毛囊的肿瘤，通常为良性且单发。但在某些品种的犬上会出现多种毛发上皮瘤，若未被完全切除，可能会复发。

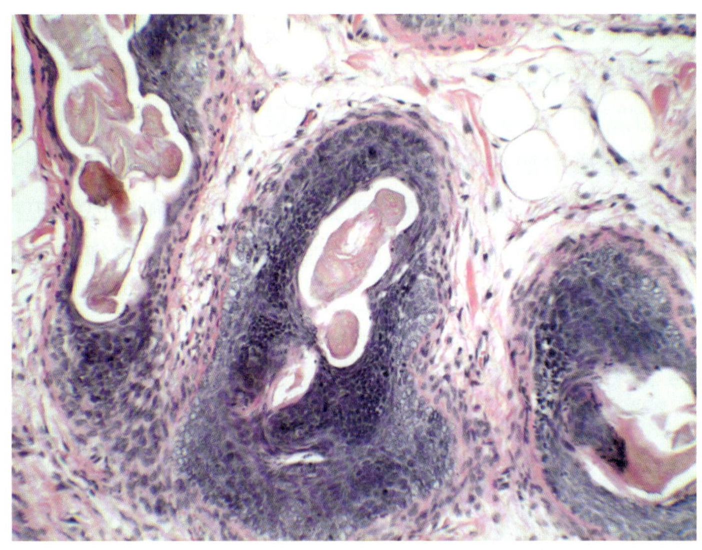

图5.8　犬毛发上皮瘤的活检（10×）

图 5.9 为一例犬右腰区毛囊漏斗部角化棘皮瘤的活检。该肿瘤也被称为皮内角化上皮瘤或角化棘皮瘤。此次在一只 10 岁雌性混种秋田犬上发现的肿瘤，是一个具有明显界限的皮肤结节状肿物，其中央囊腔内充满了角蛋白。高分化复层鳞状上皮所形成的厚且不规则的壁包围中央囊腔，壁上分布着较小的角化囊肿。在充满角蛋白的囊肿内发生肉芽肿性炎症，且角蛋白的渗漏已引起肿物周围炎症和纤维化，边缘清晰。该肿瘤通常为良性且单发，中央囊腔通过毛孔与表皮相通。这些病变多发于挪威爱克猎犬，其他品种偶有发生。

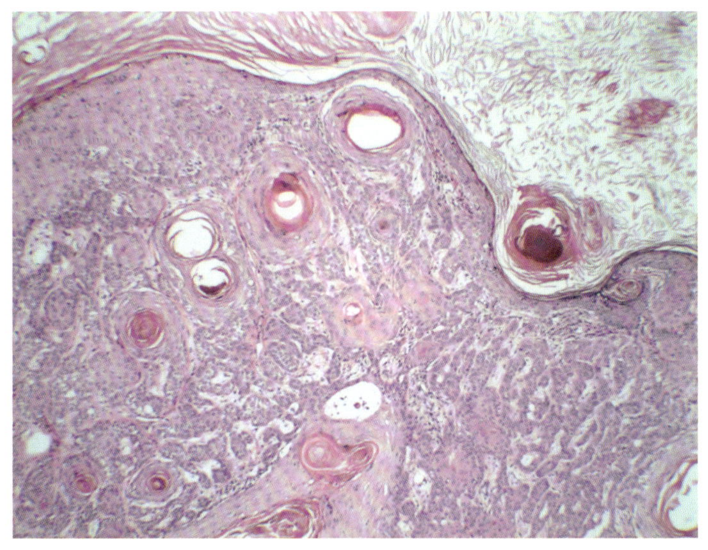

图5.9　犬毛囊漏斗部角化棘皮瘤的活检（4×）

顶泌腺瘤

图 5.10 为一例猫顶泌腺增生的 FNA。于一只成年雄性波斯猫的皮肤肿物处抽吸，发现中至大的上皮细胞簇和细胞条索，其中细胞核大小略不等，胞质呈弱嗜碱性，胞内偶有蓝 / 灰色物质，疑为顶泌腺分泌物。该处可能存在混合炎性浸润。

其中细胞核大小存在中度差异，至少有 1 个显著核仁，空泡状胞质量适中，且细胞边界清楚。存在细胞核多于 1 个的细胞，其有丝分裂指数为 0–2/HPF。目前检查未发现淋巴管阻塞。不过，肿物周围存在间质浸润，肿物边缘清晰。即使完全切除，此类肿瘤有时仍会复发。虽然转移较慢，但肿瘤可以扩散至局部淋巴结。

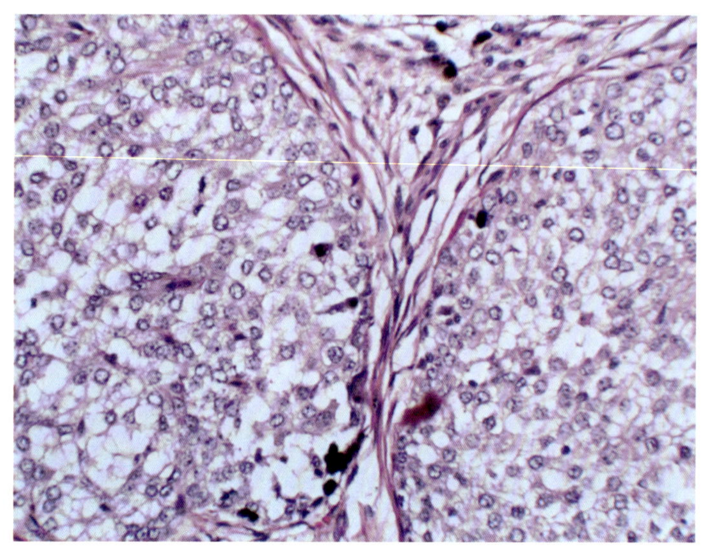

图5.14 犬皮脂腺癌的活检（20×）

脂肪瘤

作为皮下组织中最常见的肿瘤，脂肪瘤通常呈良性，但会变得很大并干扰正常肢体功能。医生一般通过 FNA 作出初步诊断，从而根据肿瘤类型，合理界定边界。短期皮下肿物通常由注射反应引起，与脂肪瘤相似，在犬上一般不需要切除。有时通过 FNA 可发现更具侵袭性的肿瘤，如肉瘤或肥大细胞瘤。根据 FNA 可作出初步诊断，从而在术前规划足够的边界，这是临床管理的重要环节之一。

图 5.15 为一例犬脂肪瘤的 FNA。于位于皮肤深层及皮下组织的肿物内质地较软处抽吸，发现大量脂肪细胞群，其细胞核细小而少。这是典型的脂肪或脂肪瘤。

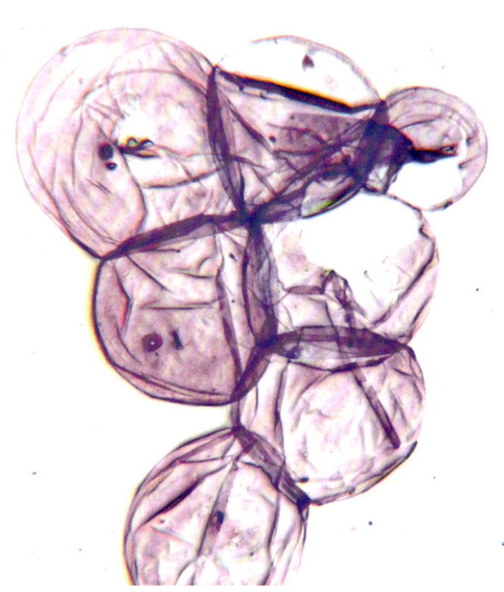

图5.15 犬脂肪瘤的FNA（50×）

图 5.16 为一例犬躯干皮下脂肪瘤的活检。一只 7 岁半的已去势雄性拉布拉多犬有多处皮下脂肪瘤。被检肿物由高度分化的脂肪组织构成，有边界但不完整，组织学边缘不清晰。一般认为脂肪瘤是良性的，但有时多发，偶尔呈浸润性。

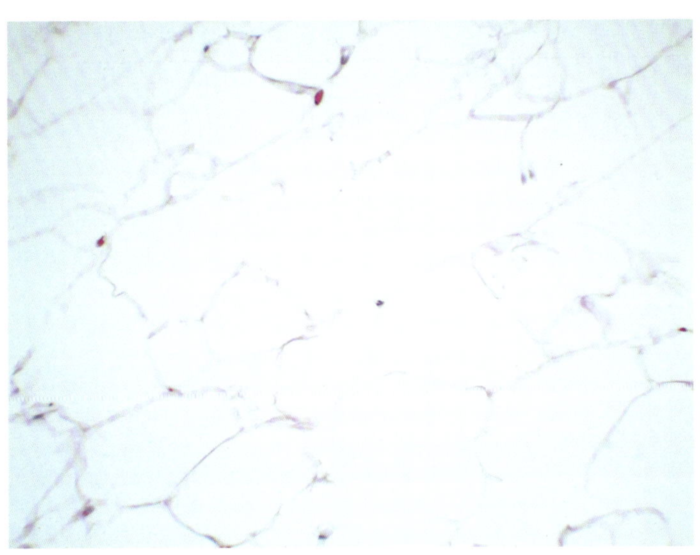

图5.16　犬皮下脂肪瘤的活检（10×）

犬高分化梭形细胞增生

图 5.17 为一例犬梭形细胞增生的 FNA。于一只 12 岁雌性混种犬的背侧腰部皮下硬肿物处抽吸，发现血液和梭形细胞团，其中细胞细长，核呈卵圆形，有的胞质呈嗜碱性。在某些区域，可见少量巨噬细胞和略有增多的中性粒细胞。这表明梭形细胞增生，但不能区分是反应性增生还是低分化肿瘤，需通过活检来确诊和评估预后。

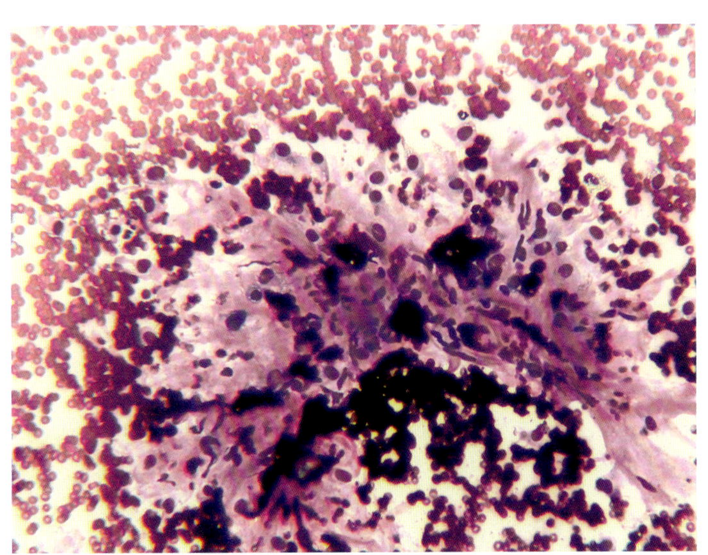

图5.17　犬梭形细胞增生的FNA（10×）

图 5.18 为一例犬注射反应性梭形细胞增生的活检。该肿物位于一只 1 岁已去势雄性混种犬背侧腰部，通过切除和活检发现，真皮深层有一空腔区域，它由高分化的梭形细胞结节性增生围绕，偶尔伴有中性粒细胞和巨噬细胞浸润。该结果与对损伤的反应性应答相一致。病变有边界，但一些

边缘处炎症已扩展。应注意该肿物处近期有疫苗接种史。

图 5.19 为一例犬左胸皮下 1 级梭形细胞肉瘤（怀疑为神经纤维肉瘤）的活检。于一只年龄未知、已绝育的雌性拉布拉多犬左胸处切除一皮下肿物。该肿物呈多小叶型，由肿瘤性多边形和圆形的梭形细胞形成。这些细胞呈束状、漩涡状或人字形排列。有的区域细胞较多，基质较少；而其他区域细胞与适量胶原蛋白较松散地排列。细胞核呈椭圆形甚至细长，有 1 个或 2 个核仁。处于有丝分裂的细胞数量少至中等，偶尔可见多核细胞。细胞质通常呈嗜酸性、流动的，细胞边界模糊。边缘十分清晰，但窄至仅存 0.2mm 的脂肪。评分：分化，怀疑源自神经鞘 =2；有丝分裂，MI=3/10HPF=1；坏死，无 =1。总分 =4，判断为 1 级。很难在光学显微镜下区分梭形细胞瘤，最常见的差异包括纤维肉瘤、犬血管周细胞瘤和起源于神经或神经鞘的肿瘤（如神经纤维瘤、神经纤维肉瘤和神经鞘瘤）。根据本次肿瘤的生长方式和细胞学特征，怀疑其起源于神经鞘。这些肿瘤虽转移缓慢，但都有局部复发的可能。因此，一般建议术前向肿瘤科和外科专家咨询，根治性切除后定期随访。

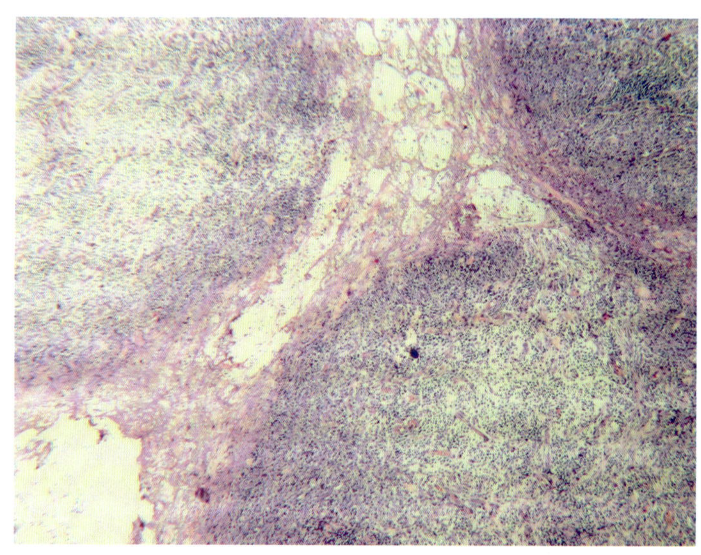

图5.18 犬反应性纤维组织增生的FNA（2.5×）

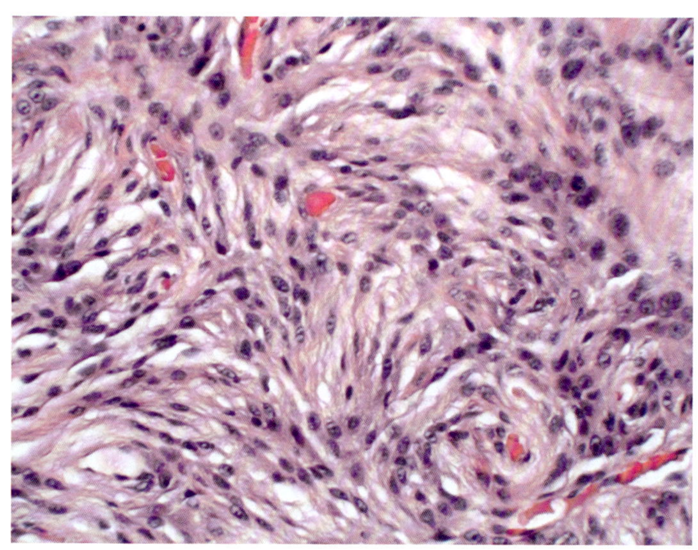

图5.19 1级犬皮下梭形细胞肉瘤活检（20×）

中等级犬梭形细胞瘤

图 5.20 为一例中等级犬梭形细胞瘤的 FNA。一只 12 岁雄性拉布拉多犬背部有一个快速生长的皮下肿物，从中抽吸发现胖梭形细胞增生。细胞呈中度异型性和核大小不均，偶有显著核仁，胞质嗜碱性且呈丝状。细胞明显呈梭形，活检发现肿物边缘较宽，可初步诊断为梭形细胞瘤。

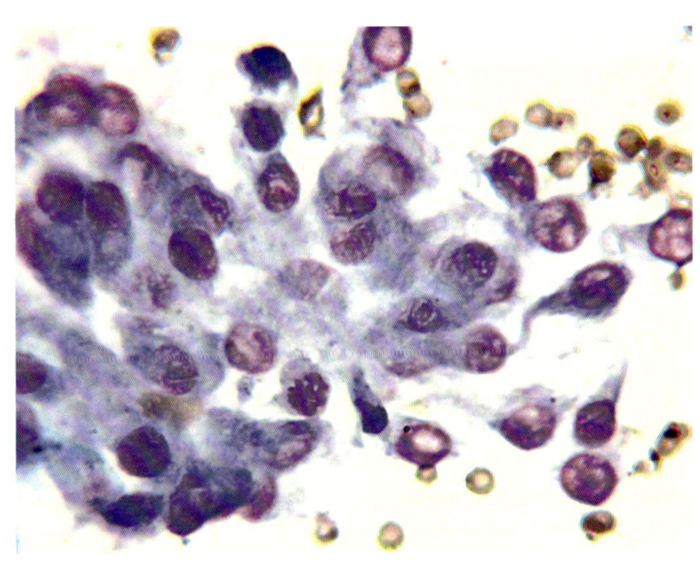

图5.20　中等级犬梭形细胞瘤的FNA（50×）

图 5.21 为一例犬左肩皮下 2 级梭形细胞肉瘤（怀疑神经纤维肉瘤）的活检。一只 11 岁雌性拳师犬患有较多病症，其中左肩有一处皮肤或皮下肿物，与上述的 1 级梭形细胞肉瘤非常相似。处于有丝分裂期的细胞少，但存在一些多核细胞。肿物内发现局灶性缺血性坏死，且坏死区域中伴有间质出血。肿物累及真皮深层和皮下组织，表现为沿深缘局部剥离，从一侧向浅层皮下组织的烧灼表面局部延展。评分：分化，怀疑源自神经鞘 = 2；有丝分裂，1/10HPF=1；坏死，＜ 50%=2。总分 =5，判断为 2 级。根据本次肿瘤的生长方式和细胞学特征，怀疑其起源于神经鞘。

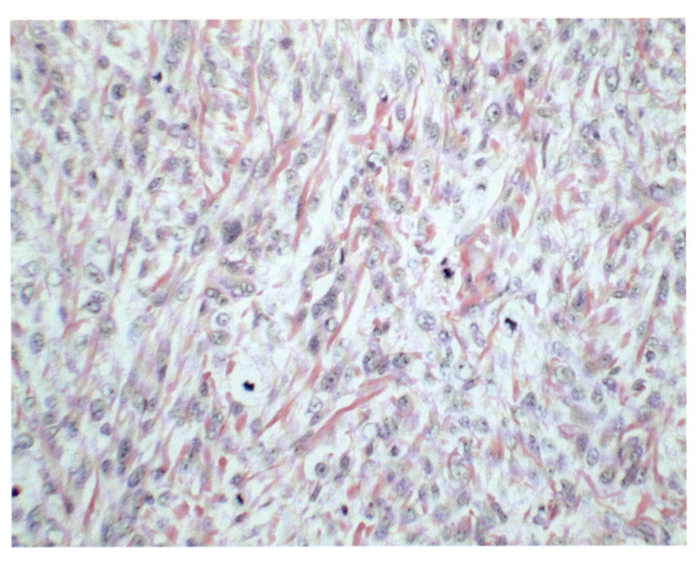

图5.21　2级犬皮下梭形细胞肉瘤的活检（20×）

高等级犬梭形细胞瘤

图 5.22 为一例高等级犬梭形细胞瘤的 FNA。于一只成年已绝育雌性混种犬肩部的皮下肿物抽吸，发现含梭形细胞与上皮样细胞的异型性细胞群，其中细胞核大小不均，核仁明显；胞质呈嗜碱性，偶有小空泡，有时伴有嗜酸性基质。存在梭形细胞，绝大部分可见圆形细胞边界，这表明正常细胞结构受损，可能预示细胞黏附功能缺失。

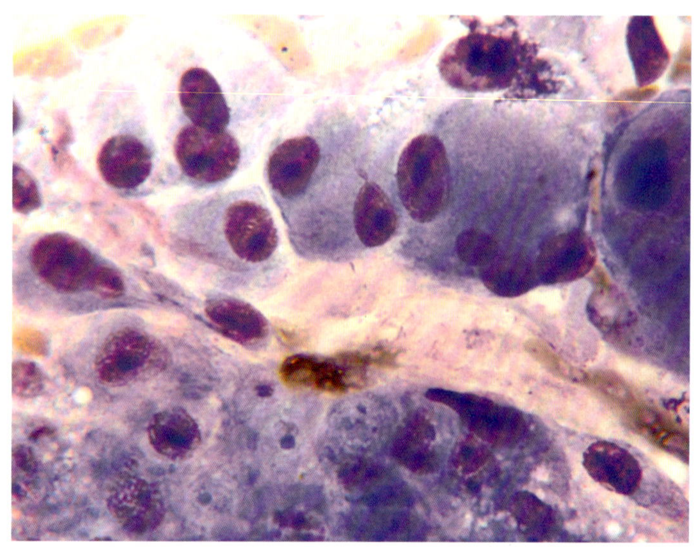

图5.22 高等级犬梭形细胞瘤的FNA（50×）

图 5.23 为一例高等级犬梭形细胞瘤的活检。一只 5 岁哈巴小猎犬上有一个生长迅速的皮下肿物，其中存在增生的上皮样细胞和梭形细胞，周围浸润并扩大了肌束间基质。该处有中度核大小不均。很难鉴别该处细胞类型，目前不清楚这些细胞是否为梭形细胞。在病灶中可见散在的核分裂相，偶有坏死灶。细胞浸润性生长、低分化的性质、高于 10/10HPF 的有丝分裂指数和散在的坏死灶，提示高等级软组织肉瘤。可通过免疫组化识别细胞类型，从而进一步确诊。病变延伸至全部边缘，没有大面积切除的空间，预计之后会逐步更具侵袭性地复发。

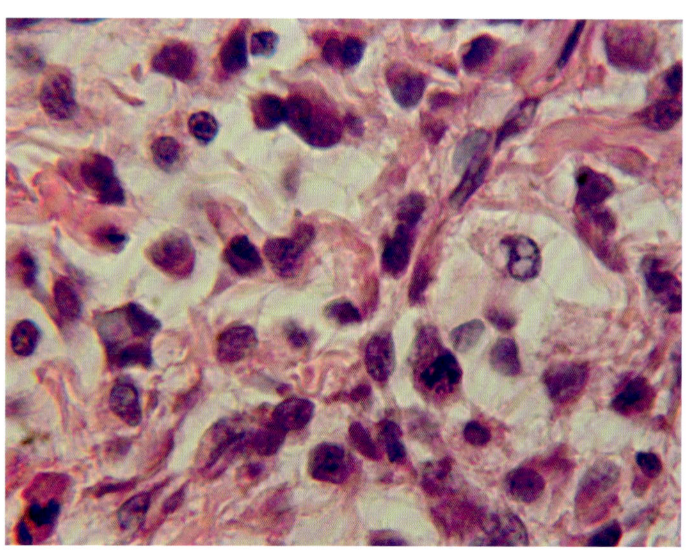

图5.23 高等级犬梭形细胞瘤的活检（40×）

图 5.24 为一例犬梭形细胞瘤的活检。对软组织肉瘤进行切除活检，有时能得到“肿物完全脱落”的病史。该类型肿瘤沿着筋膜层、朝邻近组织小凸起生长。上文中的“脱落”仅表示筋膜间的分离，未必是受影响组织与正常组织的边界。由于正常组织不易沿筋膜层分离，容易分离的往往是受损组织，扩大切除范围时可根据此切至邻近正常组织。计算机断层扫描（CT）和磁共振成像（MRI）等先进成像技术可能对确定肿瘤范围和正常组织位置最有帮助。对于这些类型的肿瘤，由于完全切除对预后至关重要，建议术前咨询肿瘤科和外科专家。

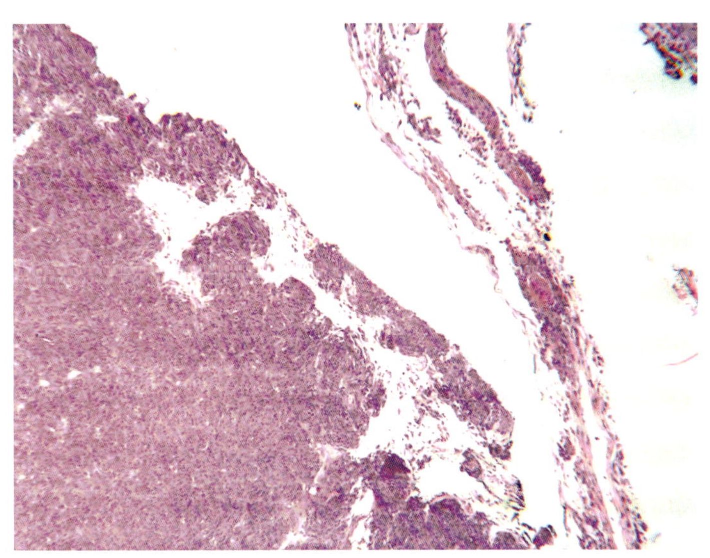

图5.24 犬梭形细胞瘤的活检（2.5×）

猫梭形细胞瘤

所有类型的猫梭形细胞瘤都是局部侵袭性生长，且肿物边界范围远超肉眼所见。常见复发，且更具侵袭性。对于这类肿瘤，建议在治疗前咨询专家。

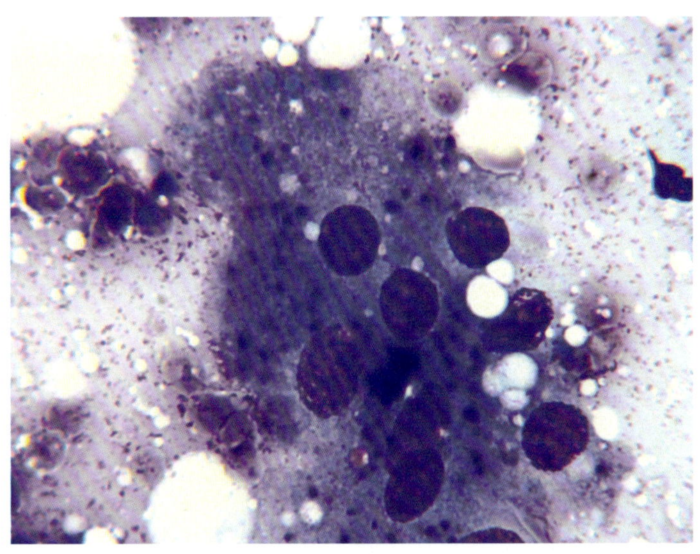

图5.25 猫梭形细胞瘤的FNA（50×）

图 5.25 为一例猫梭形细胞瘤的 FNA。于躯干或后肢一处皮下肿物抽吸，有时可见多核巨细胞。它属于巨噬细胞谱系，内含嗜碱性、无定形物质。一些人推断这些物质是疫苗佐剂。高达 0.1% 的

猫在接种疫苗（尤其是狂犬疫苗）后，接种部位形成侵袭性软组织肉瘤。接种疫苗 4 周后，接种部位出现侵袭性生长肿物，上述细胞存在时，表明需尽快进一步治疗。该细胞对瘤形成不具有诊断性意义，但在接种疫苗相关的肉瘤内常见此类细胞。建议咨询专家，获知当前诊断和可选治疗方案。

图 5.26 为一例猫梭形细胞瘤的 FNA。于一只 12 岁猫躯干一处皮下肿物抽吸，发现有胖梭形细胞群于嗜酸性基质中。细胞呈中度核大小不均，核仁小，细胞质梭形，略呈嗜碱性。这些细胞提示梭形细胞瘤形成，但若没有外伤性损伤或近期接种疫苗迹象，则不具有诊断性意义。反应性纤维组织增生有时也会有这样的表现，故在考虑这种类型肿物时，应排除外伤性损伤。若肿物持续存在，建议通过活检确诊。

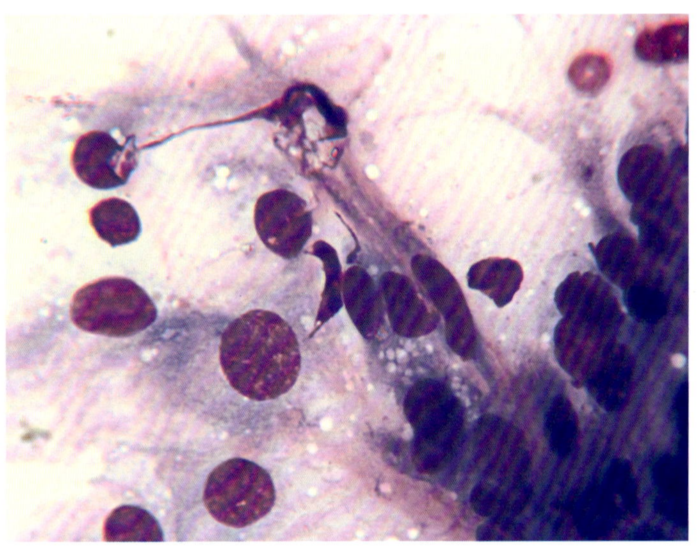

图5.26 猫梭形细胞瘤的FNA（50×）

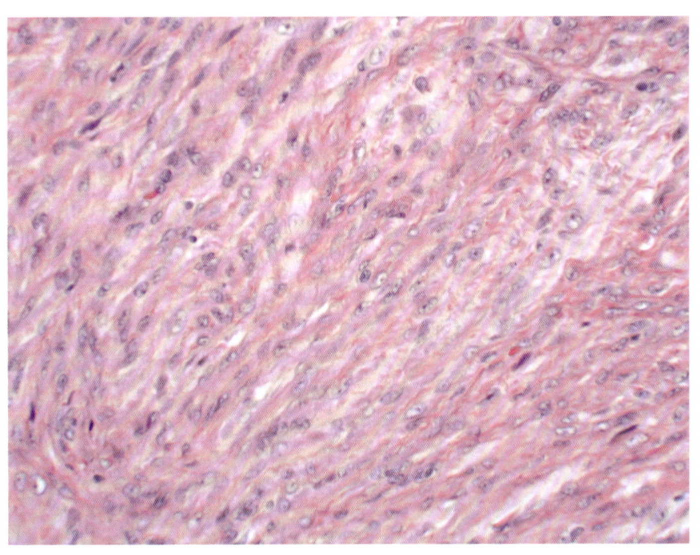

图5.27 猫纤维肉瘤的活检（20×）

图 5.27 为一例猫纤维肉瘤的活检。一只 13 岁已去势雄性家养中长毛猫，6 个月前切除一坏死肿物。原位长出的新肿物呈多结节 / 多灶性，包膜不完整，累及皮下组织和深部骨骼肌。中度异型性的、多边形的胖梭形细胞形似、成纤维细胞，成束交织形成肿物。细胞核大小存在中度差异，细胞质流动，呈嗜酸性，细胞边界不清。在此细胞群中易见核分裂相。结节中央细胞较少，一些结节中央存在多处缺血性坏死灶。沿着病变边缘还存在慢性血管周围淋巴细胞和浆细胞炎症。在多中心

病变内，多灶性小叶和结节延展出不同边缘，因此无法准确界定边缘。猫软组织肉瘤可能是自发性的，可能源自病毒，也可能发生于先前接种过疫苗或注射过药物的部位（这种情况最有可能）。病毒性肉瘤通常见于幼猫，可能多发，但常单发。再者，起源细胞可能是原始肌成纤维细胞。肿瘤分化为各种类型的间质组织、纤维肉瘤和骨肉瘤等。这些肿瘤转移缓慢，但即使完全切除后，也极易局部复发。因此，建议术前咨询肿瘤科及外科专家，完全切除后定期随访。

图 5.28 为一例猫软组织肉瘤的 FNA。于一只 9 岁家养中长毛猫躯干部抽吸，发现多形细胞群体，其核明显大小不均，多核，核仁多且显著，胞质呈嗜碱性，着色较浅。初步诊断为肉瘤，建议活检进一步确认。

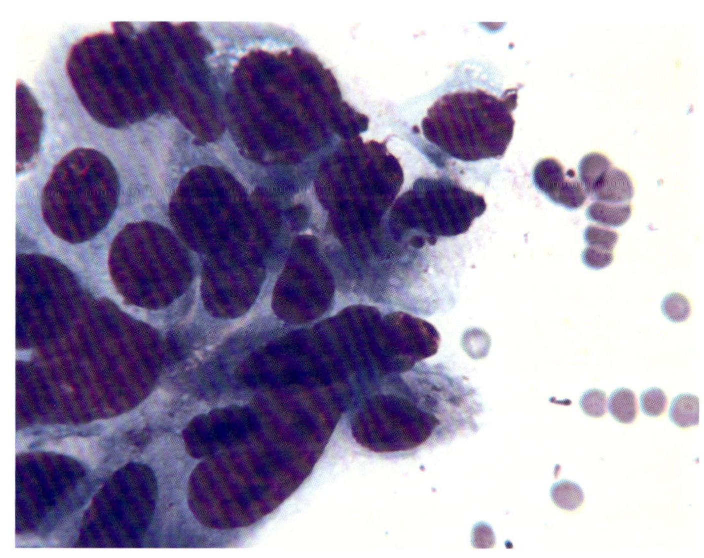

图5.28　猫软组织肉瘤的FNA（50×）

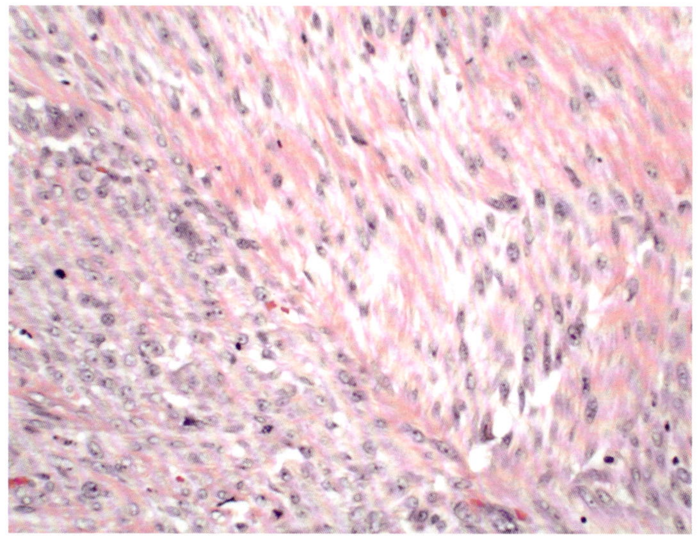

图5.29　猫复发性纤维肉瘤的活检（20×）

图 5.29 为一例猫左髋关节复发性纤维肉瘤的活检。一只 6 岁已绝育雌性家养短毛猫，4 个月前切除其左髋关节一个纤维肉瘤后复发。于切口部位复发的肿物累及纤维血管组织、皮下组织和骨骼肌，目前为多小叶型梭形细胞瘤。细胞在其中成束交织，在有的区域中细胞密集堆积、基质少，而在其他区域，细胞则被结缔组织分散间隔。细胞核大小不一，形状从椭圆至细长，存在 1 个或多个显著核仁。某些视野下多见核分裂相。胞质呈嗜酸性，含空泡，呈流动性。在某些区域和肿物边缘

基质内，血管周围和结节都存在慢性淋巴细胞性炎症。边缘清晰但不规则，窄的仅有 0.2mm，不足够做手术，因此预后需谨慎。可能有预后良好的治疗方案，建议咨询专家。

犬皮肤淋巴瘤

图 5.30 为一例犬左右两侧皮肤淋巴瘤的临床照片。

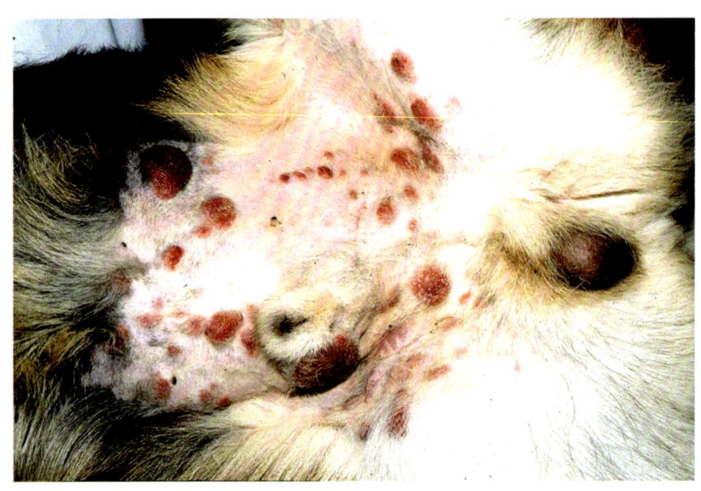

图5.30 犬皮肤淋巴瘤的临床照片（由佛罗里达大学兽医学院提供，盖恩斯维尔市，佛罗里达州）

图 5.31 为一例皮肤淋巴瘤的 FNA。于类似图 5.30 所示的多灶性皮肤肿物抽吸，发现中型至大型淋巴细胞片状分布，细胞大小均匀，且大于视野中存在的少量中性粒细胞。由于正常皮肤中不存在明显淋巴细胞群，所以当皮肤中出现此类细胞群体时，说明典型的肿瘤浸润。很难在细胞学上将其与组织细胞瘤区分，但组织细胞瘤通常表现持续生长和非多灶性。

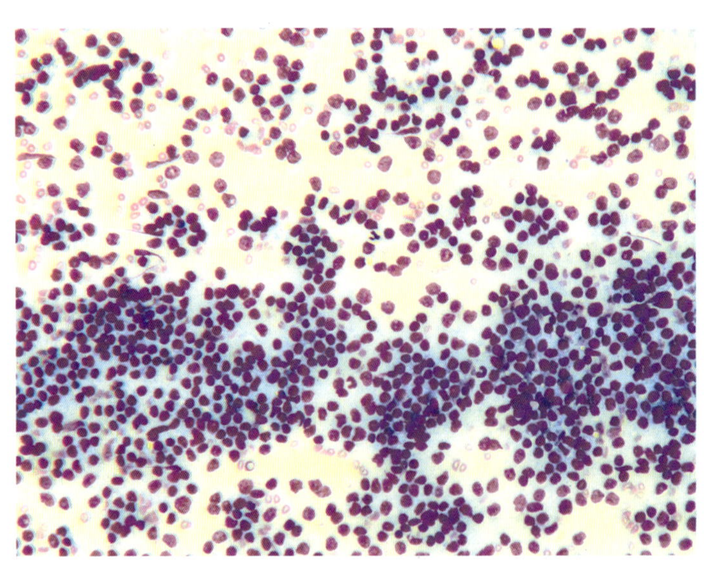

图5.31 皮肤淋巴瘤的FNA（10×）

图 5.32 为一例犬恶性嗜上皮皮肤 T 细胞淋巴瘤躯干部皮肤的活检。一只 14 岁已去势雄性马耳他犬患红皮病，发展成鳞屑脱落，再至皮肤瘙痒，已有 1 个月。使用多种抗生素或止痒剂治疗未能见效。此外，可见嘴唇、吻部及眼周色素沉着。细胞学检查发现淋巴细胞。于左右躯干部进行皮肤活检，未见原发性病原体，表皮下罕见潜在的棘层松解细胞。淋巴样细胞略增大，呈多边形及圆

形，单核，核稍大于红细胞，且中央有一核仁。它们延伸至真皮浅层，并围绕毛囊皮脂腺单位形成凝聚性花环，未见核分裂相。细胞多灶性浸润表皮和附件内衬，有时形成可辨的Pautrier微脓肿灶，即蕈样肉芽肿。常见的并发症有继发性浅表性脓皮症。在犬上通常为T细胞淋巴瘤，一种多中心的、影响皮肤和黏膜的病变由炎症灶逐渐发展成厚斑块，继而形成肿瘤结节，最终可能会累及淋巴结和外周血。

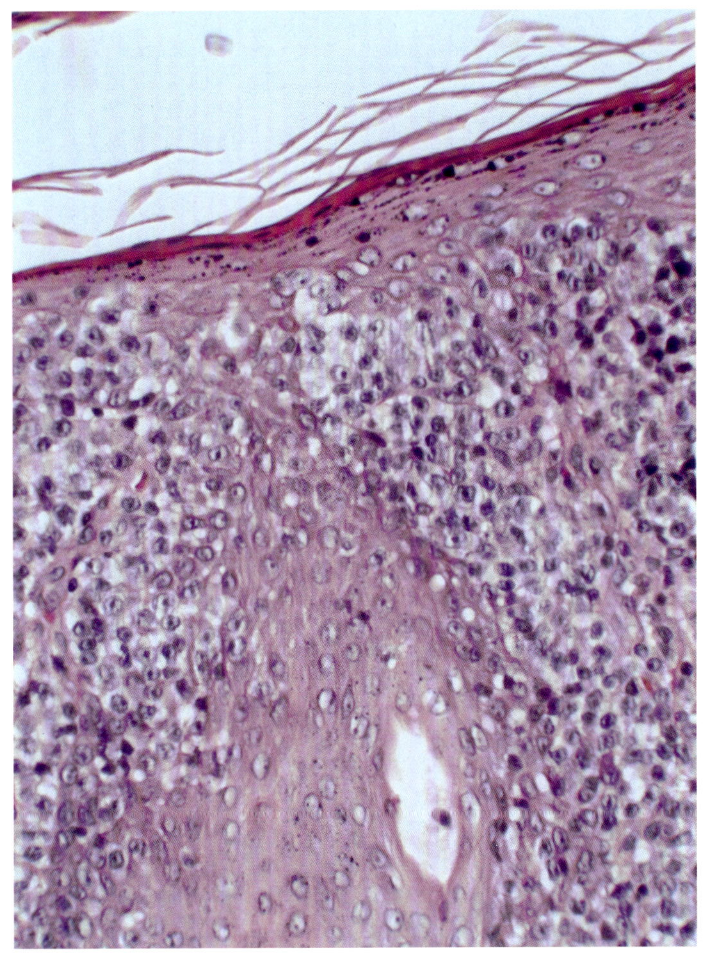

图5.32　犬恶性嗜上皮皮肤T细胞淋巴瘤的活检（20×）

MCT

图 5.33 为一例皮肤 MCT 的 FNA。于犬和猫的皮肤肿物抽吸，发现含多种颗粒的肥大细胞簇，常伴有嗜酸性粒细胞，有时在基质中可见碎片。存在 1 或 2 个肥大细胞时，怀疑为肿瘤；存在肥大细胞群时，通常表明瘤形成。

图 5.34 为一例猫左胸皮肤 MCT 的活检。一只 8 岁已绝育雌性家养长毛猫左胸处长有 2 个相似的皮肤肿物，它们由肥大细胞构成，其中细胞略膨大，颗粒稀疏。细胞和细胞核的大小差异都不大，未见核分裂相。边缘清晰。细胞分化良好，核分裂率低。但猫 MCT 大多是多中心的，能够通过淋巴管转移，生物学行为不可预测。尽管细胞学呈多形性甚至多发性，这类肿瘤通常表现为良性。

图 5.35 为一例高等级犬右髋部皮下 MCT 的活检。一只 10 岁已绝育雌性混种犬右髋部有 1 个直径为 10cm 的软组织肿物，将其切除后做组织病理学检查。样本为脂肪和纤维血管组织，伴有细胞弥漫性浸润。细胞呈圆形，细胞和核的大小差异中等，边界清晰，MI=8/10HPF。有些细胞多核，

核分裂率不等。肿瘤细胞由多个嗜酸性粒细胞包围，且通过吉姆萨染色发现其胞质内存在异染颗粒，证实该肿物是颗粒较少的中度异型 MCT，其高核分裂率与 3 级 / 高等级肿瘤也是一致的。低等级与高等级的犬 MCT 的生物学行为不可预测，都会局部复发且都是多中心的，能够通过淋巴管转移。若未完全或广泛切除，很有可能复发。一般建议横向切至边缘外 2cm 正常组织处，纵向切深至一筋膜层，主要还是取决于位置。建议向专家咨询可行的手术和治疗方案。

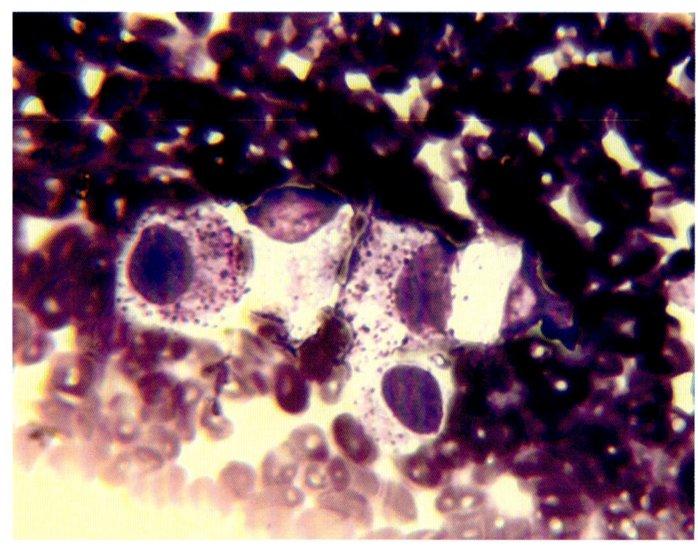

图5.33 皮肤MCT的FNA（50×）

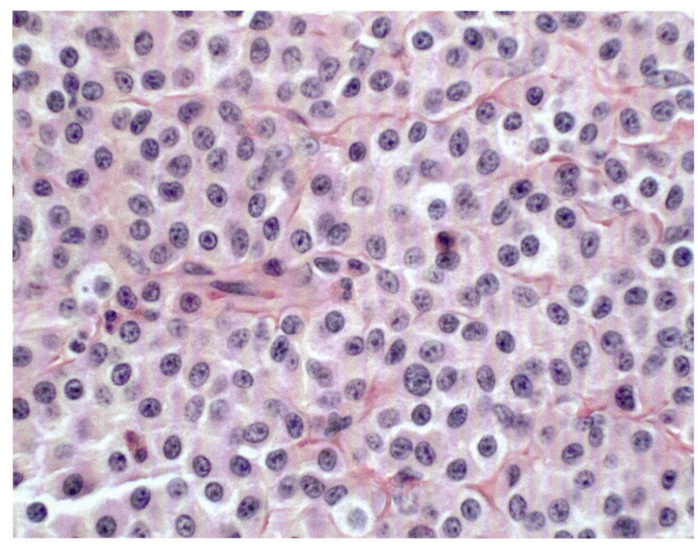

图5.34 猫皮肤MCT的活检（40×）

犬组织细胞瘤

图 5.36 为一例犬组织细胞瘤的 FNA，于一只 1 岁雄性斗牛犬肩部一处光秃、丘状肿物抽吸，发现许多圆形细胞，其中胞浆透明，核呈圆形至肾形。以大量蛋白质为背景，可见浅染的细胞质，这通常是这种良性肿瘤的标志。

图 5.37 为一例犬组织细胞瘤的活检。一只 1 岁已绝育雌性混种犬皮肤上有一溃烂、光秃、丘状肿物，对其活检发现中型圆形至肾形的细胞。细胞在皮下形成宽间隔辐射状细胞链，有时浸润表皮，形似组织细胞瘤。颗粒稀疏的 MCT 有时在常规苏木精伊红染色（H&E 染色）后观察，与组织细胞瘤相似。若病变出现可疑病因，可应用吉姆萨染色以排除 MCT，并通过免疫组化排除淋巴肿瘤。

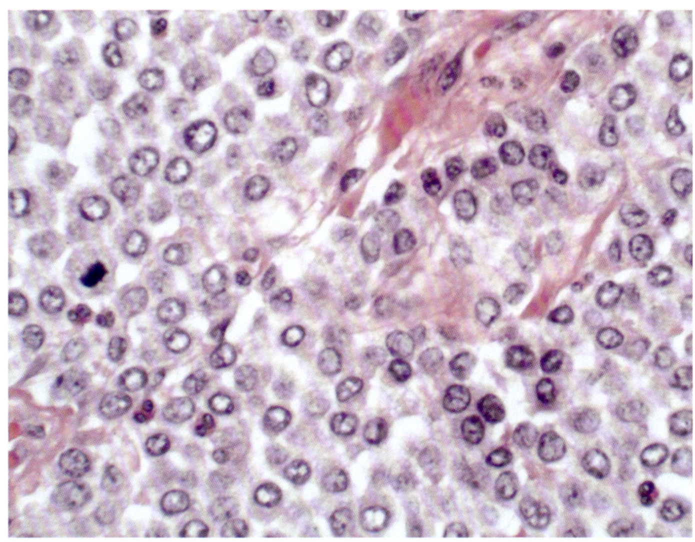

图5.35　犬皮肤MCT的活检（40×）

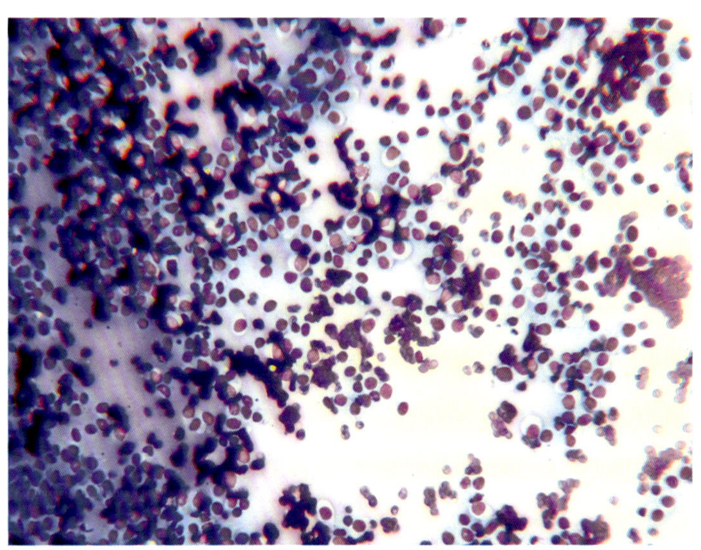

图5.36　犬组织细胞瘤的FNA（10×）

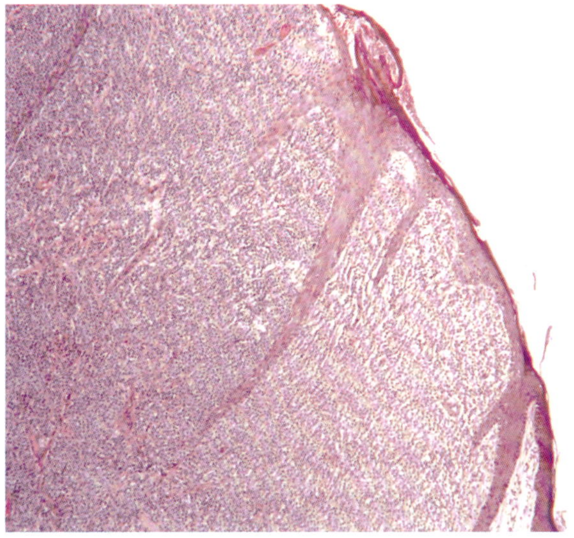

图5.37　犬组织细胞瘤的活检（10×）

组织细胞增多症

图 5.38 为一例猫组织细胞增多症的 FNA。病例患有多灶性皮内病变，于其中一处肿物抽吸，发现组织细胞群。细胞形态上与巨噬细胞相似，有的内含吞噬碎片。需要鉴别肉芽肿与脓性肉芽肿、反应性组织细胞增多症与肿瘤性组织细胞增多症。若核异型过多或累及内脏，可考虑组织细胞肉瘤等更具侵袭性的疾病。可通过活检、常规 H&E 染色和免疫组化鉴定细胞类型，进一步确诊、评估预后。

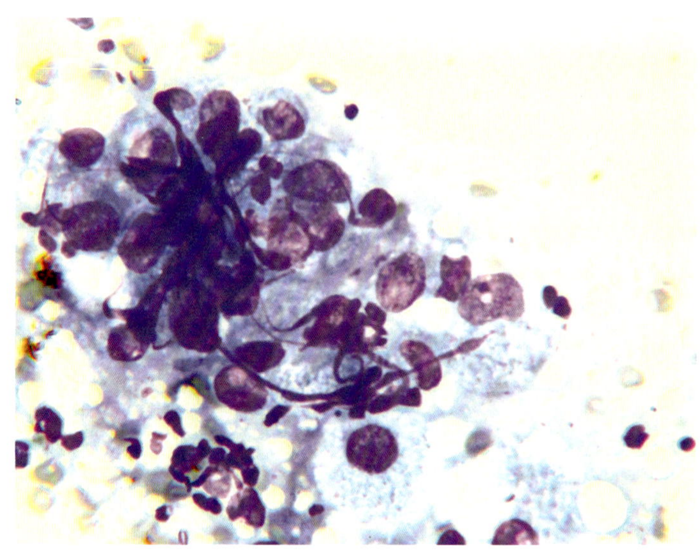

图5.38 猫组织细胞增多症的FNA（40×）

图 5.39 为一例犬皮肤组织细胞增多症胸腹部皮肤斑块的活检。于一只 5 岁已去势雄性杜宾犬胸腹部红斑处多点活检，发现以组织细胞为主的混合性浸润，其位于附件和血管周围，呈多结节性和弥散性，累及皮肤和浅表皮下组织。该浸润局限性差，由组织细胞样大的多角形细胞组成，伴有单个中性粒细胞、淋巴细胞和浆细胞。在深处边界附近，淋巴细胞和浆细胞松散聚集。大部分组织细胞为单核，散在多核细胞。可见核分裂相，但核分裂率不均。斑块的边缘无法界定。在组织学上主要鉴别反应性组织细胞增多症（若仅累及皮肤，则为皮肤组织细胞增多症）。组织细胞增多症可发展至全身，累及淋巴结和内脏。

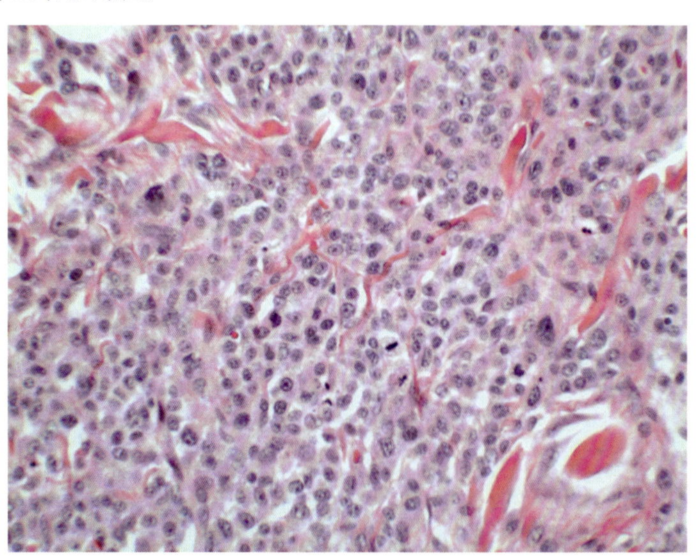

图5.39 犬皮肤组织细胞增多症的活检（20×）

图 5.40 是一例猫假定性进行性皮肤组织细胞增多症尾部的活检。一只 16 岁已绝育雌性家养短毛猫尾部有一个多结节性肿物，其表面溃烂、渗出和结痂。肿物主要由组织细胞、少量中性粒细胞和个别嗜酸性粒细胞组成，血管周围还有散在的淋巴细胞和浆细胞聚集成小结节状。细胞浸润真皮和皮下组织。在原发性肿物周围的真皮层也可见组织细胞浸润，这与该处肝样皮脂腺内大的小叶有关。未见原发性病原体，边缘清晰，该病变表现炎症和反应性，在组织学上需主要鉴别猫进行性皮肤组织细胞增多症。这类病变通常是多中心的，但此次未发现其他病变。尚不清楚此猫尾部病变曾经是否接受过皮内注射，如接种猫狂犬病疫苗，目前未得到随访资料。

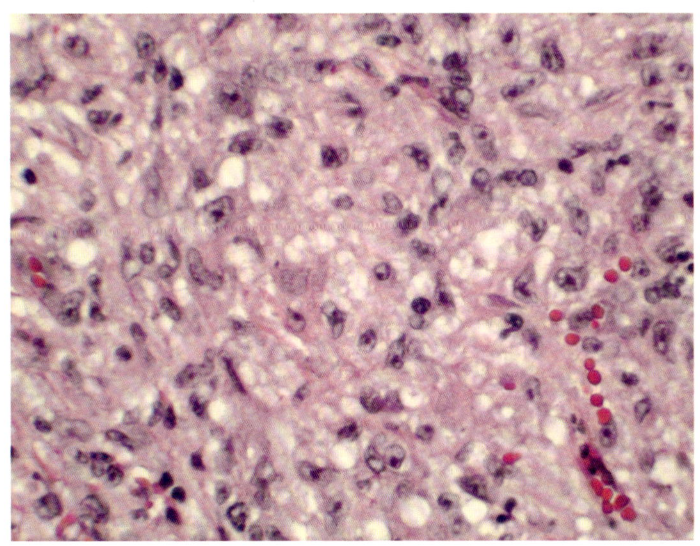

图5.40　猫假定性进行性皮肤组织细胞增多症的活检（40×）

尾根背侧肿物

毛母质瘤

图 5.41 为一例猫毛母质瘤的 FNA。背侧皮肤有一边界清楚、可活动的肿物，抽吸发现散在的小基底细胞和含黑色素的巨噬细胞，背景由细胞碎片和黑色素构成。若不进行活检，可能无法鉴别黑色素瘤。

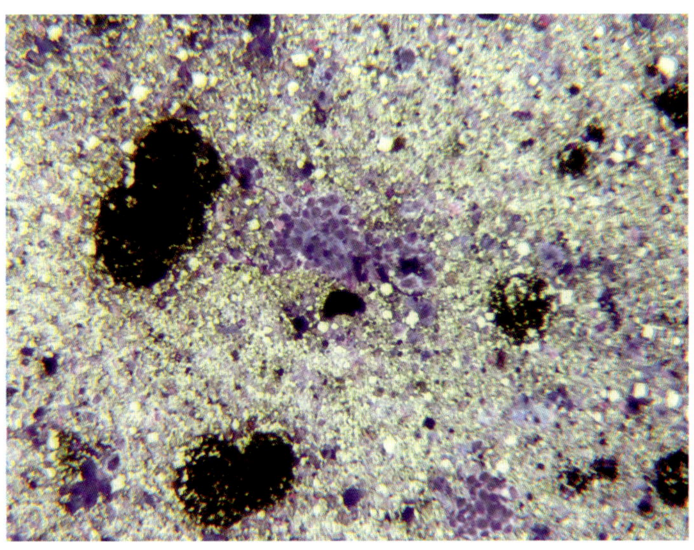

图5.41　猫毛母质瘤的FNA（10×）

图 5.42 为一例猫毛母质瘤的活检。一只 7 岁已绝育雌性家养短毛猫肩部有一肿物。这一多小叶 / 多结节的上皮肿瘤起源于毛基质细胞，主要由多层基底细胞构成，细胞形成囊肿的衬里。囊肿内含嗜酸性颗粒状碎片、无定形的角蛋白和退化的色素上皮细胞团，在囊肿壁上均可见散在的色素细胞。不同大小的囊肿衬里的基底细胞均有鳞状分化的迹象。边缘未见间质浸润和淋巴管扩散，但周围有一些慢性淋巴细胞和浆细胞炎症，尤其是沿基部区域，边缘清晰。此类肿瘤通常为良性且单发。

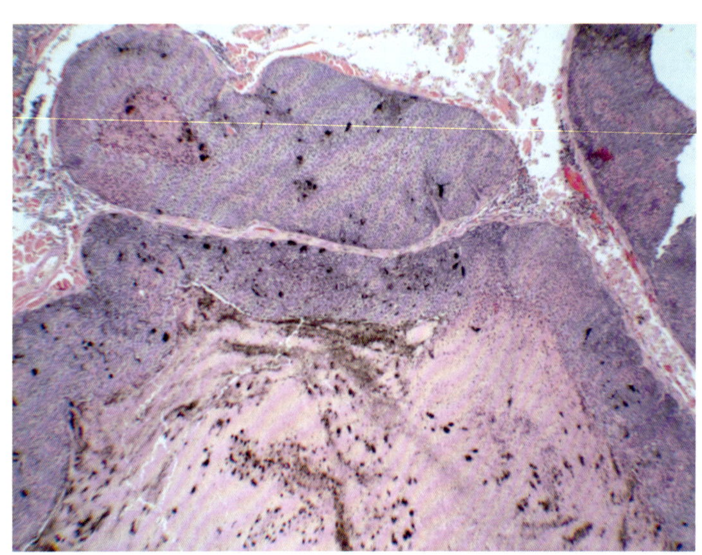

图5.42 猫毛母质瘤的活检（4×）

黑色素瘤

图 5.43 为一例犬高分化皮肤黑色素瘤的 FNA。于一只成年已去势雄性雪纳瑞犬臀部的深色皮肤肿物抽吸，发现以细胞碎片和黑色素构成的背景中存在上皮样细胞，在胞质中有致密黑色素颗粒。这在细胞学上与黑色素瘤一致，需通过活检确定核分裂率，从而评估预后。

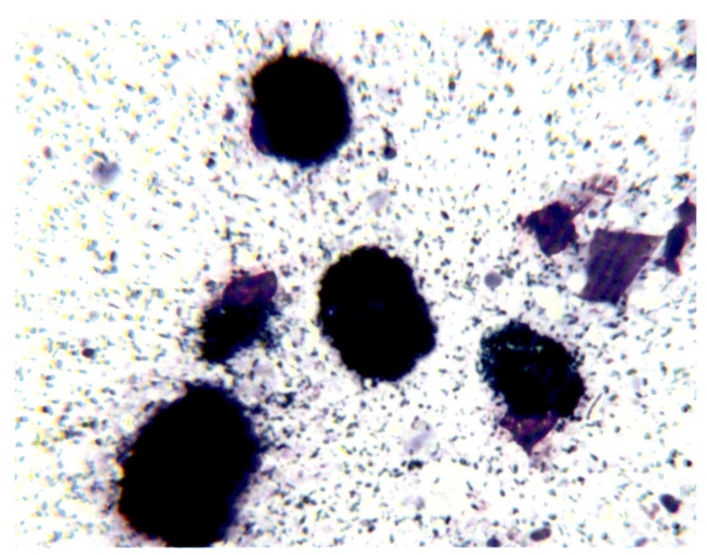

图5.43 犬高分化皮肤黑色素瘤的FNA（50×）

图 5.44 为一例犬高分化皮肤黑色素瘤的活检。一只 7 岁已去势雄性獒犬胁腹处有一色素性肿物，活检发现其表皮 / 表皮下交界处及表皮下存在深色的黑素细胞巢增殖。未见核分裂相，病变分化良好，可能不具侵袭性。

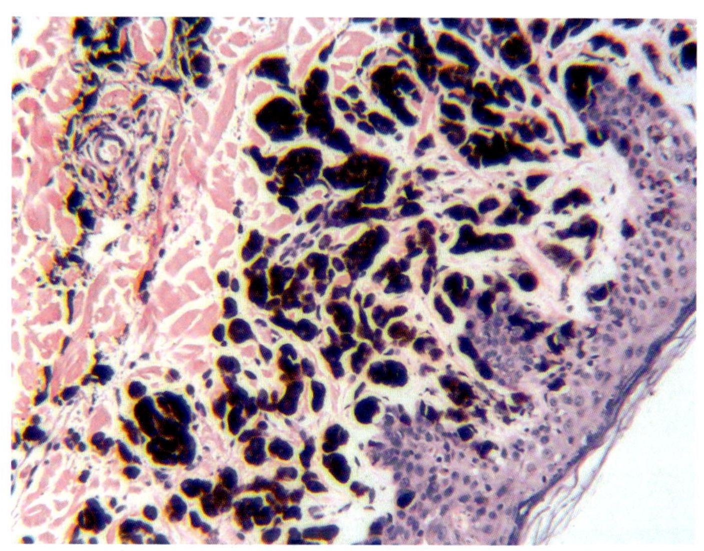

图5.44　犬高分化皮肤黑色素瘤的活检（10×）

图 5.45 为一例犬低分化黑色素瘤的 FNA。于一只 12 岁混种犬背部一肿物抽吸，发现多形性梭形至上皮样细胞簇，偶见多核细胞。这些细胞都具有多个小的核仁和少量胞质黑色素。根据该肿物细胞学上低分化、可能具有侵袭性等特征，初步诊断为低色素性黑色素瘤。建议通过活检来评估核分裂率，从而评估预后。

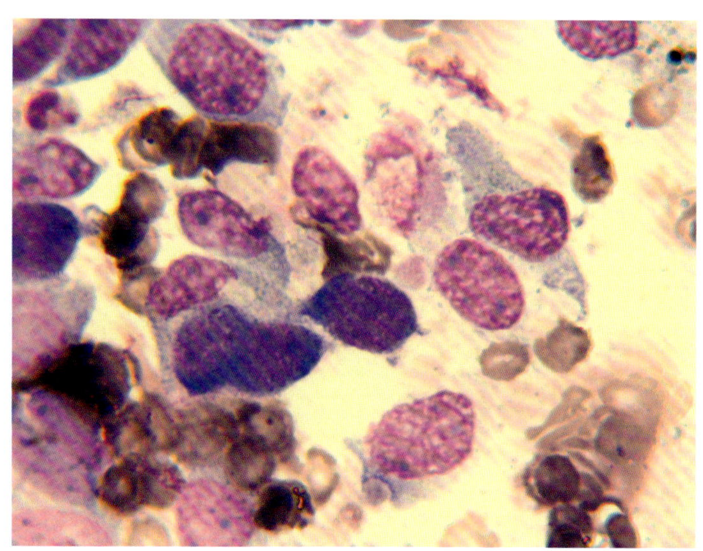

图5.45　犬低分化黑色素瘤的FNA（50×）

图 5.46 为一例犬右侧躯干恶性皮肤黑色素瘤的活检。一只 10 岁已绝育雌性混种犬右侧躯干上有一出血性皮肤肿物，其被覆复层鳞状上皮，上皮厚度由棘层至更薄。肿物边缘的连接活动表现为增大的黑色素细胞聚集，使表皮基底膜脱落至真皮。构成肿物的细胞形状从中型多边形至大型多边形和圆形，中央核仁明显，细胞质的量不等。很多细胞不含色素，但也存在不同程度色素沉着的细胞，其中可见散在的、深色的黑色素细胞。MI＝12/HPF，但核分裂相离散度较大，边缘清晰。犬皮肤黑色素瘤通常多发，可见于皮肤任一处，于躯干皮肤相对常见。该肿瘤生物学行为一般为良性，至少在很长时间内如此。但如本病例所示，它可能会恶化，即使完全切除也可能会复发，甚至最终通过淋巴管转移。

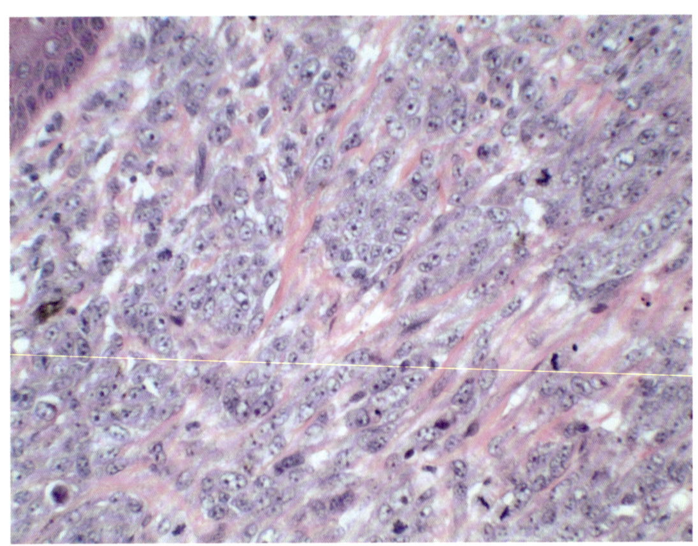

图5.46 犬恶性皮肤黑色素瘤的活检（20×）

皮脂腺瘤

图 5.47 为一例猫尾根皮脂腺增生的 FNA。于一只成年雄性家养短毛猫的皮肤肿物处抽吸，发现高分化的皮脂腺上皮细胞团块。初步诊断为皮脂腺增生，建议活检以确定类型。尾根皮肤的皮脂腺有时会增生，可能是对雄激素的反应。

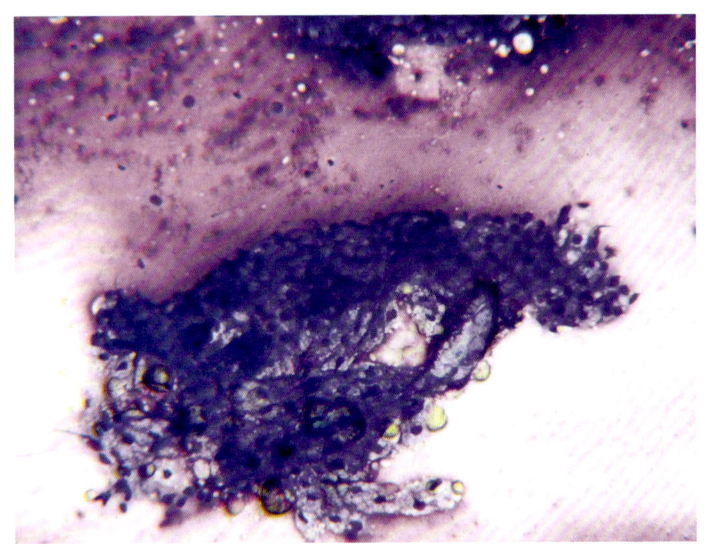

图5.47 猫尾根皮脂腺增生的FNA（10×）

图 5.48 为一例犬尾根皮脂腺瘤的活检。一只 11 岁已绝育雌性马耳他犬有一尾根背侧肿物，活检发现弥漫性、充满角蛋白的胆囊管周围有皮脂腺增生，分化良好但稍显杂乱。

肛周腺瘤

图 5.49 为一例犬肛周腺瘤的 FNA。于一只成年已绝育雌性混种犬的尾根背侧肿物处抽吸，发现肝样上皮细胞团块，其中细胞核小，细胞质内隐约可见大量嗜酸性颗粒。雄犬和雌犬的尾根背侧肿物可能是由肛周腺组织异位增殖所致。

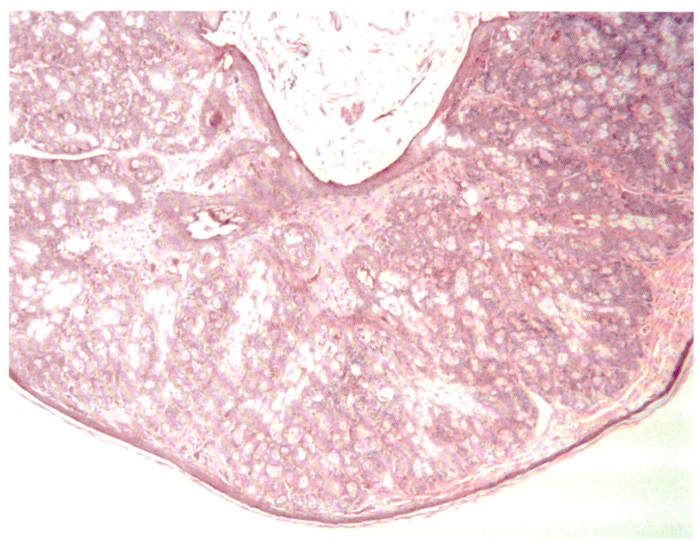

图5.48　犬尾根皮脂腺瘤的活检（10×）

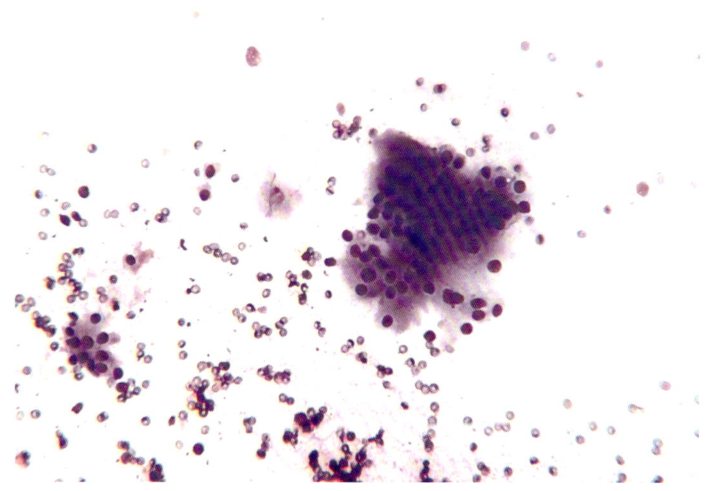

图5.49　犬肛周腺瘤的FNA（10×）

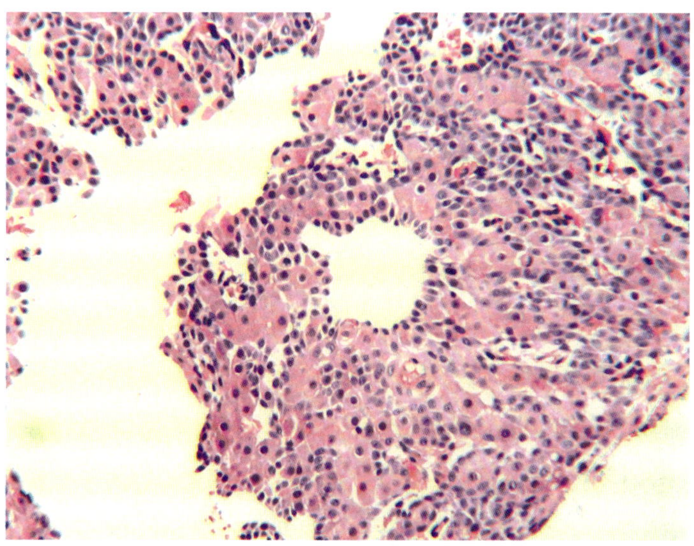

图5.50　犬肛周腺瘤的活检（10×）

图 5.50 为一例犬肛周腺瘤的活检。一只 13 岁雄性狮子犬有一尾根背侧肿物，活检发现肝样细胞团块，其中细胞核小，嗜酸性胞质丰富。细胞排列在衬有薄层基底细胞样储备细胞的小叶中。该肿瘤呈激素反应性，可通过彻底切除并绝育治愈。

腹侧皮肤及皮下组织血管病变

皮肤血管病变往往表现脱色、出血或瘀伤。若无创伤史，也无凝血功能障碍或血小板减少症的临床证据，则需活检。

图 5.51 为一例犬伴有大面积充血的皮肤血管肉瘤的临床照片。易被误判为创伤性损伤，需要彻底了解病史。

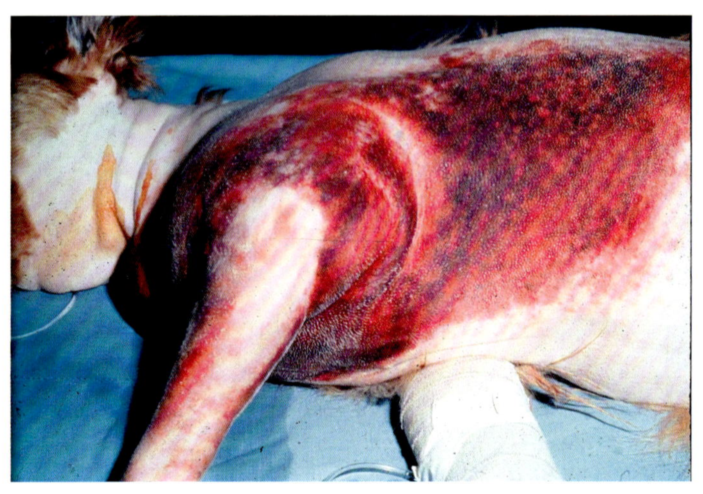

图5.51 犬伴有大面积充血的皮肤血管肉瘤的临床照片（由佛罗里达大学兽医学院提供，盖恩斯维尔市，佛罗里达州）

血管瘤

图 5.52 为一例犬血管瘤的 FNA。于一只老年意大利灵缇犬腹部一深色、凸起肿物抽吸，发现外周血。血小板的存在说明急性出血，也可见于急性血肿、凝血障碍或意外静脉穿刺。

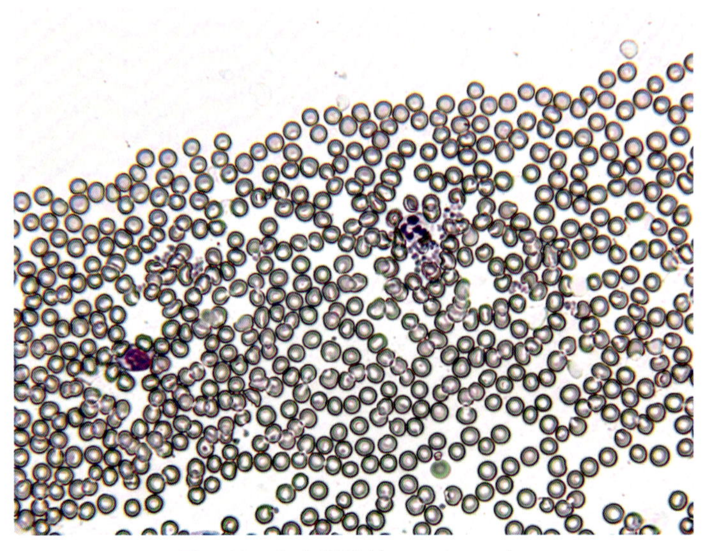

图5.52 犬血管瘤的FNA（10×）

图 5.53 为一例犬左腹皮下血管瘤的活检。该肿物界限清晰但不完整，内部由稍透明的纤维结缔组织形成的小梁隔开，内腔中充满血液，衬有扁平、高分化的内皮细胞。基质中散在个别肥大细胞和聚集的淋巴细胞与浆细胞。该切片标本中显示的边缘清晰。该血管瘤在组织学上呈良性且，形态正常。此类肿瘤可能会多发，尤其多发于皮肤，治疗主要选择手术切除。

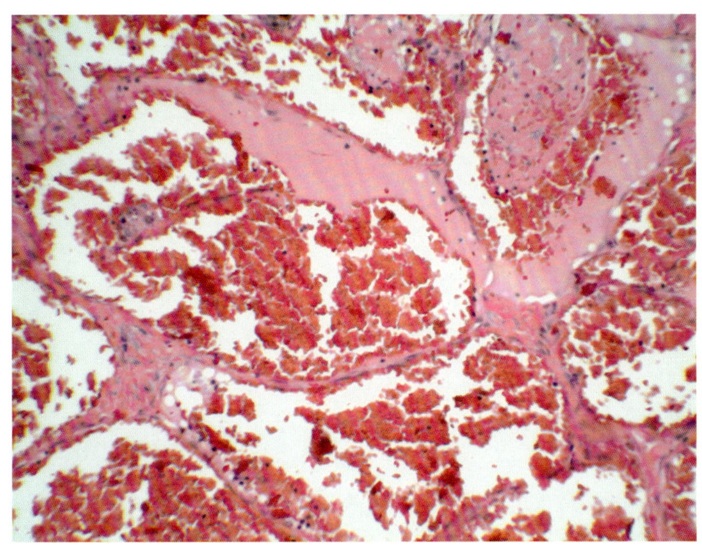

图5.53　犬皮下血管瘤的活检（10×）

血管肉瘤

图 5.54 为一例犬血管肉瘤的 FNA。于一只 10 岁雌性斗牛犬腹部一弥漫、溃烂并出血的浅表肿物抽吸，发现血液中混有聚集的血小板、许多中性粒细胞，核分裂相明显但不典型（箭状指针）。存在多形性上皮样至梭形细胞，或上述中明显而非典型的核分裂相，表明肉瘤样肿瘤形成。活检对于血管肿瘤的确诊是必要的。

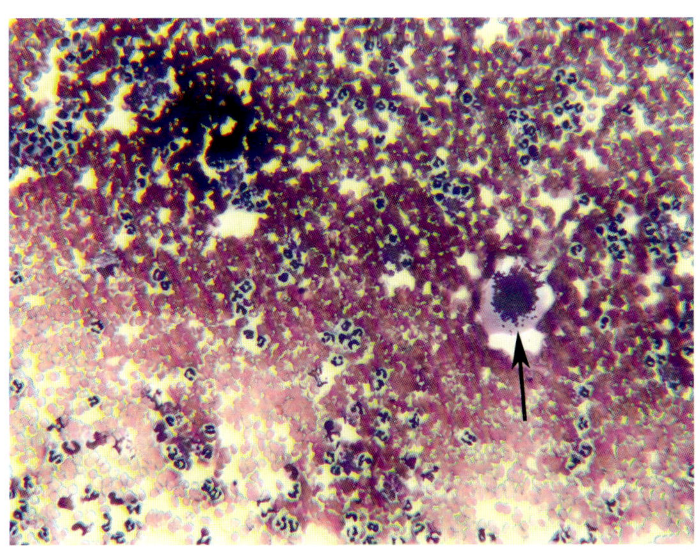

图5.54　犬血管肉瘤的FNA（50×）

图 5.55 为一例犬腹部血管肉瘤的活检。一只 7 岁已绝育雌性灵缇犬腹部有一增大肿物并伴有出血，其表面呈局灶性溃烂。完整的层状鳞状上皮表现为棘皮层。该肿物边界不清晰，由增大的多形性血管内皮细胞构成。细胞具有单个明显核仁，胞质含量少，核大，有时可见多核。这些细胞作

为网状毛细血管与多个海绵状血腔的衬里，细胞群体中可见核分裂相。肿物周围有慢性炎症，基质中也有部分炎症。边缘清晰，但局部较窄。该肿物为皮肤血管肉瘤，已经累及浅表皮下组织（T2）。犬血管内皮瘤通常多发，且有时数量较多，往往发生于慢性光化性损伤处，常见的部位有毛发稀缺的皮肤。此品种犬发病率有所升高，建议定期进行皮肤检查。此外，建议主人做好防晒工作（比如，需注意日光浴时的阳光直射和行走在轻质水泥或沙面上时的反射光）。

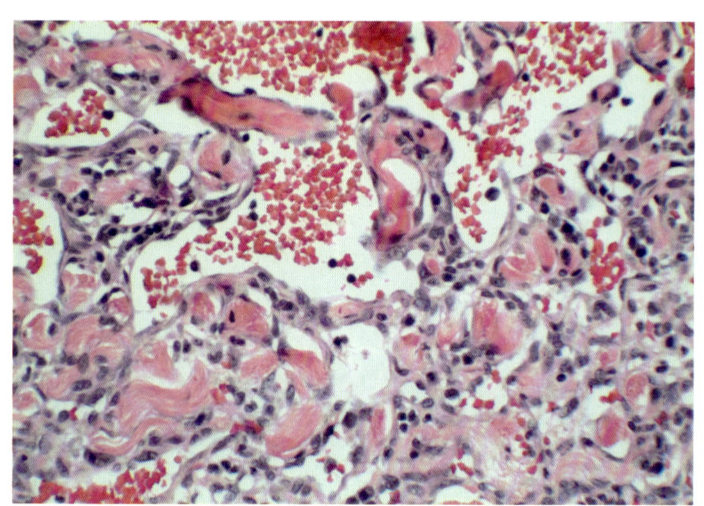

图5.55 血管肉瘤的活检（20×）

乳腺肿物

乳腺肿瘤多发于犬，偶见于猫。发生于犬的乳腺肿瘤类型多样，由良性至恶性都有；而发生于猫的肿瘤行为差异较小，除发生于经历周期性激素刺激的雌性外，所有肿物都疑有侵袭性。

纤维上皮增生

图 5.56 为一例猫乳腺纤维上皮增生的 FNA。于一只 1 岁未交配家养短毛猫的乳腺肿物处抽吸，发现含体积小、呈椭圆形核的梭形细胞和少量散在的小核上皮细胞。这是乳腺上皮层和肌上皮层受假孕等激素刺激时作出的增生性反应，可影响 1 个或多个腺体。该肿瘤呈良性，并随着激素水平降低而退化。

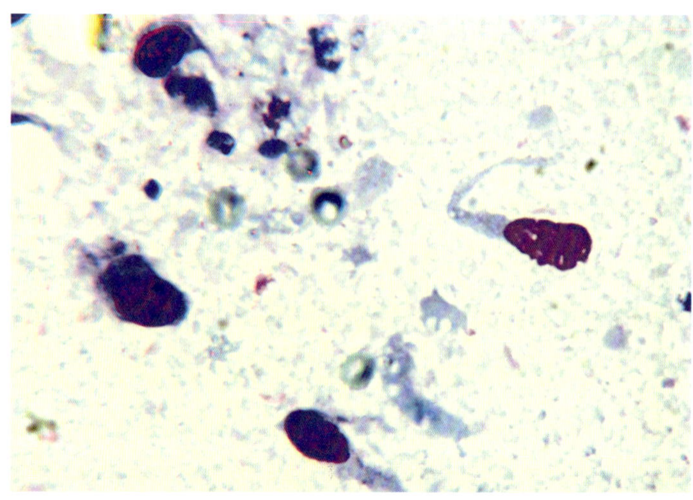

图5.56 猫乳腺纤维上皮增生的FNA（50×）

图 5.57 为一例犬乳腺纤维上皮增生的活检。样本源自一只 8 岁雌性拉布拉多犬的乳腺，检查发现管泡状上皮细胞被增生的细长梭形细胞围绕，形成界限明显的小叶。上皮细胞和基质细胞增生，在正常的纤维血管基质内形成结节。

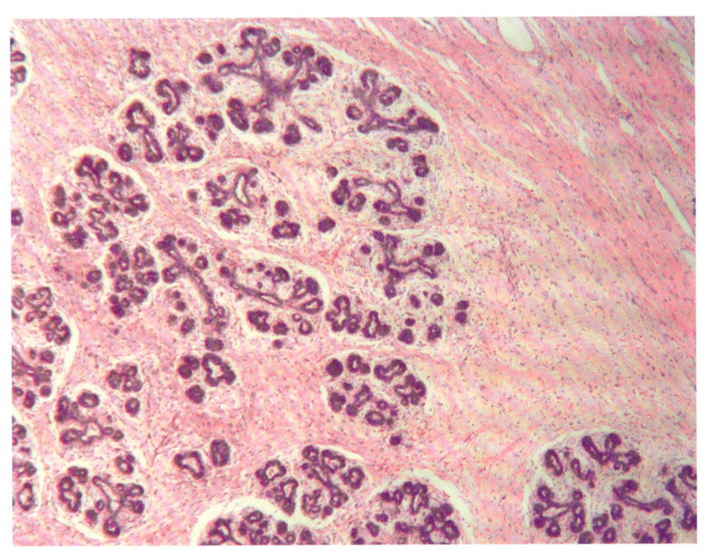

图5.57　犬乳腺纤维上皮增生的活检（10×）

乳腺瘤

图 5.58 为一例乳腺高分化增生的 FNA。于一只 8 岁已绝育雌性腊肠犬的乳腺肿物处抽吸，发现小上皮细胞群，其细胞核呈圆形，小而密集。某些细胞群隐约呈腺泡状。该例乳腺上皮细胞高分化增生与腺瘤一致。

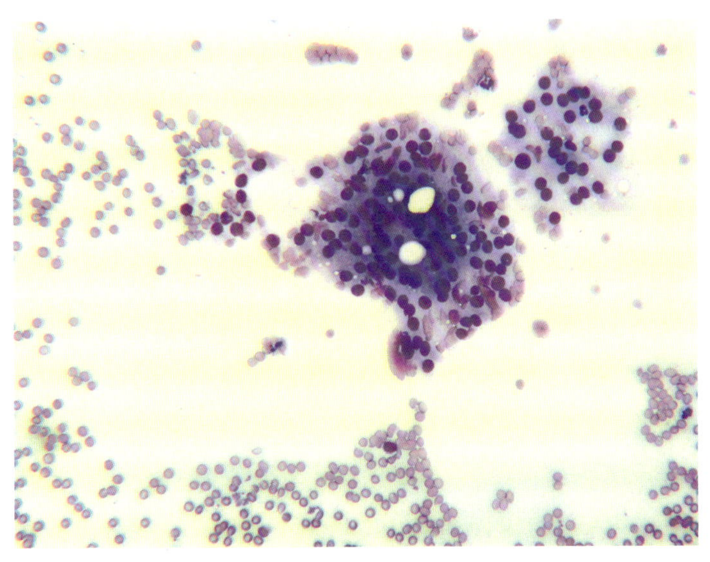

图5.58　犬乳腺瘤的FNA（10×）

图 5.59 为一例犬乳腺导管瘤的活检。该乳腺肿物源自一只 10 岁已绝育雌性拉布拉多犬，呈多小叶型，部分位于导管内。多形性细胞形成腺泡和小管，进而构成肿物。其中部分乳腺小管中发生乳头状增生。在肿物周围未发现间质浸润和淋巴管扩散。周围的乳腺组织相对不活跃，且边缘清晰。预期的生物学行为如上所述。切除可治愈乳腺肿瘤，但它在犬上通常多发。

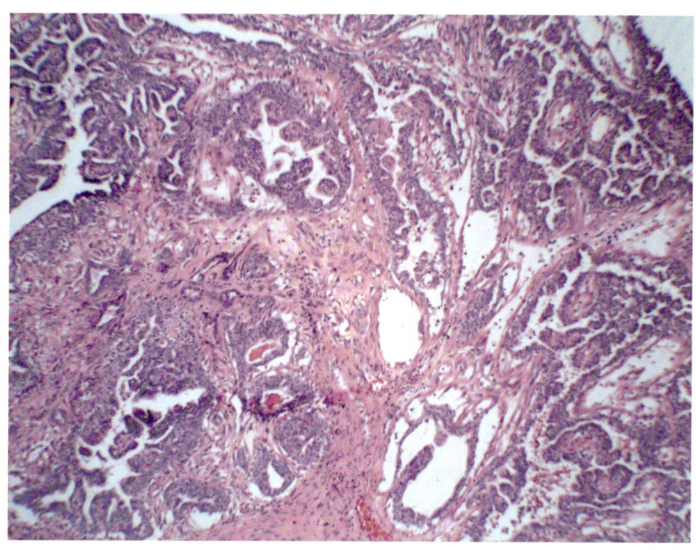

图5.59 犬乳腺导管瘤的活检（4×）

乳腺复合瘤

图 5.60 为一例犬乳腺复合瘤的 FNA。于一只 5 岁斯皮茨犬的乳腺肿物处抽吸，发现血液中有饱满的上皮细胞增生，偶尔可见梭形细胞（箭状指针）。其中上皮细胞存在轻度至中度的核大小不均（箭头），偶尔可见明显核仁，胞质呈不同程度的嗜碱性。同时存在上皮细胞和梭形细胞提示复合型肿瘤，需通过活检确诊。

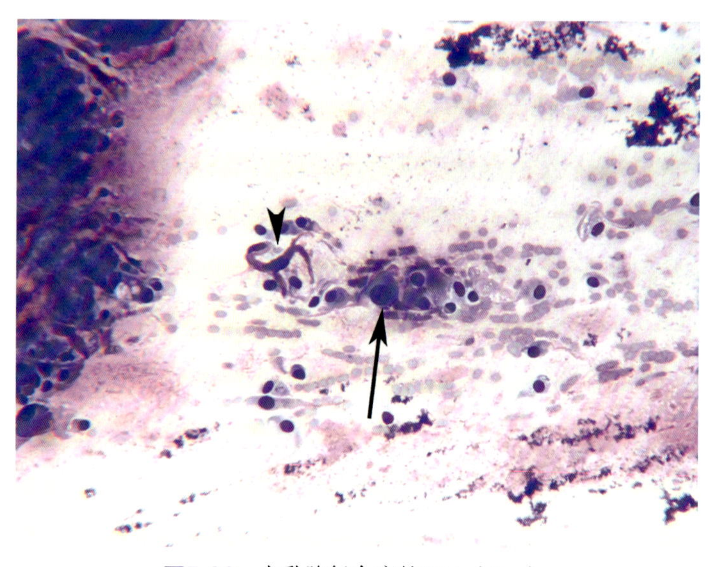

图5.60 犬乳腺复合瘤的FNA（4×）

图 5.61 为一例犬乳腺复合瘤的活检。该乳腺肿物源自一只 9 岁已绝育雌性英国史宾格犬，呈多小叶型和结节性，部分位于导管内。肿物由上皮和肌上皮或间质成分组成。上皮稍具多形性，构成小管、腺泡和小梁，某些区域的乳头状增生进入扩张的导管腔内。肌上皮中的细胞较少，多为梭形细胞。在本图中，基质主要呈轻微黏液性，局部呈透明样化。在小叶及结节周围未发现间质浸润和淋巴管扩散。附近的乳腺组织略有增生，伴有轻度腺瘤样增生，该肿瘤性肿物边缘清晰。超过 50% 的犬乳腺肿瘤呈良性，但极易多发。此类肿瘤可能会恶化，常见于慢性肿瘤中的上皮成分。它发展为恶性，最终通过淋巴管转移至引流淋巴结，再至其他地方。卵巢切除术仅对于二次发情前绝育的动物有效。

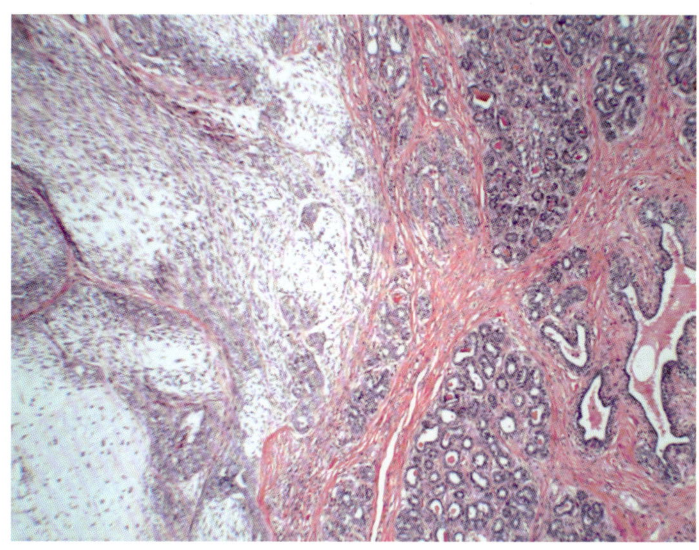

图5.61　犬乳腺复合瘤的活检（4×）

混合型乳腺肿瘤

图 5.62 为一例犬混合型乳腺肿瘤的 FNA。发现视野以血液和疑似骨样或软骨基质的嗜酸性至弱嗜碱性物质聚集（箭状指针）为背景，存在圆形上皮细胞增生，偶尔可见梭形细胞。其中上皮细胞存在轻度至中度的核大小不均，偶尔可见明显核仁，胞质呈不同程度的嗜碱性。典型骨样或软骨基质的存在提示混合型乳腺肿瘤，需通过活检确诊。

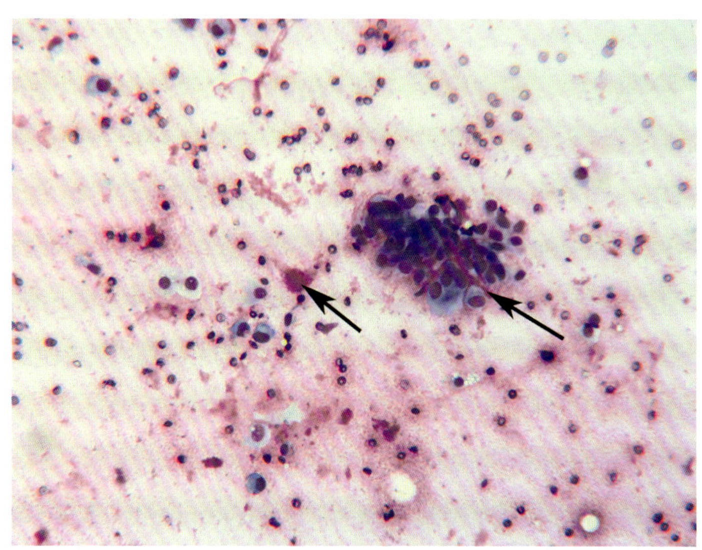

图5.62　犬混合型乳腺肿瘤的FNA（40×）

图 5.63 为一例犬良性混合型乳腺肿瘤及骨化生的活检。该乳腺肿物源自一只 11 岁已绝育雌性中国冠毛犬，呈多小叶型和结节性，部分位于导管内，由上皮和肌上皮或间质成分组成，其中上皮呈多发囊性，间质内有软骨分化迹象，多处形成高分化骨。在周围未发现间质浸润和淋巴管扩散。附近乳腺组织相对不活跃。肿物的边缘清晰，预期切除可治愈该肿瘤。

乳腺癌

图 5.64 为一例犬乳腺癌的 FNA。于一只 9 岁已绝育雌性吉娃娃的乳腺肿物处抽吸，发现一群

细胞：细胞核大，中度核大小不均，胞质嗜碱性。总体上，犬乳腺肿瘤的生物学行为属中度侵袭性。若有多群这类细胞，或者细胞核明显大小不均，则可初步诊断为癌。

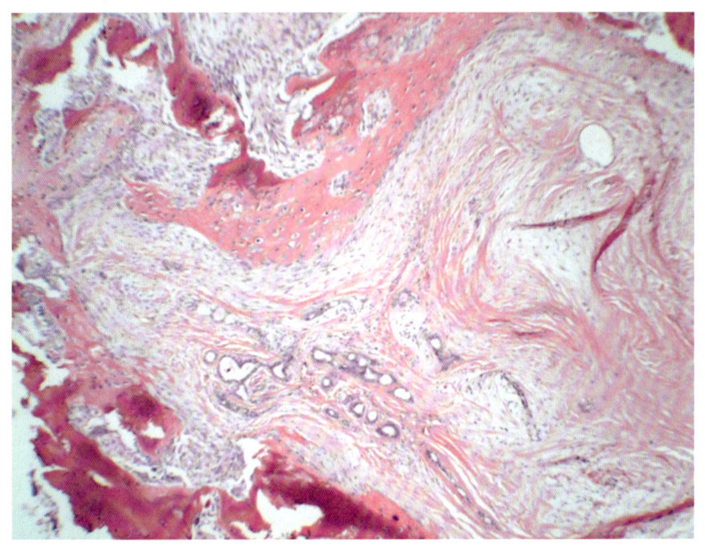

图5.63 犬混合型乳腺肿瘤的活检（4×）

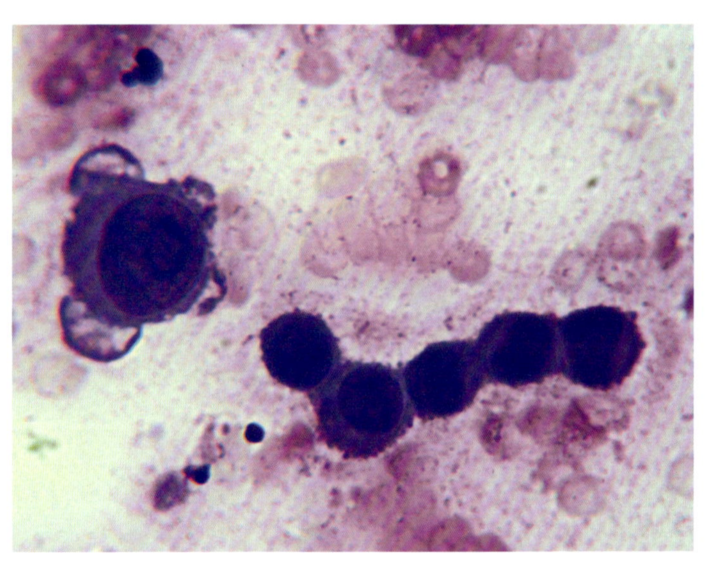

图5.64 犬乳腺癌的FNA（40×）

图 5.65 为一例犬导管性乳腺硬癌伴有淋巴管阻塞的活检。该皮下肿物源自一只 8 岁已绝育雌性混种犬腹部，呈浸润性，界限不清，内有多灶性缺血性坏死，伴有局部替代性纤维化。肿物由中等多形性的多边形或圆形细胞组成，其中细胞间体积和核大小差异不大。这些细胞紧密聚集，腺泡与小管间也间隔 1 至多层细胞。间质致密，嗜酸性强，伴有透明样变。边缘的慢性血管周围和结节存在慢性淋巴细胞炎症，在肿瘤间质浸润区尤为明显。至少有 1 处淋巴管阻塞（图片上未显示）。由于标本是分成两部分送检的，不便于评估肿物边缘。预计肿瘤会转移至引流淋巴结，再至更远的部位。

图 5.66 为一例猫乳腺癌的 FNA。于一只 6 岁已绝育雌性波斯猫的肿物处抽吸，发现散在的多形性上皮细胞与少量大的上皮细胞混合细胞群。细胞核大小明显不均，核仁大，胞质嗜碱性。总体上来说，猫乳腺肿瘤的生物学行为属高度侵袭性。若于猫上发现少量上述大细胞，则提示为癌。

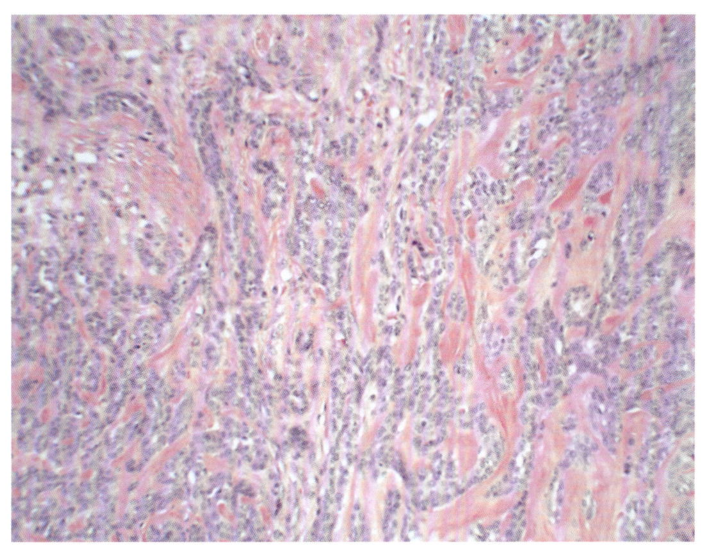

图5.65 犬导管性乳腺硬癌的活检（10×）

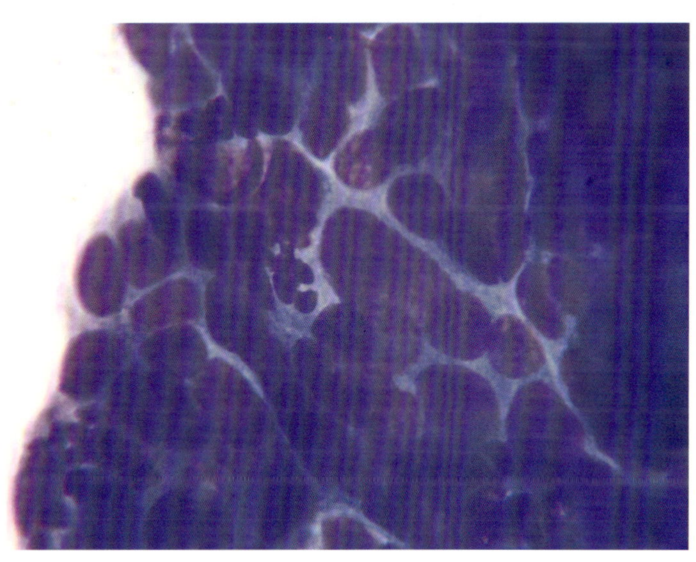

图5.66 猫乳腺癌的FNA（50×）

图 5.67 为一例猫胸腹部乳腺癌的活检。一只 13 岁已绝育雌性家养短毛猫胸腹部有一肿物。该多中心性肿物由中至大的多角形上皮细胞构成，间质为致密的纤维结缔组织。其中细胞间大小和细胞核大小差异中等，大部分细胞具有较大的单个核仁，中等数量的胞质嗜碱性。这些细胞形成腺泡、小管和小梁。在细胞群中可见核分裂相，比率为 0–4/HPF，部分细胞具有多核。可见异常的有丝分裂纺锤体。在原发肿物附近存在小结节，怀疑在淋巴管内。肿瘤在此处延伸至皮下边缘，而在肿物部分脱落。大多数的猫乳腺肿瘤生物学行为呈恶性，常多中心发生，即使完全切除后也会很快复发。易转移至引流淋巴结，继而至其他部位，尤其是肺部。因此在这种情况下，长期预后堪忧。该类肿瘤复发率高，建议术前咨询专家，获取可行的治疗方案。

图 5.68 为一例犬乳腺癌伴有淋巴管阻塞的活检。一只 9 岁已绝育雌性杂交杜宾犬腹股沟处有一皮下肿物，诊断为实质性囊状腺癌。淋巴结阻塞在原发肿物四周扩散。多个结节向样品的深部边缘延伸，有的位于淋巴管内。预计会复发，并转移至局部淋巴结，继而至远处组织。

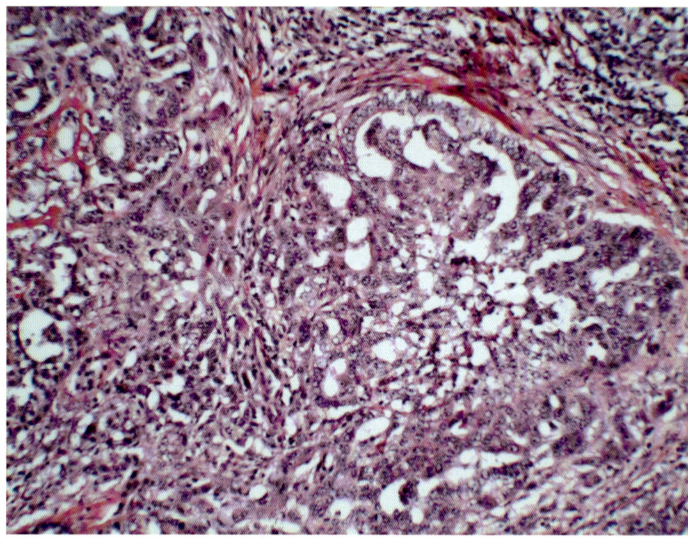

图5.67 猫乳腺癌的活检（10×）

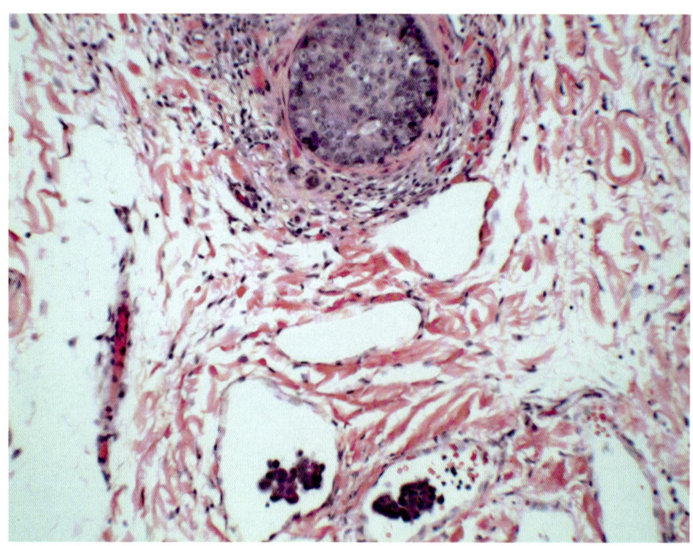

图5.68 犬乳腺癌伴有淋巴管阻塞的活检（10×）

推荐阅读

背部肿物

[1] Raskin RE. Skin and Subcutaneous Tissues. In Canine and Feline Cytology; A Color Atlas and Interpretation Guide. 3rd ed. Raskin and Meyer. 2016. Elsevier. St. Louis. 34-90.

[2] Fisher DJ. Cutaneous and Subcutaneous Lesions. In Cowell and Tyler's Diagnostic Cytology and Hematology of the Dog and Cat.4th ed. Valenciano and Cowell. 2014. 80-109.

[3] Hauck ML. Tumors of the Skin and Subcutaneous Tissues. In In Small Animal Clinical Oncology, 5th ed. Withrow and MacEwen.2013. Elsevier. St. Louis. 305-320.

[4] Mauldin EA, Peters-Kennedy J. Integumentary System. In Jubb, Kennedy and Palmer's Pathology of Domestic Animals. Vol 1. 6th ed.M. Grant Maxie, Editor. Elsevier. St Louis. 2016. 509-736.

皮肤钙质沉着

[1] Gross TL, Ihrke PJ, Walder EJ, Affolter VK. Degenerative, dysplastic and depositional diseases of dermal connective tissue.In Skin Diseases of the Dog and Cat; Clinical and Histopathologic Diagnosis. 2nd ed. 2005. Blackwell Publishing. Oxford. 373-403.

滤泡囊肿

囊状附件肿瘤——毛发上皮瘤，角化棘皮瘤

[1] de Lorimier LP. Hair Follicle Tumors. In Blackwell's Five-Minute Veterinary Consult: Canine and Feline. 5th ed. Tilley LP and Smith FWK, Jr. 2011. John Wiley & Sons, Inc. West Sussex, UK. 528.

[2] Gross TL, Ihrke PJ, Walder EJ, and Affolter VK. Follicular Tumors. In Skin Diseases of the Dog and Cat; Clinical and Histopathologic Diagnosis. 2nd ed. 2005. Blackwell Publishing. Oxford. 604-640.

顶泌腺瘤

顶泌腺和皮脂腺癌

[1] de Lorimier LP. Adenocarcinoma, Skin (Sweat Gland, Sebaceous). In Blackwell's Five-Minute Veterinary Consult: Canine and Feline. 5th ed. Tilley LP and Smith FWK, Jr. 2011. John Wiley & Sons, Inc. West Sussex, UK. 31.

[2] Gross TL, Ihrke PJ, Walder EJ, Affolter VK. Sweat gland Tumors. In Skin Diseases of the Dog and Cat; Clinical and Histopathologic Diagnosis. 2nd ed. 2005. Blackwell Publishing. Oxford. 665-694.

脂肪瘤

[1] Gross TL, Ihrke PJ, Walder EJ, Affolter VK. Lipocytic Tumors. In Skin Diseases of the Dog and Cat; Clinical and Histopathologic Diagnosis. 2nd ed. 2005. Blackwell Publishing. Oxford. 766-777.

[2] Mutsaers AJ. Lipoma. In Blackwell's Five-Minute Veterinary Consult: Canine and Feline. 5th ed. Tilley LP and Smith FWK, Jr. 2011.John Wiley & Sons, Inc. West Sussex, UK. 752.

犬高分化梭形细胞增生

[1] Gross TL, Ihrke PJ, Walder EJ, Affolter VK. Diseases of the Panniculus. In Skin Diseases of the Dog and Cat; Clinical and Histopathologic Diagnosis. 2nd ed. 2005. Blackwell Publishing. Oxford. 538-558.

[2] Kuntz CA, Dernell WS, Powers BE, et al. JAVMA. 1997. 211:1147-1151.

中等级犬梭形细胞瘤

高等级犬梭形细胞瘤

猫梭形细胞瘤

[1] Gross TL, Ihrke PJ, Walder EJ, Affolter VK. Fibrous Tumors. In Skin Diseases of the Dog and Cat; Clinical and Histopathologic Diagnosis. 2nd ed. 2005. Blackwell Publishing. Oxford. 710-734.

[2] Gross TL, Ihrke PJ, Walder EJ, Affolter VK. Perivascular Tumors. In Skin Diseases of the Dog and Cat; Clinical and Histopathologic Diagnosis. 2nd ed. 2005. Blackwell Publishing. Oxford. 759-765.

[3] Gross TL, Ihrke PJ, Walder EJ, and Affolter VK. Smooth Muscle and Skeletal Muscle Tumors. In Skin Diseases of the Dog and Cat; Clinical and Histopathologic Diagnosis. 2nd ed. 2005. Blackwell Publishing. Oxford. 778-785.

[4] Gross TL, Ihrke PJ, Walder EJ, Affolter VK. Neural and Perineural Tumors. In Skin Diseases of the Dog and Cat; Clinical and Histopathologic Diagnosis. 2nd ed. 2005. Blackwell Publishing. Oxford. 786-796.

[5] Gross TL, Ihrke PJ, Walder EJ, and Affolter VK. Other MesenchymalTumors. In Skin Diseases of the Dog and Cat; Clinical and Histopathologic Diagnosis. 2nd ed. 2005. Blackwell Publishing. Oxford. 797-812.

[6] Kuntz CA, Dernell WS, Powers BE, et al. JAVMA. 1997. 211:1147-1151.

[7] Liptak JM, Forrest LJ. Soft Tissue Sarcomas. In Small Animal Clinical Oncology, 5th ed. Withrow and MacEwen. 2013. Elsevier.St. Louis. 356-380.

[8] Morrison WB. Vaccine-Associated Sarcoma. In Blackwell's Five-Minute Veterinary Consult: Canine and Feline. 5th ed. Tilley LP and Smith FWK, Jr. 2011. John Wiley & Sons, Inc. West Sussex, UK. 1284-85.

犬皮肤淋巴瘤

[1] Gross TL, Ihrke PJ, Walder EJ, Affolter VK. Lymphocytic Tumors. In Skin Diseases of the Dog and Cat; Clinical and Histopathologic Diagnosis. 2nd ed. 2005. Blackwell Publishing. Oxford. 866-893.

[2] Torres S. Lymphoma, Cutaneous Epitheliotropic. In Blackwell's Five-Minute Veterinary Consult: Canine and Feline. 5th ed. Tilley LP and Smith FWK, Jr. 2011. John Wiley & Sons, Inc. West Sussex, UK. 780.

MCT

[1] Gross TL, Ihrke PJ, Walder EJ, Affolter VK. Mast Cell Tumors. In Skin Diseases of the Dog and Cat; Clinical and Histopathologic Diagnosis. 2nd ed. 2005. Blackwell Publishing. Oxford. 853-865.
[2] London CA, Thamm DH. Mast Cell Tumors. In Small Animal Clinical Oncology, 5th ed. Withrow and MacEwen. 2013. Elsevier.St. Louis. 335-355.
[3] Wilson-Robles HM. Mast Cell Tumors. In Blackwell's Five-Minute Veterinary Consult: Canine and Feline. 5th ed. Tilley LP and Smith FWK, Jr. 2011. John Wiley & Sons, Inc. West Sussex, UK. 795-796.

犬组织细胞瘤

组织细胞增多症

[1] Clifford CA. Histiocytoma. In Blackwell's Five-Minute Veterinary Consult: Canine and Feline. 5th ed. Tilley LP and Smith FWK, Jr.2011. John Wiley & Sons, Inc. West Sussex, UK. 585.
[2] Clifford CA, Skorupski KA, Moore PF. Histiocytic Diseases. In Small Animal Clinical Oncology, 5th ed. Withrow and MacEwen.2013. Elsevier. St. Louis. 706-715.
[3] Gross TL, Ihrke PJ, Walder EJ, Affolter VK. Histiocytic Tumors. In Skin Diseases of the Dog and Cat; Clinical and Histopathologic Diagnosis. 2nd ed. 2005. Blackwell Publishing. Oxford. 837-852.
[4] Hirako A, Sugiyama A, Sakurai M, et al. Cutaneous histiocytic sarcoma with E-cadherin expression in a Pembroke Welsh Corgi dog.2015. JVDI 27:589-595.

尾根背侧肿物

[1] Hauck ML. Tumors of the Skin and Subcutaneous Tissues. In Small Animal Clinical Oncology, 5th ed. Withrow and MacEwen.2013. Elsevier. St. Louis. 305-320.

毛母质瘤

[1] Gross TL, Ihrke PJ, Walder EJ, Affolter VK. Follicular Tumors. In Skin Diseases of the Dog and Cat; Clinical and Histopathologic Diagnosis. 2nd ed. 2005. Blackwell Publishing. Oxford. 604-640.

黑色素瘤

[1] Bergman PJ, Kent MS, Farese JP. Melanoma. In In Small Animal Clinical Oncology, 5th ed. Withrow and MacEwen. 2013. Elsevier.St. Louis. 305-320.
[2] Gross TL, Ihrke PJ, Walder EJ, Affolter VK. Melanocytic Tumors. In Skin Diseases of the Dog and Cat; Clinical and Histopathologic Diagnosis. 2nd ed. 2005. Blackwell Publishing. Oxford. 813-836.

皮脂腺瘤

肛周腺瘤

[1] Gross TL, Ihrke PJ, Walder EJ, and Affolter VK. Sebaceous Tumors. In Skin Diseases of the Dog and Cat; Clinical and Histopathologic Diagnosis. 2nd ed. 2005. Blackwell Publishing. Oxford. 641-664.
[2] Turek MM, Withrow SJ. Perianal tumors. In Small Animal Clinical Oncology, 5th ed. Withrow and MacEwen. 2013. Elsevier.St. Louis. 423-431.

腹侧皮肤及皮下组织血管病变

血管瘤

血管肉瘤

[1] Clifford C. Hemangiosarcoma, Skin. In Blackwell's Five-Minute Veterinary Consult: Canine and Feline. 5th ed. Tilley LP and Smith FWK, Jr. 2011. John Wiley & Sons, Inc. West Sussex, UK. 544.
[2] Gross TL, Ihrke PJ, Walder EJ, Affolter VK. Vascular Tumors. In Skin Diseases of the Dog and Cat; Clinical and Histopathologic Diagnosis. 2nd ed. 2005. Blackwell Publishing. Oxford. 735-758.
[3] Robinson WF, Robinson NA. Cardiovascular System. In Jubb, Kennedy and Palmer's Pathology of Domestic Animals. Vol 3. 6th ed.M. Grant Maxie, Editor. Elsevier. St Louis. 2016. 1-101.
[4] Thamm DH. Hemangiosarcoma. In Small Animal Clinical Oncology, 5th ed. Withrow and MacEwen. 2013. Elsevier. St.

Louis.679-688.

乳腺肿物

[1] Allison RW. Subcutaneous Glandular Tissue: Mammary, Salivary, Thyroid, and Parathyroid. In Cowell and Tyler's Diagnostic Cytology and Hematology of the Dog and Cat. 4th ed. Valenciano and Cowell. 110-130.
[2] Schlafer DH, Foster RA. Female Genital System. In Jubb, Kennedy and Palmer's Pathology of Domestic Animals. Vol 3. 6th ed.M. Grant Maxie editor. Elsevier. St Louis. 2016. 358-464.
[3] Sorenmo KU, Worley DR, Goldschmidt MH. Tumors of the Mammary Gland. In Small Animal Clinical Oncology, 5th ed. Withrow and MacEwen. 2013. Elsevier. St. Louis. 538-556.
[4] Solano-Gallego L, Masserdotti C. Reproductive System. In Canine and Feline Cytology; A Color Atlas and Interpretation Guide. 3rd ed. Raskin and Meyer. 2016. Elsevier. St. Louis. 313-352.

纤维上皮增生

[1] Root Kustritz MV. Mammary Gland Hyperplasia-Cats. In Blackwell's Five-Minute Veterinary Consult: Canine and Feline. 5th ed.Tilley LP and Smith FWK, Jr. 2011. John Wiley & Sons, Inc. West Sussex, UK. 786.

乳腺癌

[1] Morrison WB. Mammary Gland Tumors-Dogs. In Blackwell's Five-Minute Veterinary Consult: Canine and Feline. 5th ed. Tilley LP and Smith FWK, Jr. 2011. John Wiley & Sons, Inc. West Sussex, UK. 789-790.
[2] Bailey DB. Mammary Gland Tumors-Cats. In Blackwell's Five-Minute Veterinary Consult: Canine and Feline. 5th ed. Tilley LP and Smith FWK, Jr. 2011. John Wiley & Sons, Inc. West Sussex, UK. 787-788.

第6章 胸腔器官病变

心脏肿瘤

心肌及周围组织的肿瘤会导致心肌信号传导障碍，或由心包积液继发引起心肌功能异常。胸腔X线检查会显示心脏部位有大的圆形阴影，心脏超声检查为积液或肿块。如果显示有胸腔积液，FNA检查可能具有非常重要的意义。心脏肿瘤并不常发生，常分为原发性肿瘤（血管肉瘤、化学感受器瘤）和转移性肿瘤（血管肉瘤、恶性淋巴瘤、癌或心脏其他广泛性非典型的转移瘤）。

血管肉瘤

图6.1是犬胸腔左侧位X线检查，显示心脏肥大。

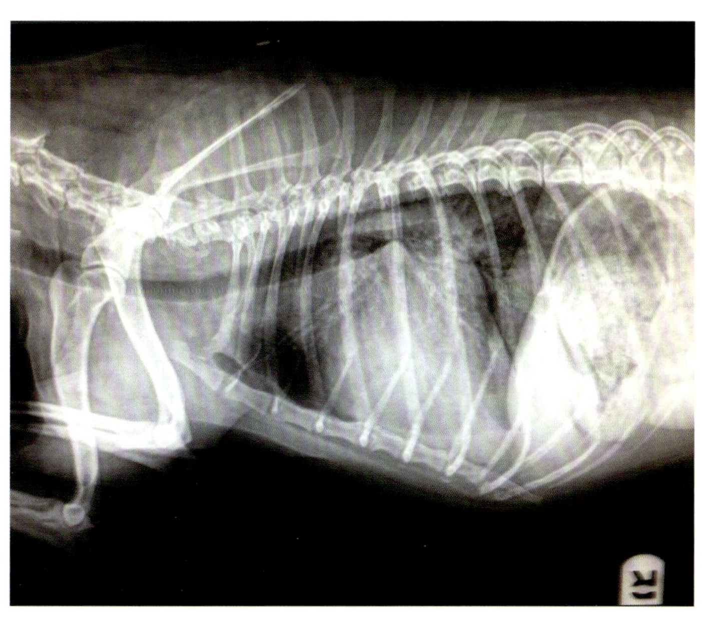

图6.1 犬左侧胸部X线片，显示心脏肥大（由Dr. Laura Hokett提供）

图6.2为犬心包积液，显示急性出血（FNA检查）。出现血小板和缺乏含有血红素的巨噬细胞表明该积液是急性出血导致的。急性出血可能是由心脏或心包膜的血管损伤、凝血病或心脏血管瘤引起的，但也要考虑到FNA操作和医生治疗时引起的出血情况。

图6.3为犬心包积液FNA，显示慢性出血。缺乏血小板和出现含有血红素（箭状指针）的巨噬细胞表明这是慢性出血导致的。

图6.4是一例犬心肌血管肉瘤的活检。患犬为8岁、雄性的拉布拉多犬，超声诊断肿物发生在右心房部位，疑似血管肉瘤并实施了安乐死。剖检时，心脏呈球状，右心房呈斑驳棕褐色/红色/

黑色，并变大、坚硬、增厚，表面有微小结节；切面呈现一个多结节状肿物和血块，并充实于右心房。对典型病变区域进行病理组织学检查时，显示多角形、中等异型性、中等大小的纺锤形细胞呈团块状、海绵状排列，含有大量血细胞，肿物占位性侵入到心房心肌组织；间质有含铁血黄素沉积的巨噬细胞，表明曾经有出血。视野中有丝分裂相为0–1/HPF，一些细胞呈现双核或多核。因此该右心房病变诊断为血管肉瘤。虽然这类肿瘤在发现时往往已发生转移，但右心房是原发性血管肉瘤的常发部位。梗死、出血、心房损伤和心脏栓塞是该肿瘤致死的常见原因。

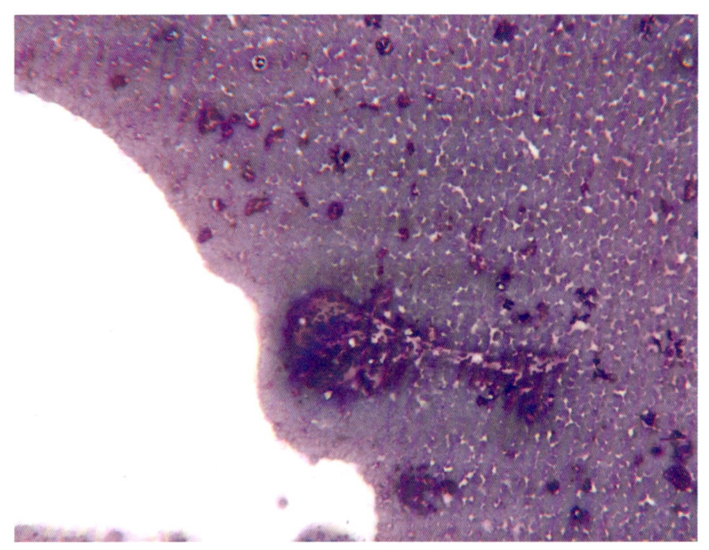

图6.2　心包积液伴有急性出血的FNA（10×）

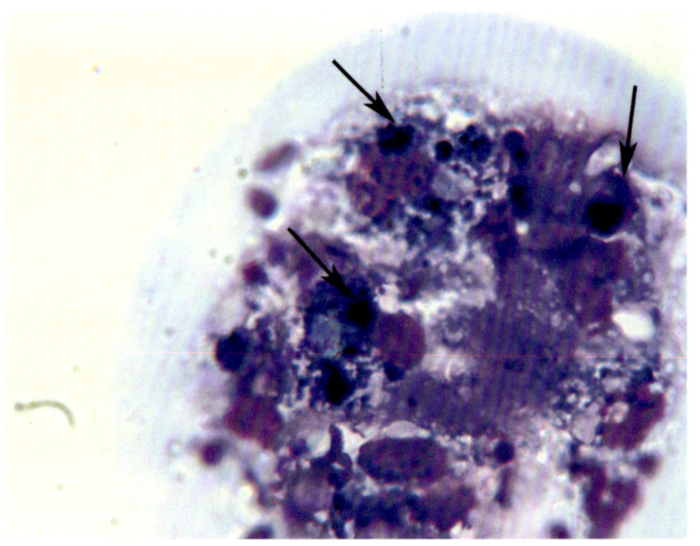

图6.3　犬心包积液伴有慢性出血的FNA（40×）

恶性浆细胞瘤

图6.5是一例犬皮肤恶性浆细胞瘤。一只去势的老年雄性科克猎犬有多个皮肤肿物，FNA显示有大量典型的浆细胞，细胞呈嗜酸性、染色质浓缩、散在多核。很多浆细胞瘤呈现细胞多核、大小不均，但这并不是预后的依据。

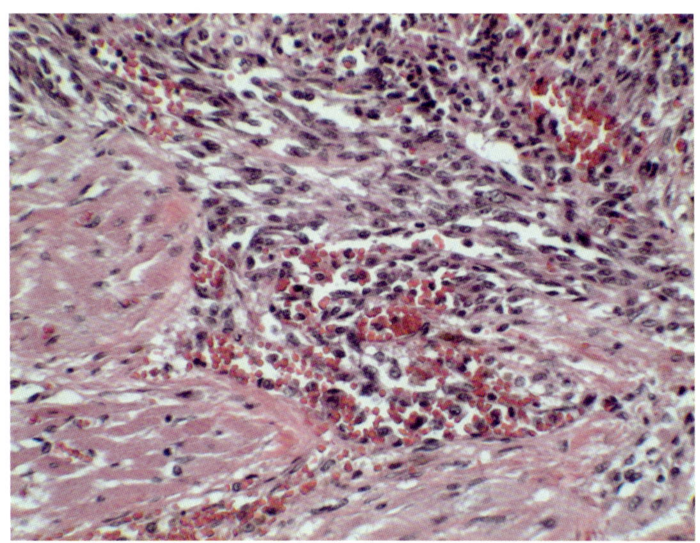

图6.4 犬心肌血管肉瘤的活检（20×）

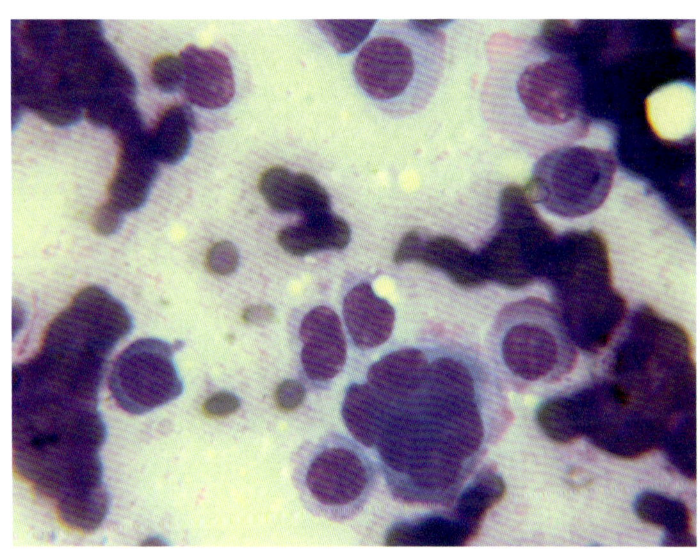

图6.5 犬皮肤恶性浆细胞瘤的FNA（50×）

良性浆细胞瘤也会呈现核多形性和巨分叶核，但该病例为恶性浆细胞瘤，因为该瘤已侵入心脏等多个内脏器官，并且导致患犬致命性心率失常，见图 6.6 和图 6.7。

图 6.6 是恶性浆细胞瘤转移至心包积液中的 FNA 检查。该样本收集于尸检后，时间与图 6.7 一样。左下角的浆细胞同时具有嗜酸性和嗜碱性，是浆细胞的一个谱系。其中，核多叶性是浆细胞瘤的显著特征，核大小不均、染色质浓缩、明显的核仁伴随强嗜碱性细胞质，这些细胞比同一患犬皮肤肿物中的浆细胞更具强侵袭性。

图 6.7 显示该患犬出现了恶性浆细胞瘤并转移至心脏。这例老年雄性已去势的科克猎犬出现心室颤动。在安乐死前 1 周，出现多个与浆细胞瘤相似的皮肤肿物，但主人拒绝了进一步检查。尸体剖检可观察到心脏和腹部器官有白色斑块和结节，侵入心肌的异型细胞形态与患犬其他组织相似。当多部位发生肿瘤的患犬呈现心脏病时，应考虑肿瘤可能转移至心脏，即使该肿瘤与心脏转移不存在典型相关性，也需要进行适当的肿瘤转移至心脏的诊断程序。

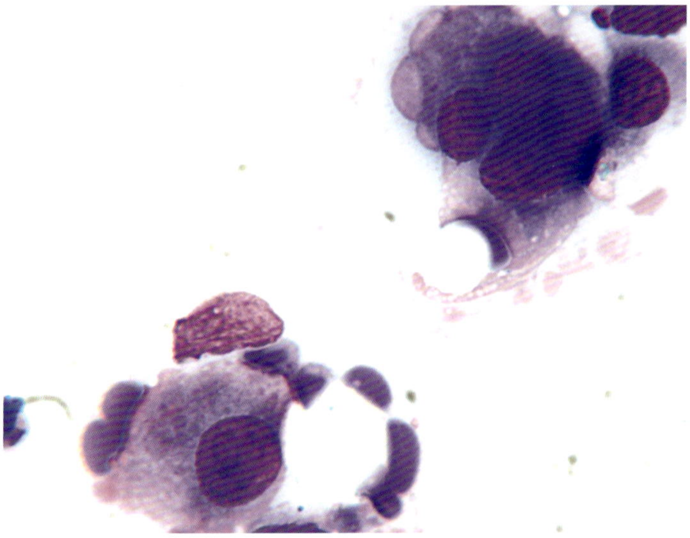

图6.6　恶性浆细胞瘤转移至心包积液的FNA（50×）

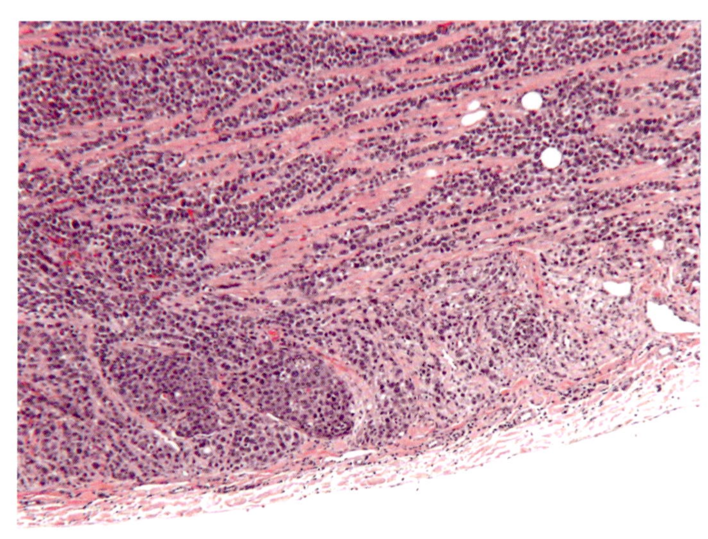

图6.7　尸体剖检显示恶性浆细胞瘤转移至心脏（10×）

肺部肿物病变

肺部疾病能够导致呼吸困难，可通过 X 线检查进行评估。当 X 线检查显示肺部肿物，则检查胸腔积液。若通过积液的细胞学确诊有恶性肿瘤细胞，能够有助于快速地诊断。如果没有胸腔积液，超声引导肿物 FNA 检查可能有助于快速诊断。

肺癌

图 6.8 是胸部侧位 X 线片，显示肺部具有大量散在的结节。

图 6.9 是犬胸腔积液 FNA，显示癌症。一例杂交母犬，胸腔积液 FNA 显示上皮细胞有显著的核大小不均，诊断为癌。注意：这些成簇的典型上皮细胞与附近的中性粒细胞相比，具有更大细胞核，并且巨噬细胞和肌上皮细胞不会呈现这种大小不等的细胞核。

图 6.10 是一例犬肺癌的 FNA。一成年母犬，超声引导抽吸肺部肿物，显示上皮细胞具有核大小不均、核仁明显及细胞质嗜碱性 3 个恶性特征，暗示为癌。

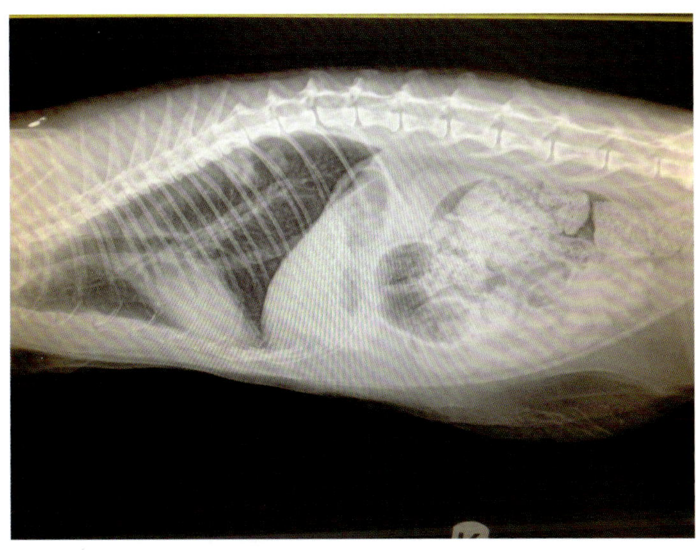

图6.8　胸腔侧位X线片，显示散在肺结节，疑似肿物（由Dr. Laura Hokett提供）

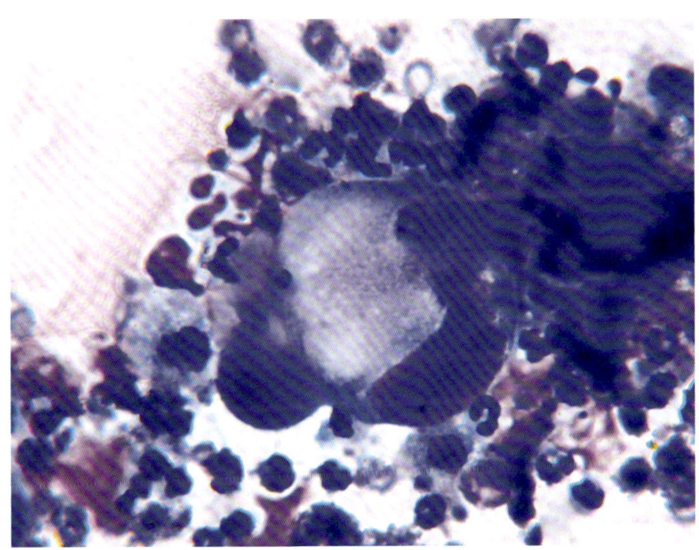

图6.9　犬癌症导致的腹腔积液的FNA（50×）

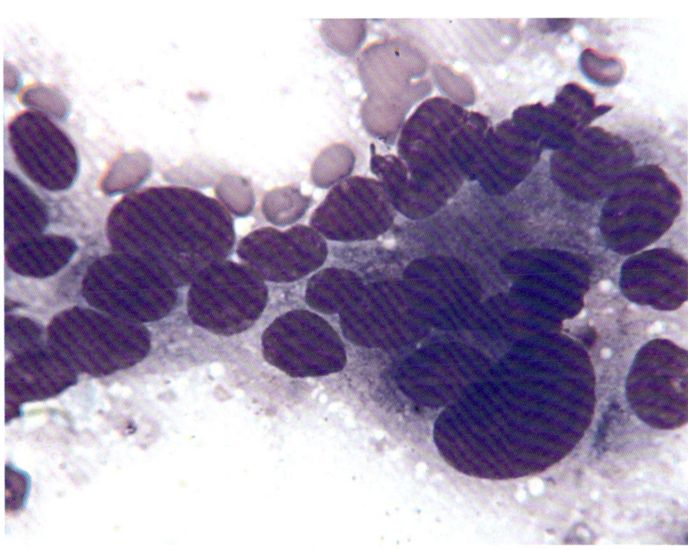

图6.10　肺癌的FNA（50×）

图 6.11 是犬肺腺癌活检。一例 14 岁绝育雌性苏俄牧羊犬，X 线检查发现胸部有疑似肿瘤或真菌感染，从肺部取 3 个样品浸入福尔马林固定。H&E 染色显示肿物位于肺实质，呈多叶状，上皮样细胞较大，呈多形性、柱状、簇状、分枝管状增生，多呈假复层状；细胞表面有泡状和微绒毛结构。肿物间质中有慢性炎性淋巴细胞和浆细胞浸润，未观察到淋巴管或血管内栓塞情况。依据细胞学和增殖形式诊断为原发性肺癌，因为与转移性肺癌进行鉴别诊断时，在其他部位没有观察到肿物，该病例也没有其他部位腺癌的病史（如乳腺等部位）。原发性肺腺癌可能为多中心的，因为肿瘤细胞能够通过淋巴、血管和气管等方式转移至其他部位。

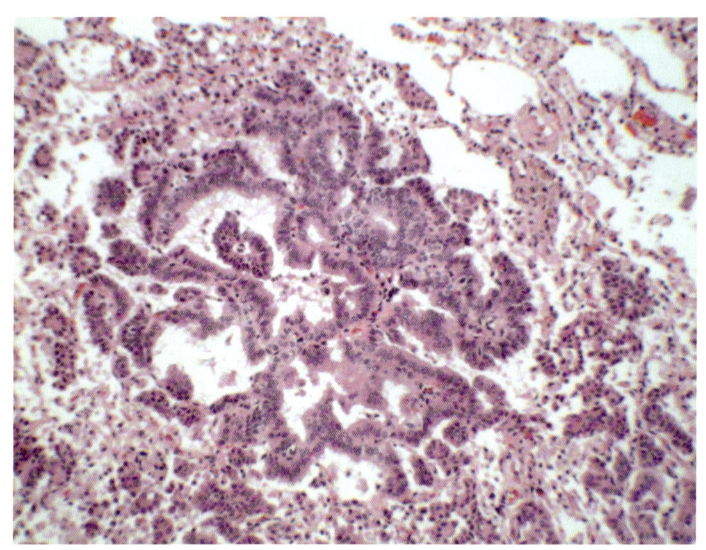

图6.11 犬肺腺癌活检（10×）

肺血管肉瘤

图 6.12 是犬肺血管肉瘤的 FNA。该病例为一例成年雄性魏玛猎犬。通过超声引导 FNA 肺部病变区域，FNA 显示具有稀少的非典型纺锤样和上皮样细胞，细胞呈明显核大小不均，周围有大量红细胞。由于肺部血管分布特性，正常肺部抽吸物也会含有散在或中等程度的红细胞。通常，FNA 很难取到肿瘤内皮细胞，因此即使视野中只有 1 个内皮细胞呈现细胞核大小不均，也应该考虑血管肉瘤发生的可能性。可以通过组织病理学进一步精确诊断。

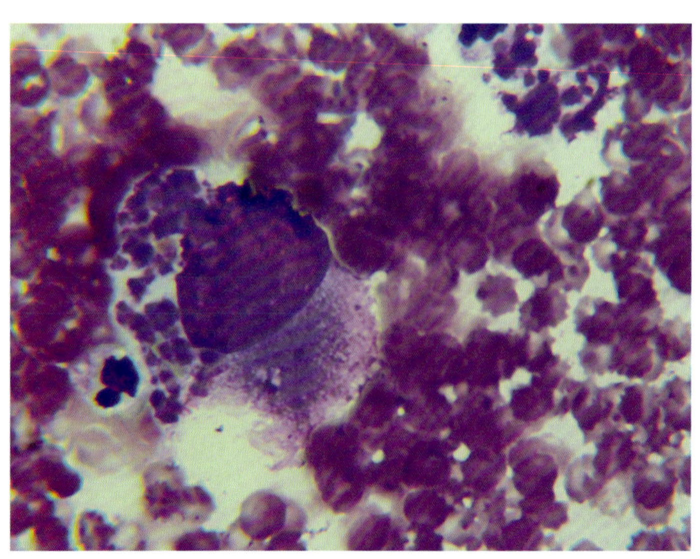

图6.12 犬肺部血管肉瘤的FNA（10×）

图 6.13 是犬肺部血管肉瘤的活检。一例 10 岁绝育雌性比熊犬，表现精神状态差、厌食、发抖等症状。胸部 X 线检查显示肿瘤转移至肺部，最终选择安乐死。剖检显示肿瘤发生转移，并且发生在右侧心脏；肺部和心脏肌肉处含有很多大小不等的结节。肺实质有多处出血和坏死区域，坏死中心有大量中性粒细胞。肿瘤组织由多角形细胞组成，细胞和细胞核大小不等，有 1–3 个大核仁，中等程度的嗜酸性细胞质。有丝分裂相较多，常见多核。大量肿瘤细胞以边界不清的簇状或片状排列，肿瘤结节中有大量出血；肺组织周围增生严重，为间质性肺炎。肿瘤细胞引起的毛细血管和淋巴管栓塞比较常见。心肌赘生物与肺部肿瘤相似，心肌血管肿瘤血栓形成。该肿瘤为分化较差的血管肉瘤。这类肿瘤能够原发于很多组织，并能通过血管和淋巴转移至其他组织和器官。

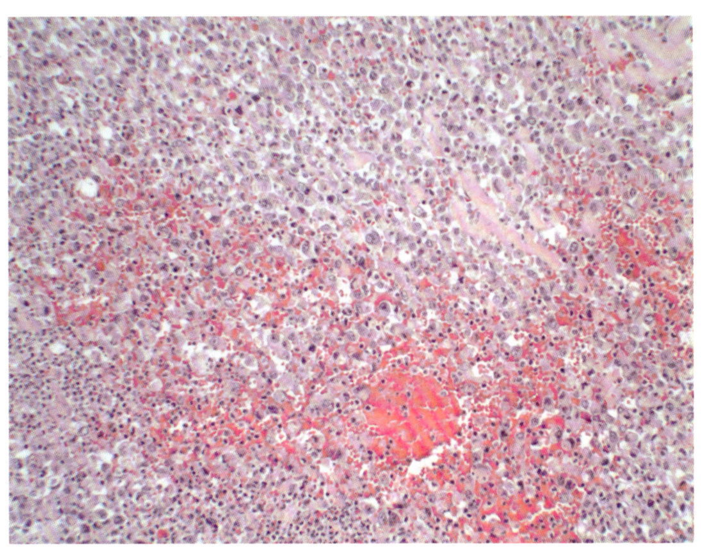

图6.13　犬肺部血管肉瘤H&E染色（10×）

肺腺瘤

图 6.14 是一例猫左侧位胸部 X 线片，显示弥漫性结节性疾病，为典型的进行性组织细胞浸润。

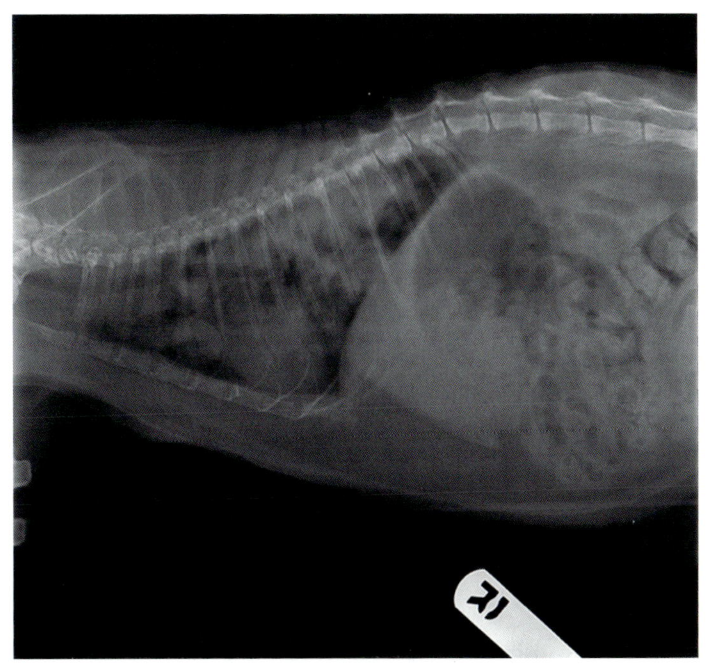

图6.14　猫左胸腔X线片，显示有散在的结节（由Dr. Barbara Larsen提供）

图 6.19 显示猫间质淋巴瘤的 FNA 检查。一例 2 岁去势猫呼吸窘迫，超声介导 FNA 显示大量比中性粒细胞大的圆形细胞，具有完整的细胞膜，可见核仁、较少或中等程度的嗜碱性细胞质。图中左下角可看到有丝分裂相（箭状指针）。注意有一些像细胞核仁的破裂细胞，其染色质与细胞核非常像，因此在诊断时需要明确这些特点。

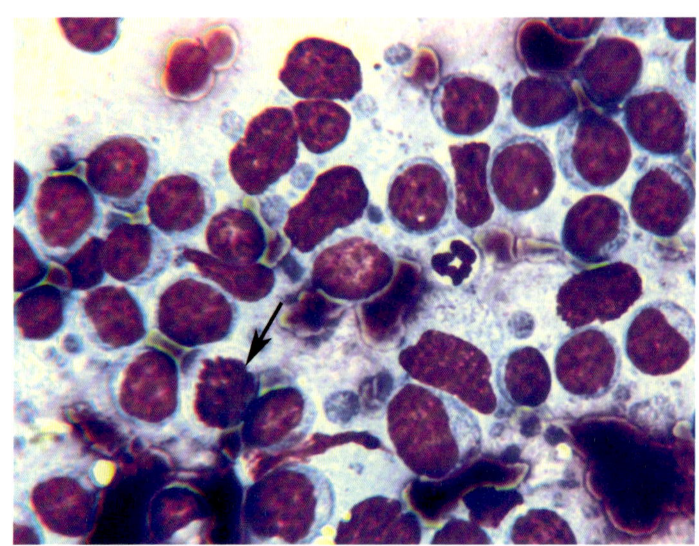

图6.19　猫纵隔恶性淋巴瘤FNA（10×）

图 6.20 显示纵隔恶性淋巴瘤 H&E 染色。一例 4 岁去势雄性家养短毛猫严重呼吸困难，初步怀疑为胸腔肿瘤，实施安乐死后经病理剖检发现胸腔内有大量积液和一个 3in* 左右的肿物，疑似淋巴瘤。病理学检查诊断为恶性淋巴瘤，细胞大小不一、分化程度高，散在混合分布，中等有丝分裂相。组织学上无淋巴结或胸腺结构。肿块由呈淋巴样的多形性但均一的多角形和圆形细胞组成；细胞核是红细胞的 1–2 倍，较大的细胞核有较大的核仁，其他细胞有多个小的核仁；有丝分裂相为 0–4/HPF，因此确诊为纵隔恶性淋巴瘤。呼吸困难是由肿瘤的占位性病变导致。恶性淋巴瘤是一种多发性疾病，可以起始于胸腔内胸腺或前纵隔淋巴结。

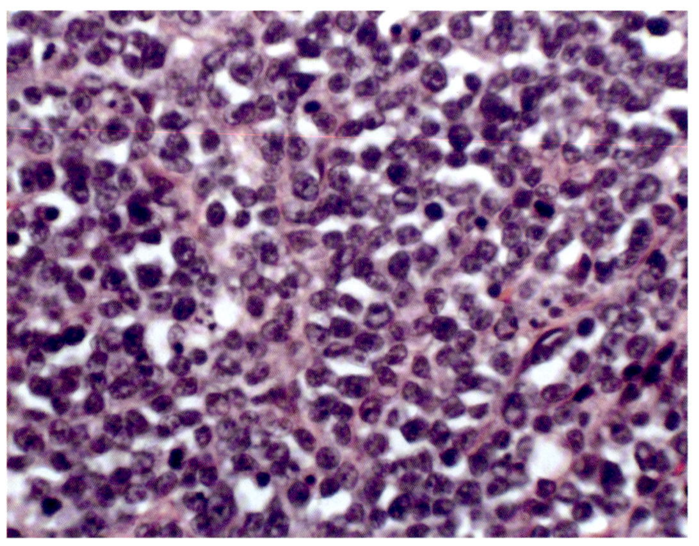

图6.20　猫纵隔恶性淋巴瘤（40×）

*in 为非法定计量单位，1in=2.54cm。

胸腺瘤

图 6.21 显示一例犬胸腺瘤的 FNA 检查。在视野中可见很多小至中等的淋巴细胞，进一步的病理切片检查有助于鉴别反应性淋巴结和淋巴增生。

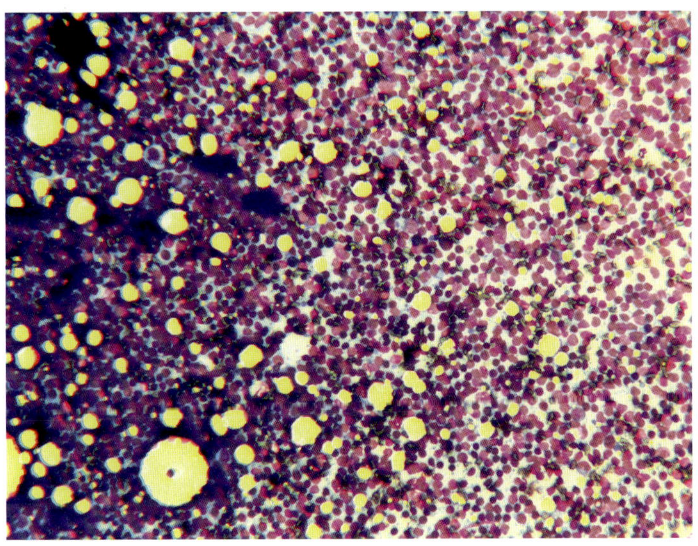

图6.21 犬胸腺瘤FNA（10×）

图 6.22 显示一例犬胸腺瘤的活检。一例 7 岁半绝育的马雷马牧羊犬体重显著下降，饮食减少。胸腔 X 线片显示前纵隔有巨大的肿块压迫食管，之后在前纵隔区切除掉一个 2lb* 重、中心坏死的肿块。未见肺部和胸腔内淋巴结转移。纤维结缔组织将肿瘤组织分割成不规则小叶，上皮细胞呈片状和巢状排列。主要的细胞类型是中等大小、均匀的多角形上皮细胞，有中等大小的圆形核，染色质位于边缘，核仁小；细胞质中等，呈嗜酸性、透明、泡沫状或微颗粒状；未见有丝分裂相；上皮细胞偶见囊状排列，未见 Hassall 小体，小淋巴细胞聚集于上皮细胞之间。细胞类型主要分为 2 种：小淋巴细胞及与表皮细胞相似的圆形细胞。

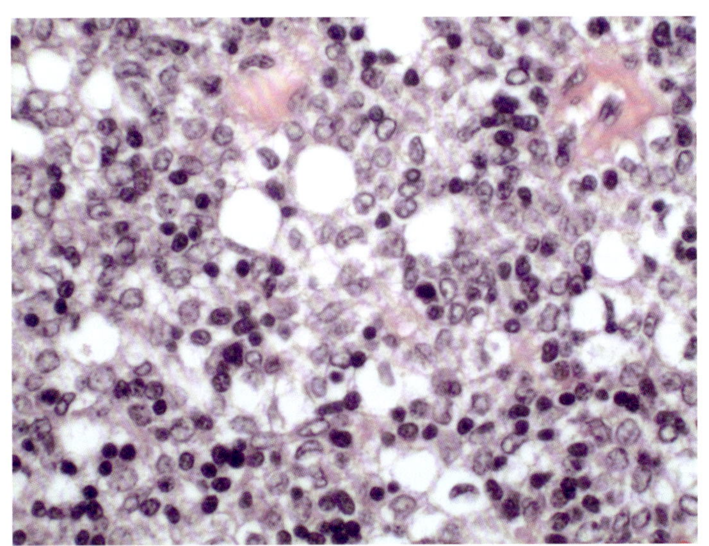

图6.22 犬胸腺瘤活检（10×）

*lb 为非法定计量单位，1lb=0.454kg。

图 6.23 显示一例犬复发的胸腺瘤活检。肿瘤于 1 年后复发，肿物内没有淋巴细胞，由中等大小的多形细胞组成，胞核大小适中，核仁小或不明显，胞质呈中等程度嗜酸性或空泡状；中等程度的核分裂相；有多灶性缺血性坏死和囊性病变，但这不是典型的病变。未发现转移，但由于该肿瘤恶性的细胞学特征以及高复发性，最终选择了安乐死。

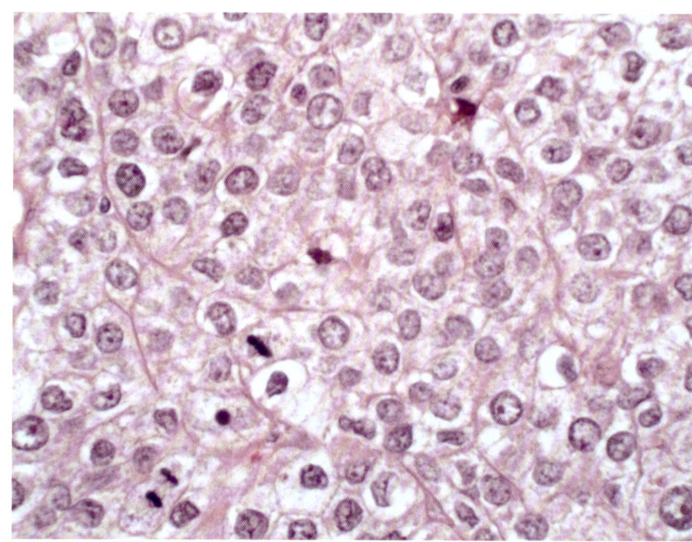

图6.23 犬恶性胸腺瘤活检（40×）

推荐阅读

[1] Thompson CA, Rebar AH. Body Cavity Effusions. In Canine and Feline Cytology; A Color Atlas and Interpretation Guide. 3rd ed. Raskin and Meyer. 2016. Elsevier. St. Louis. 191-219.

心脏肿瘤

[1] Robinson WF, Robinson NA. Cardiovascular System. In Jubb, Kennedy, and Palmer's Pathology of Domestic Animals. Vol 3. 6th ed. M. Grant Maxie, Editor. Elsevier. St Louis. 2016. 1-101.

[2] Kisseberth, WC. Neoplasia of the Heart. In Small Animal Clinical Oncology, 5th ed. Withrow and MacEwen. 2013. Elsevier. St. Louis. 700-706.

血管肉瘤

[1] Morrison WB. Hemangiosarcoma, Heart. In Blackwell's Five-Minute Veterinary Consult: Canine and Feline. 5th ed. Tilley LP and Smith FWK, Jr. 2011. John Wiley & Sons, Inc. West Sussex, UK. 543.

肺部肿瘤病理

[1] Burkhard MJ. Respiratory Tract. In Canine and Feline Cytology; A Color Atlas and Interpretation Guide. 3rd ed. Raskin and Meyer. 2016. Elsevier. St. Louis. 138-190.

[2] Caswell JL, Williams KJ. Respiratory System. In Jubb, Kennedy, and Palmer's Pathology of Domestic Animals. Vol 2. 6th ed. M. Grant Maxie, Editor. Elsevier. St Louis. 2016. 465-591.

[3] Grimes CN, Fry MM, LeBlanc CJ, Hecht S. The Lung and Intrathoracic Structures. In Cowell and Tyler's Diagnostic Cytology and Hematology of the Dog and Cat. 4th ed. Valenciano and Cowell. 2014. 291-311.

[4] Rebhun RB, Culp WTN. Pulmonary Neoplasia. In Small Animal Clinical Oncology, 5th ed. Withrow and MacEwen. 2013. Elsevier. St. Louis. 453-462.

肺癌

[1] Selting KA. Adenocarcinoma, Lung. In Blackwell's Five-Minute Veterinary Consult: Canine and Feline. 5th ed. Tilley LP

and Smith FWK, Jr. 2011. John Wiley & Sons, Inc. West Sussex, UK. 25.

纵隔肿瘤

[1] Grimes CN, Fry MM, LeBlanc CJ, Hecht S. The Lung and Intrathoracic Structures. In Cowell and Tyler's Diagnostic Cytology and Hematology of the Dog and Cat. 4th ed. Valenciano and Cowell. 2014. 291-311.
[2] Raskin RE. Hemolymphatic System. In Canine and Feline Cytology; A Color Atlas and Interpretation Guide. 3rd ed. Raskin and Meyer. 2016. Elsevier. St. Louis. 91-137.
[3] Valli VEO, Kiupel M, Bienzle D. Hematopoietic System. In Jubb, Kennedy, and Palmer's Pathology of Domestic Animals. Vol 3. 6th ed. M. Grant Maxie, Editor. Elsevier. St Louis. 2016. 102-268.

纵隔恶性淋巴瘤

[1] Morrison WB. Lymphoma-Dogs. In Blackwell's Five-Minute Veterinary Consult: Canine and Feline. 5th ed. Tilley LP and Smith FWK, Jr. 2011. John Wiley & Sons, Inc. West Sussex, UK. 778-779.
[2] Selting KA. Lymphoma-Cats. In Blackwell's Five-Minute Veterinary Consult: Canine and Feline. 5th ed. Tilley LP and Smith FWK, Jr. 2011. John Wiley & Sons, Inc. West Sussex, UK. 776-77.
[3] Vail D. Feline Lymphoma and Leukemia. In Small Animal Clinical Oncology, 5th ed. Withrow and MacEwen. 2013. Elsevier. St. Louis. 638-653.
[4] Vail D, Pinkerton ME, Young KE. Canine Lymphoma and Lymphoid Leukemias. In Small Animal Clinical Oncology, 5th ed. Withrow and MacEwen. 2013. Elsevier. 608-638.

胸腺瘤

[1] De Mello Souza CH. Thymoma. In Small Animal Clinical Oncology, 5th ed. Withrow and MacEwen. 2013. Elsevier. St. Louis. 688-691.
[2] Selting KA. Thymoma. In Blackwell's Five-Minute Veterinary Consult: Canine and Feline. 5th ed. Tilley LP and Smith FWK, Jr. 2011. John Wiley & Sons, Inc. West Sussex, UK. 1231.

第7章 腹部脏器病变

导致肝脏肿大的疾病

血清中存在与肝细胞稳态或功能相关的化合物，若出现异常，往往是肝病的首要指征。如果一个看似健康的患病动物，其血清丙氨酸氨基转移酶、碱性磷酸酶、胆红素、γ 谷氨酸转移酶或胆汁酸出现升高的现象，则需要寻找潜在的肝脏或代谢性疾病。可通过对肝实质的 FNA 来评估 X 线或超声检查中发现的肝脏大小和均质性的变化。空泡性肝病是皮质醇增多症的常见结果，可导致肝脏明显肿大。诸如再生结节、肝细胞瘤、淋巴肉瘤和胆管瘤等病变，通常需要进行活检才能确诊，但是由 FNA 作出的初步诊断对后续的诊断思路是有用的。血管瘤需要通过活检才能确诊。

空泡性肝病

图 7.1 是犬腹部 X 线片，显示肝脏和脾脏肿大。正在使用高剂量皮质类固醇激素治疗这只成年已绝育雌性马尔济斯犬的免疫介导性溶血性贫血，其中肝脏肿大是类固醇性肝病的典型特征。

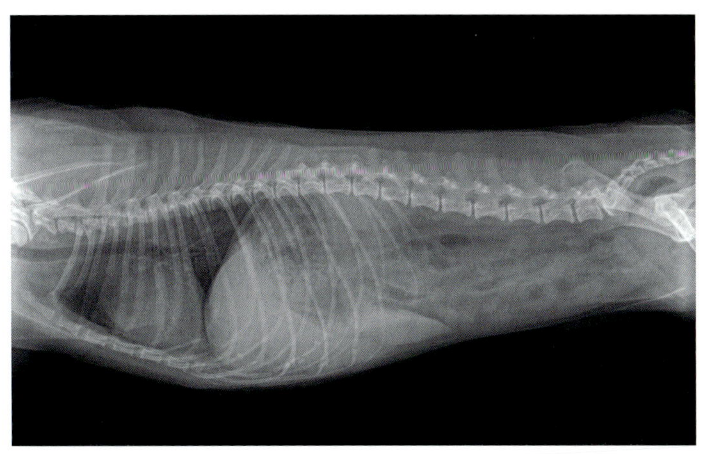

图7.1 犬腹部X线片显示肝脏和脾脏肿大（由Laura Hokett博士提供）

图 7.2 显示了一例正常犬的肝脏 FNA。这种典型肝细胞簇的核较小且轻微大小不均，具有轻微的嗜碱性至双染性细胞质。肝脏是代谢活跃的器官，因此若在健康的肝脏中看到多个小的核仁和少量双核细胞，则提示存在再生反应。图中肝细胞没有空泡样变化。

图 7.3 显示了一例空泡性肝病犬的肝脏 FNA。在成年雌性马尔济斯犬的这些肝细胞群中看到的泡沫状细胞质，被称为肝脏空泡样变。大小不等的空泡在肝细胞内弥漫和广泛分布，这可能是由糖尿病或皮质醇增多症等全身性疾病引起的。空泡化肝细胞局灶性结节可见于结节性再生、肝细胞腺瘤和肝细胞癌。FNA 不能区分这些疾病，需通过活检评估肝结构从而更准确诊断疾病过程。

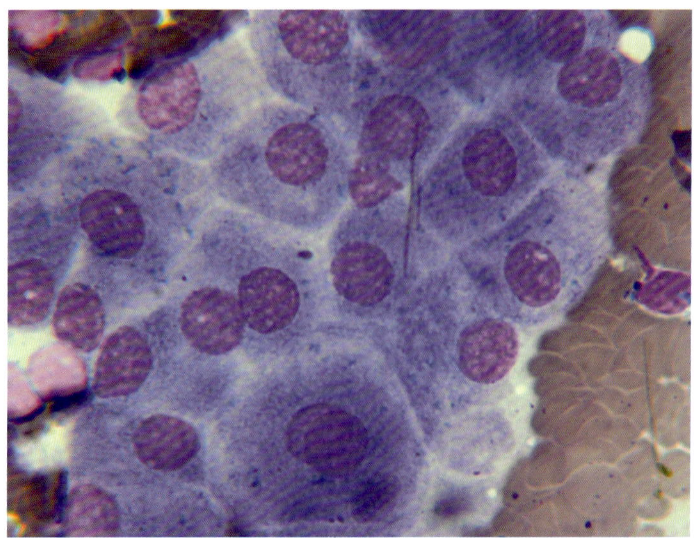

图7.2 正常犬肝脏的FNA（50×）

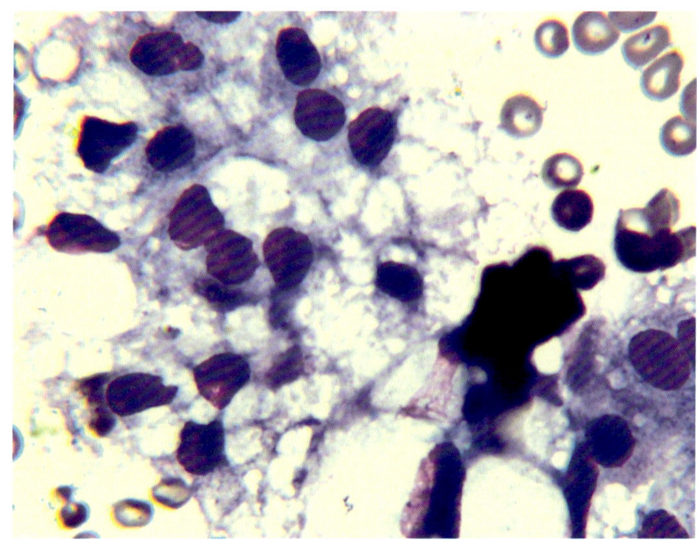

图7.3 空泡性肝病犬的FNA（50×）

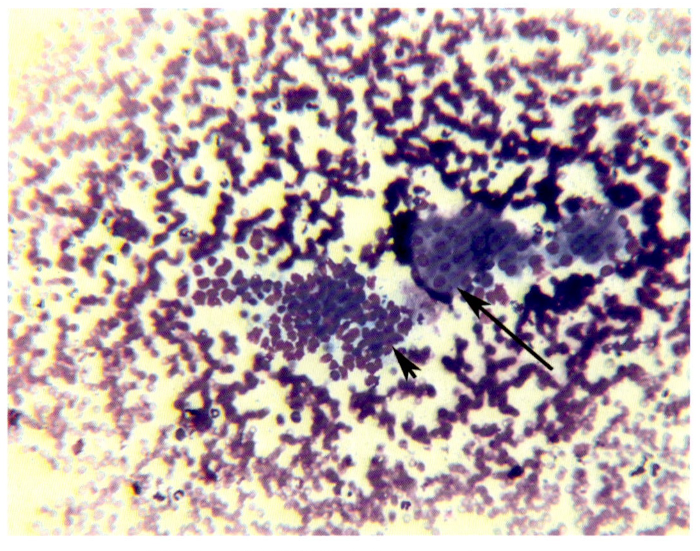

图7.4 肝脏胆管增生犬的FNA（10×）

胆管增生

图 7.4 为一例犬胆管增生的 FNA。一只成年已绝育雄性混种犬，其血清碱性磷酸酶水平升高，X 线片显示肝脏肿大。肝脏 FNA 显示血液背景中散在的中性粒细胞和小淋巴细胞，以及存在典型肝细胞团块（箭状指针）和较小的立方胆管上皮细胞（箭头）。有少量的核大小不均，并且细胞具有典型胆管上皮细胞的特征——细胞质少。这种管状细胞簇不会在正常组织中出现，且根据其单形小核，细胞学初步诊断为增生。鉴于分化癌也会具有这种细胞学表现，因此需通过活检来确诊。

图 7.5 为一例轻度空泡性肝病伴胆管增生犬的活检。一只 4 岁的混种犬死亡后，尸体解剖发现严重的慢性肾脏疾病的组织学证据。肝脏评估显示弥漫性轻度肝细胞空泡样改变，结构呈轻微结节状，并伴有肥大的上皮细胞（箭状指针）排列的胆管门静脉增生。诊断为胆管增生，病因不明。

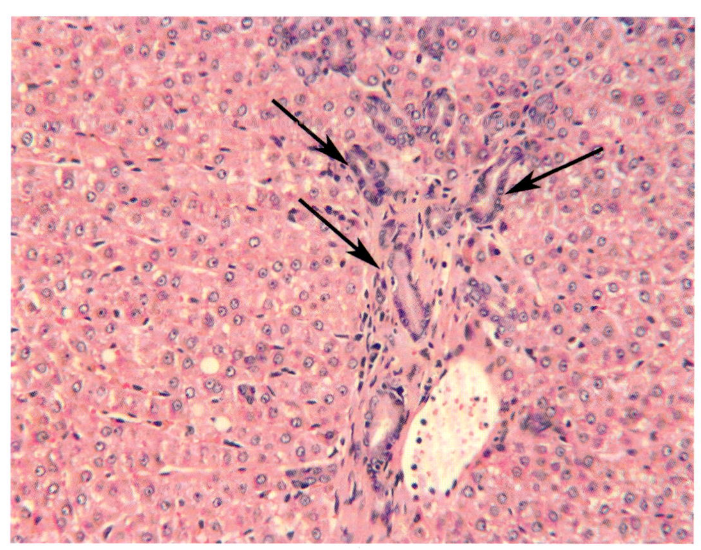

图7.5　胆管增生和轻度空泡性肝病犬的活检（10×）

肝细胞瘤形成

图 7.6 是一例犬肝细胞瘤的活检。一只 11 岁的雌性已绝育马尔济斯犬出现消化道症状。腹部超声检查发现左肝外侧叶有直径 6cm 的肿块，剖腹探查发现其附着于胃壁。将病变肝叶切除，并切除部分胃浆膜肌层。在组织学上，肿块被确定是肝细胞瘤或高分化的肝细胞癌，伴有多灶性和合并性的缺血性坏死。肿块边界清楚但无完整包膜，由分化良好并且细胞及核大小差异小的肝细胞所形成的狭窄小梁组成，内有大量不规则的缺血性坏死灶，局部严重充血甚至出血。在整个肿块中，有的肝细胞含有脂质，并且表现出轻度的空泡变性。MI=0/10HPF，尽管存在具有双核的细胞，但大多数细胞是单核的。邻近的肝实质部分受压，表现为中度铁血黄素沉着和脂褐质沉着。在这种情况下，大的肝脏肿物已经耗尽其血液供应，但其细胞仍然分化良好，分裂速率低。肿块边界清楚但无完整包膜。因此，它很可能是一种大的肝细胞癌。然而，在组织学上难以区分肝细胞瘤与高分化的肝细胞癌。完全切除可能可以根治，但建议认真随访。

图 7.7 是一例犬肝细胞癌的活检。一只 11 岁的雄性已去势拉布拉多猎犬混种犬近几周出现异常。在前腹部触诊到一个大的肿块，剖腹探查发现一个质地较脆、直径约 25cm 的不规则圆形肿块，累及左侧内侧肝叶。手术切除后，挑选其中部分组织用福尔马林固定以进行病理学检查。这是一例分化良好的肝细胞癌，伴有多灶性缺血性和出血性坏死、囊性变性和出血。肿块由呈多角形的肝细胞组成，异型性小，这些肝细胞通常伴有含脂质沉着的空泡样变性。大多数细胞含单个核，偶见含 1 个以上核的细胞，有丝分裂相少。细胞排列呈团块状、片状和不规则的条状，无门管区。周围受

压的肝实质纤维化，其中的肝细胞发生严重的空泡变性。及时完全切除可以治愈，然而这些肿瘤在切除后容易复发，最终通过血管和淋巴管转移，偶尔转移至腹腔。

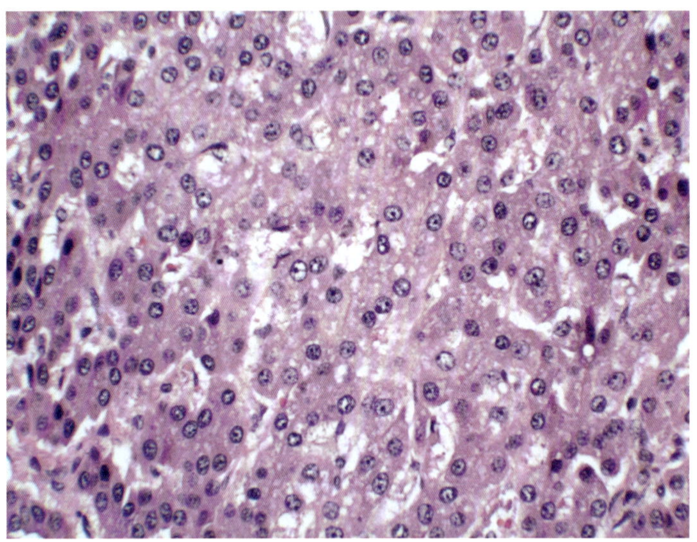

图7.6 犬肝细胞瘤活检（20×）

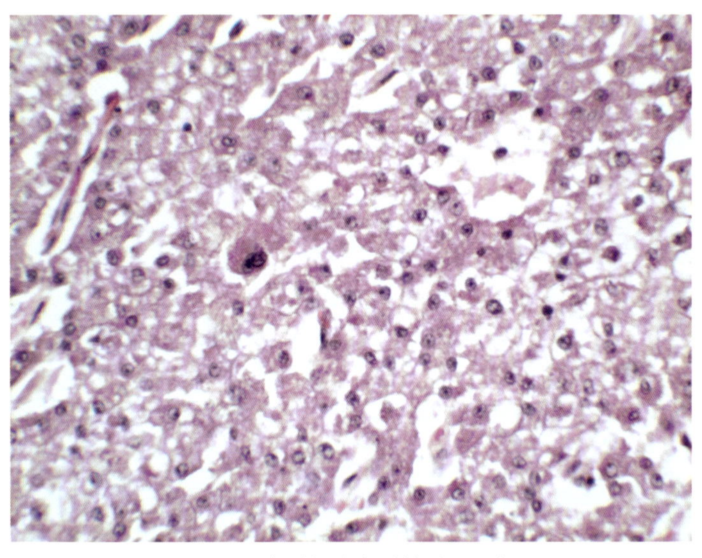

图7.7 犬肝细胞癌活检（20×）

胆管癌

图 7.8 显示了一例猫胆管癌的 FNA 结果。15 岁的雌性家养短毛猫出现厌食和体重下降的症状。X 线显示肝脏肿大，随后进行超声引导抽吸，发现上皮细胞呈明显的细胞核大小不均，核仁明显，胞质嗜碱性，偶见空泡，提示癌症，需通过活检来确定组织来源。

图 7.9 为一例犬胆管癌活检。15 岁的雄性已去势约克夏出现急性呕吐、腹泻、体重减轻和行为变化等症状。由于肝脏有结节，提交了尸检的肝脏样本。肿物由中度多形性的上皮细胞组成，细胞和细胞核大小差异较大，细胞核大，内有 1 个或 2 个明显核仁，细胞质嗜酸性，有明显的核分裂相。细胞排列成紧密的薄片，有时形成直径不等的小管。存在多灶性缺血性坏死和囊性变性，并且在受损的肝实质处有大量含铁血黄素的巨噬细胞聚集，结节的大小差别很大。由于在其他地方没有发现肿瘤，因此认为该肿瘤起源于胆管。胆管癌在发现时通常是多中心的，并且可以通过血管和淋巴管转移。

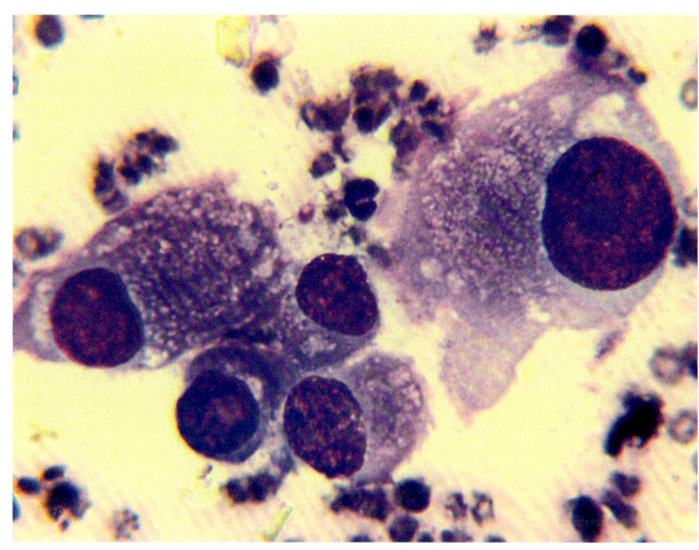

图7.8 猫胆管癌FNA（50×）

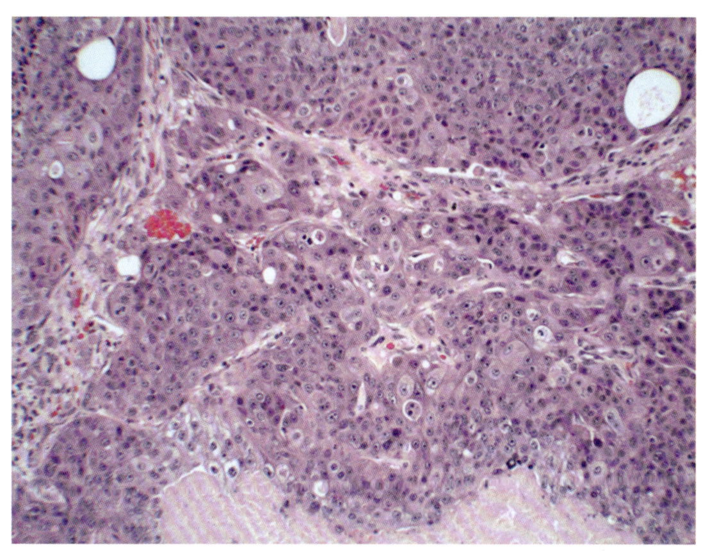

图7.9 犬胆管癌活检（10×）

肝血管肉瘤

图 7.10 为一例犬肝血管肉瘤的 FNA 结果。一只成年雄性威玛猎犬表现腹部下垂。抽吸发现主要为含血液体。对其实施安乐死后做肝脏肿块的触片。在血液、血小板聚集和中性粒细胞增多的背景下，典型的肝细胞簇（长箭状指针）和散在的大的上皮样细胞具有明显的核型异常、核仁明显和嗜碱性细胞质（短箭状指针）。血液和血小板团块表明急性出血，这是血管肿瘤的典型症状，但不具有诊断性。炎症提示组织坏死，多形性细胞可能是肿瘤细胞。组织病理学确诊为血管肉瘤。生前的肝脏 FNA 可能只发现血液，但即使发现极少数具有这种外观的多形性细胞，都是肉瘤形成的有力提示。

图 7.11 显示了一例犬肝血管肉瘤的活检结果。一未知年龄的雌性混种犬出现血性腹水和出血性肝结节的症状。采取肝脏结节样本进行组织学检查，可见肿块界限不清，由多形性和梭形的血管内皮细胞组成形成网状充血腔。在该区域中，凝结的血液附着在肝包膜上。肝脏的其余部分表现出肝细胞的中度空泡变性。血管肉瘤在腹部发生时通常是多中心的，几乎可以在身体的任何部位原发；而出现在腹腔时，无论源自脾脏、肝脏还是其他组织，经常定植于腹腔。该肿瘤易通过血管和淋巴管转移。

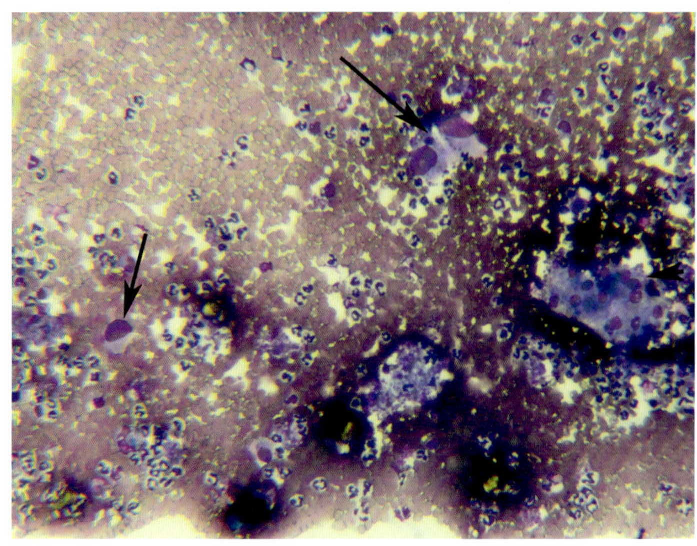

图7.10 犬肝血管肉瘤的FNA（10×）

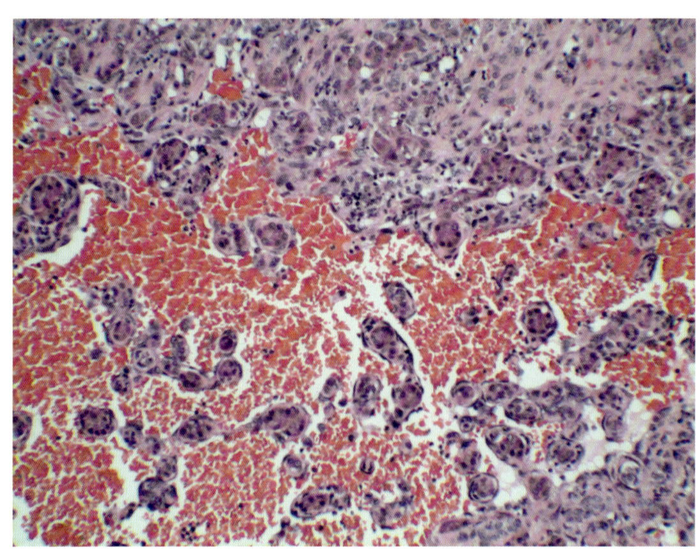

图7.11 犬肝血管肉瘤的活检（10×）

胃肠病变

FNA 可以较容易地评估肠道内的肿块。若能寻找到适合做细胞学检查且 FNA 后具有诊断性的腹腔积液，那么可能就没有必要再进行肠道或肠道肿瘤穿刺。同时，对腹膜积液进行 FNA 也有助于寻找腹膜中的传染性病原体。肠黏膜内的淋巴浆细胞和嗜酸性粒细胞的炎性浸润可能会被误认为肿物，可通过 FNA 作初步诊断，但通常建议以活检来确诊。一般来讲，用药物治疗这类疾病比手术切除更合适。作为第一步，FNA 检查一般是比手术对机体侵入性更低的诊断方法。

嗜酸性粒细胞性肠炎

图 7.12 显示了一例犬嗜酸性粒细胞性肠炎的 FNA。抽吸检查显示，肠道肿块内有 25% 或更高比例的嗜酸性粒细胞，提示该病为嗜酸性粒细胞性肠炎。这种疾病可能是对食物或寄生虫抗原的一种反应，在活检前需对其进行药物治疗。而嗜酸性粒细胞增多也可能是淋巴瘤或癌的副肿瘤性综合征所致，因此在治疗时，该临床症状的持续存在也是活检的一个指征。

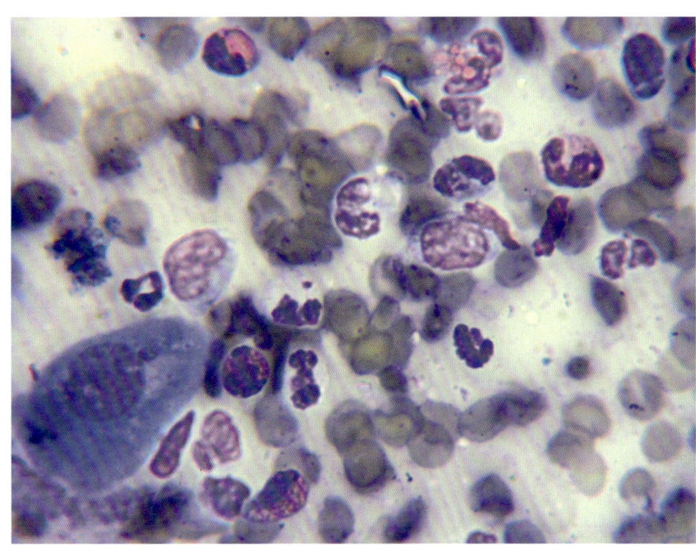

图7.12　犬嗜酸性粒细胞性肠炎FNA（50×）

图 7.13 显示了一例犬嗜酸性粒细胞性肠炎的活检。该 7 岁的雄性混种犬出现难以控制的腹泻症状。嗜酸性粒细胞性肠炎由来源于黏膜固有层的嗜酸性粒细胞浸润组成，通常伴有浅表性溃疡及中性粒细胞、小淋巴细胞和浆细胞的弥漫性浸润。在黏膜下层血管周围有时可见嗜酸性粒细胞浸润，但无法确定延伸到黏膜下层和肌层（在该活检中无法看到）的肉芽肿病变是否为感染性病原体的侵入所致［（如腐霉菌（*Pythium sp.*）］，故可考虑其他检测方法，如活检中利用六胺银染色法（GMS）对真菌染色或针对真菌抗原的血清学检测。

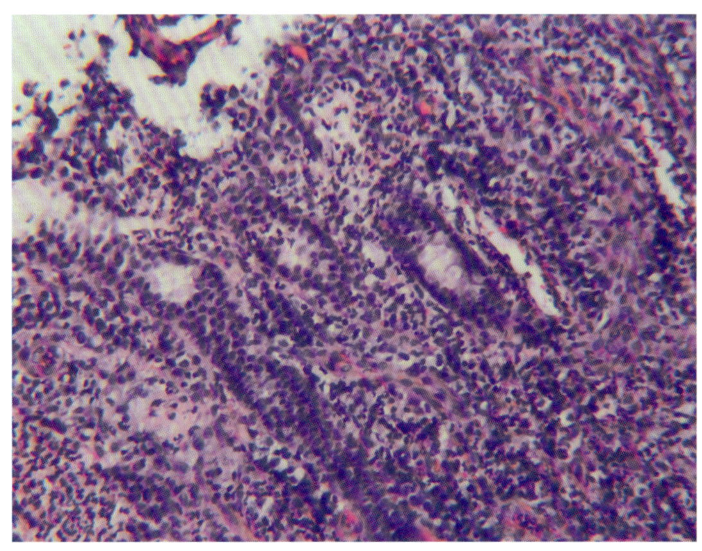

图7.13　犬嗜酸性粒细胞性肠炎活检（10×）

淋巴浆细胞性肠炎

图 7.14 显示了一例猫淋巴浆细胞性肠炎的 FNA。于一只成年已去势暹罗猫体内增厚的肠壁处抽吸后，发现一细胞群，由小至中等的淋巴细胞、浆细胞、散在的中性粒细胞、巨噬细胞和少量的大淋巴细胞组成，这与炎症反应过程相一致。慢性淋巴增生可能会导致淋巴瘤的形成，因此为了得到更确切的诊断，必须采用额外的手段（如流式细胞术）来寻找某一特定的细胞单型，对某一抗

原受体位点利用 PCR 方法进行克隆或活检。若根据 X 线和超声引导的 FNA 推测其为弥漫性炎症，则可能无法甚至不可能完全切除病变。因此，药物治疗仍是比较合适的治疗方案。

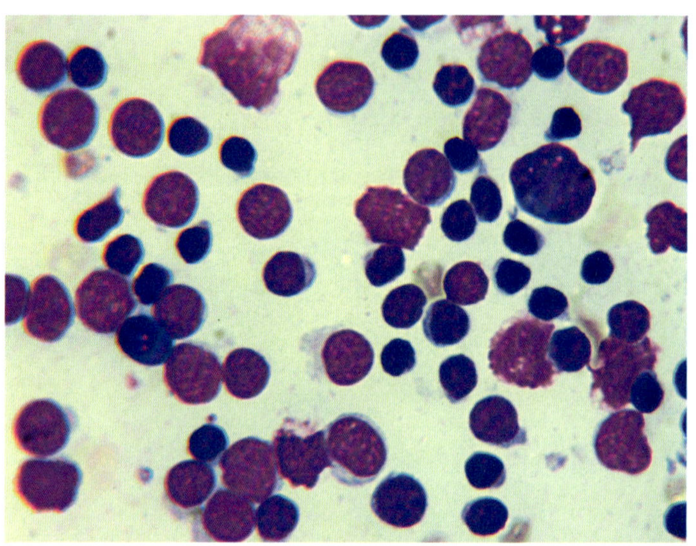

图7.14 猫淋巴浆细胞性肠炎FNA（10×）

图 7.15 显示了一例猫淋巴浆细胞性肠炎的活检。该青年雌性家养短毛猫患有慢性腹泻，且治疗未见效。淋巴细胞性肠炎可根据固有层中的小淋巴细胞和浆细胞的混合性炎性浸润导致的绒毛扩张来确诊，这些细胞通常在被覆上皮细胞层及扩张的小肠绒毛中央乳糜管中。PARR（PCR 抗原受体位点重排）也有助于排除新增生的淋巴细胞群。

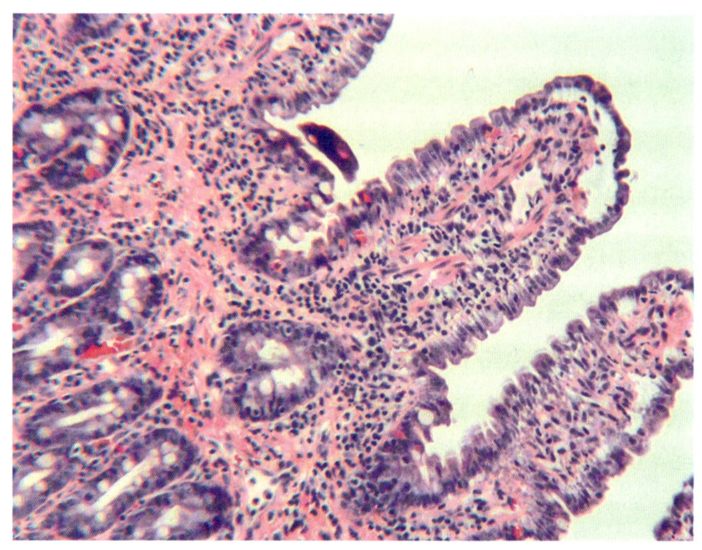

图7.15 猫淋巴浆细胞性肠炎活检（10×）

胃肠道恶性淋巴瘤

图 7.16 显示了一例高级别猫肠道淋巴肉瘤的 FNA。一只已去势的老年家养短毛猫出现厌食症和体重减轻的症状。触诊发现肠道肿块，吸出物显示为成片的淋巴母细胞，故初步诊断为淋巴肉瘤。图中多处可见有丝分裂相（右上和左下），表明该肿瘤属于高级别的肿瘤。但当存在与肠道内某些区域的淋巴滤泡有关的慢性炎性病变时，淋巴细胞可能会变得肥大。因此在发现少数淋巴母细胞的情况下，该病例还不能确诊为恶性淋巴瘤，若要作出更准确的诊断，建议进行活组织检查。

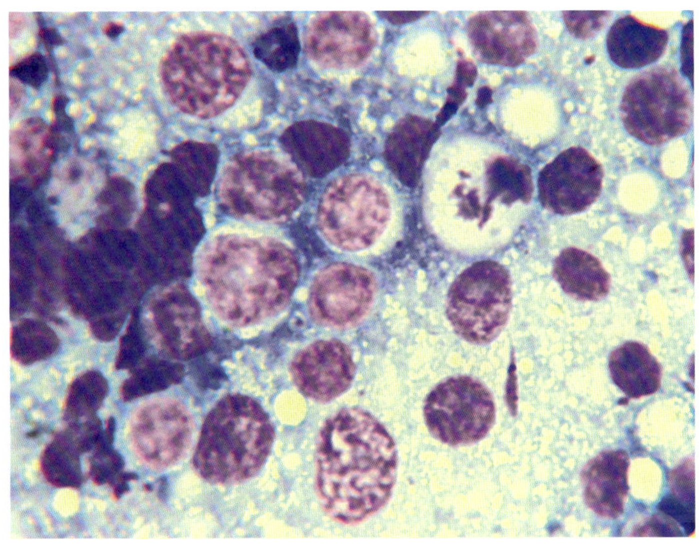

图7.16　猫肠道高级别淋巴肉瘤FNA（50×）

图 7.17 显示了一例猫胃黏膜上皮内淋巴瘤的活检。一只 11 岁的已绝育杂色猫已有 6 周的呕吐病史。对该病例的胃黏膜、十二指肠黏膜和胃淋巴结进行了活检，发现其胃体及胃底部的黏膜结构消失，呈淋巴细胞弥散性浸润。这些淋巴细胞体积变大，具有增大的细胞核、中央核仁和少量细胞质，为单个核细胞，广泛浸润在胃黏膜，细胞核约为红细胞的 1.5 倍，且在该细胞群中可见有丝分裂相。同样的细胞还浸润胃部淋巴结以及包含近端十二指肠黏膜在内的腺体。这些增大的淋巴细胞呈上皮趋性，故怀疑其来源于肠上皮内的 T 淋巴细胞，但未做特殊染色。首先可确定为恶性淋巴瘤，不过它总归是一种多中心性疾病，涉及多个淋巴、脾脏、肝脏、骨髓及外周血管。

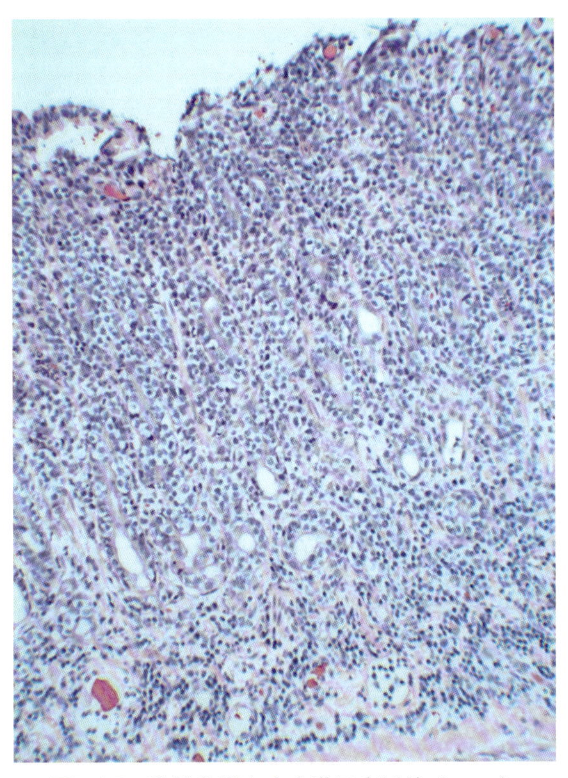

图7.17　猫胃黏膜上皮内淋巴瘤活检（40×）

胃肠腺癌

图 7.18 显示了一例猫肠腺癌伴有腹腔积液的 FNA。对一只瘦小的成年雌性家养短毛猫的腹腔积液进行 FNA，发现液体中的细胞计数低，蛋白质水平中等，这种积液常继发于肠腺癌，内含大量上皮样细胞簇，细胞呈中度至罕见的核大小不均，核仁明显。在病灶消除过程中，该类游离的细胞可产生黏液或吸收液体。在腹腔内发现这种类型的细胞簇时，可初步诊断为腺癌。这也可提示该病可能已经发生转移，为预后提供了关键信息。

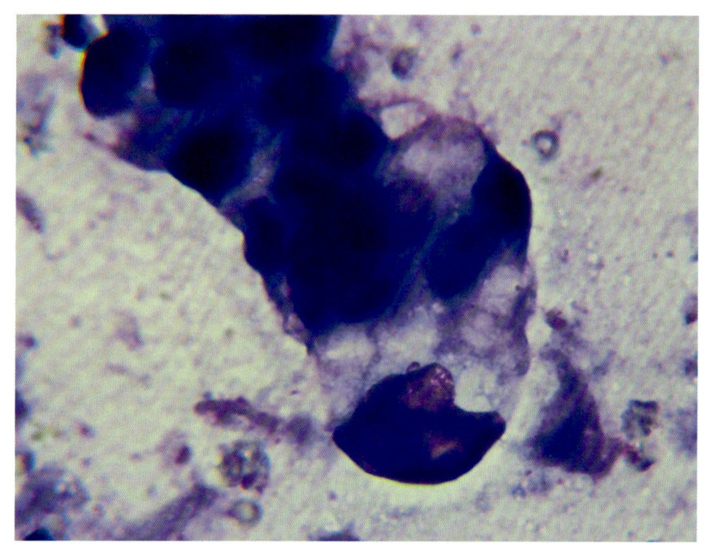

图7.18 伴有腹腔积液的猫肠腺癌FNA（50×）

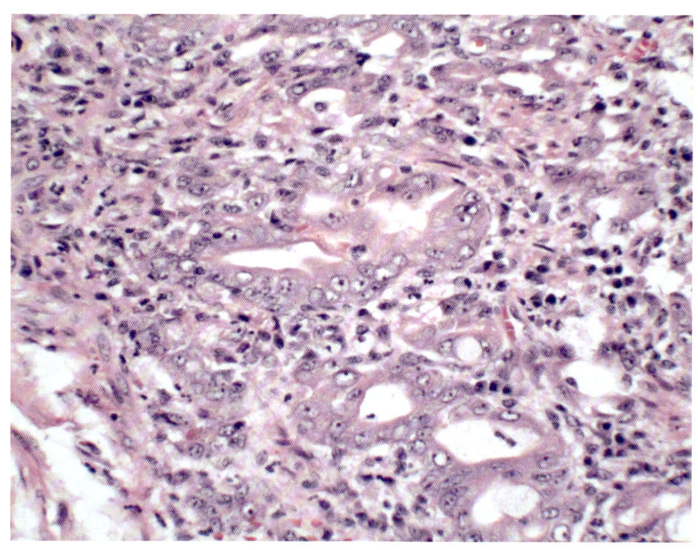

图7.19 犬肠道小肠腺癌活检（20×）

图 7.19 显示了一例犬小肠腺癌的活检。一只 3 岁已去势标准贵宾犬出现呕吐、食欲不振的症状数月。在小肠中发现一肿块，且该肠段已经没有完整的黏膜结构，局部存在纤维血管组织，伴有浸润性聚集的上皮细胞岛，细胞呈多角形，细胞及核的大小差异显著，至少有 1 个大的核仁和适量淡染的细胞质。增生的细胞形成坚实的团聚体和紧密堆积的纤维小梁，有时 1 层到多层的细胞排列形成腺泡和管状结构。深处可见此类细胞形成的浸润性细胞岛，扩张的淋巴管内含肿瘤栓子，且至少有 1 处血管同时含有肿瘤栓子和红细胞。此外，在肠系膜附着部有多灶性血管和结节性淋巴滤泡

增生，根据目前的切片判断此处未见明显的淋巴管内栓塞。该肠道肿物是一种浸润性腺癌，来源于小肠黏膜内层，具有局部侵袭性，大部分在早期转移至淋巴结，继而到达更远处。该肿瘤已经侵袭了机体的淋巴管及静脉，相对以往患此疾病的病例而言，该患犬较为年轻。

胃肠道梭形细胞瘤

图 7.20 显示了一例 11 岁的雄性已去势拉布拉多犬肠道肿块的 FNA。可见异常大的梭形细胞簇，细胞核呈中度大小不均，胞质丰富。怀疑该肿瘤来源于间质细胞，建议进一步进行活检。通过活检切片免疫组化以鉴定细胞类型，从而为最佳治疗方案提供参考，并得出更准确的预后。

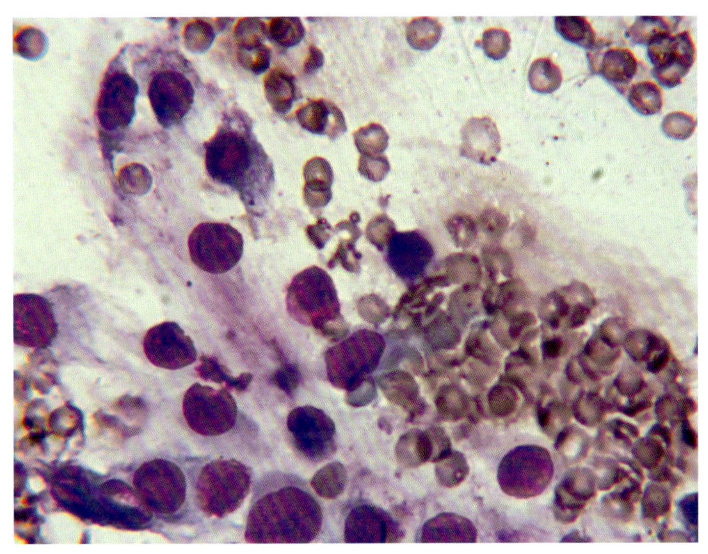

图7.20 犬胃肠道梭形细胞瘤FNA（50×）

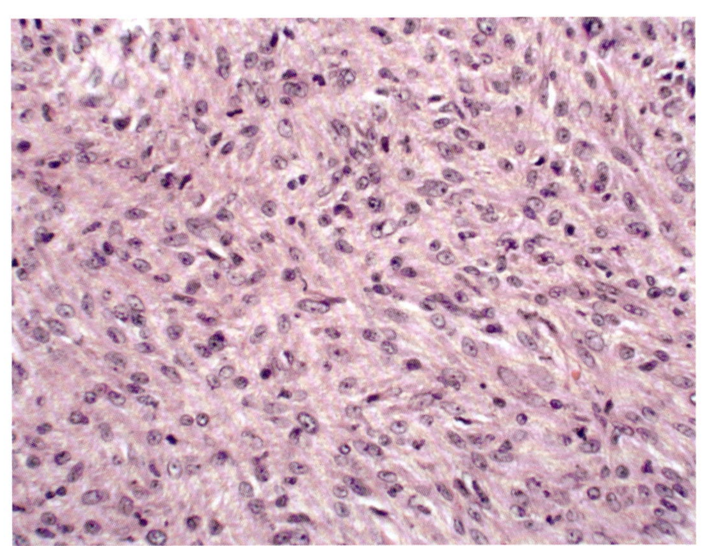

图7.21 犬胃肠道间质瘤活检（20×）

图 7.21 显示了一例犬胃肠道间质瘤的活检。对腹部进行超声检查时发现盲肠内有直径 5–6cm 的圆形硬块并进行了切除。诊断排除了腺癌、平滑肌肉瘤等疾病，且肝脏大小也在正常范围内。该盲肠肿块由胖梭形基质细胞形成的短小细胞束构成，其中细胞呈多边形、多角形，核大小不一，细胞质含少量颗粒，嗜酸性，细胞边界不清。这些细胞大多数是单个核，偶见多核细胞，通常成群，

MI=5/10HPF。肠系膜附着部的脂肪组织已被该肿瘤浸润。在受检的外周组织中未见淋巴管内/血管内的栓塞，说明这是一种胃肠道间质瘤（GIST），其表现与平滑肌肉瘤类似（一种单纯的平滑肌瘤）。即使将其完全切除，这类肿瘤也可局部复发，有时还会远处转移至淋巴结、肝脏和脾脏。因此，及时与肿瘤医生咨询有助于制定正确的治疗方案，并得到准确预后。最后，在该例肝脏活检中，未发现转移的情况。

肾脏和膀胱肿物

肾脏肿大可能呈结节状或弥漫性。在猫上，结节性至弥漫性肿大可能继发于慢性冠状病毒感染的炎症［称为肉芽肿性或“干性”猫传染性腹膜炎（FIP）］。猫或犬的弥漫性肿大可能是由淋巴细胞肿瘤浸润或肾小管上皮细胞肿瘤增殖所致。

提示猫传染性腹膜炎的化脓性肉芽肿炎症

图 7.22 显示了一例典型的 FIP 肾肉芽肿的 FNA。一只 11 个月的雄性波斯猫出现发烧、肾脏不规则肿大和早期肾功能衰竭症状。在超声引导下，于肿大的结节性部位 FNA，发现活化的巨噬细胞和中性粒细胞，偶见小淋巴细胞和浆细胞，与肉芽肿形成相一致，提示 FIP。但抽吸物中未见传染性病原体。该疾病在临床过程上是渐进的且治疗无效，最终对患猫实施安乐死。

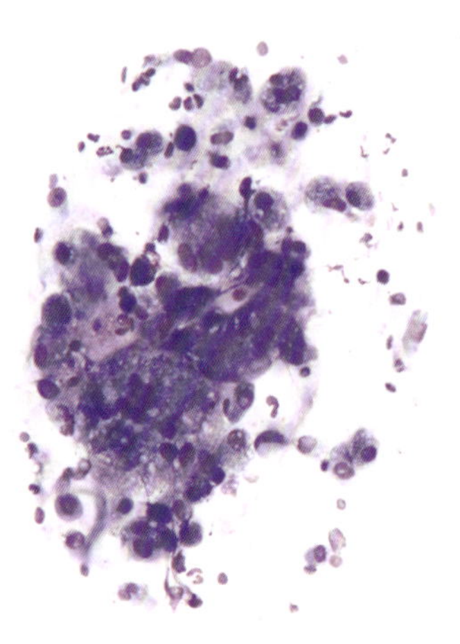

图7.22 猫肾肉芽肿活检（10×）

图 7.23 显示了一例典型的 FIP 肾肉芽肿的活检。对上文中出现发热和肾脏肿大症状的 11 月龄雄性猫进行尸体剖检，发现由血管周围活化的巨噬细胞和中性粒细胞组成的结节，它们在正常肾组织多灶性消融，血管周围伴有炎症及坏死。结节外围散在小淋巴细胞和浆细胞。继发于血管损伤的缺血性坏死与肉芽肿的占位效应叠加可导致肾功能障碍。

肾癌

图 7.24 显示了一例犬肾癌的 FNA。于一只 10 岁雄性已去势混种犬的肾脏肿大处进行抽吸，发现与肾小管上皮相似的单层上皮细胞，且抽吸得到这种数量的细胞并不是一个正常肾脏的特征，初步诊断是肾小管上皮细胞的肿瘤性增生，建议活检确诊。

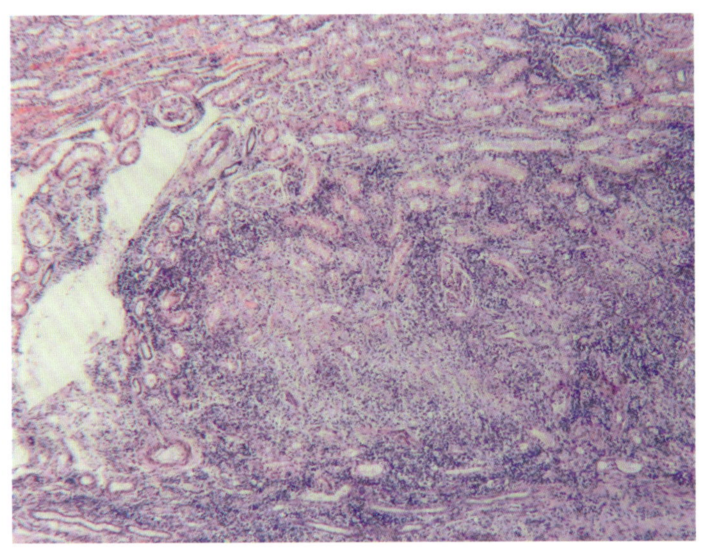

图7.23 猫肾肉芽肿活检（10×）

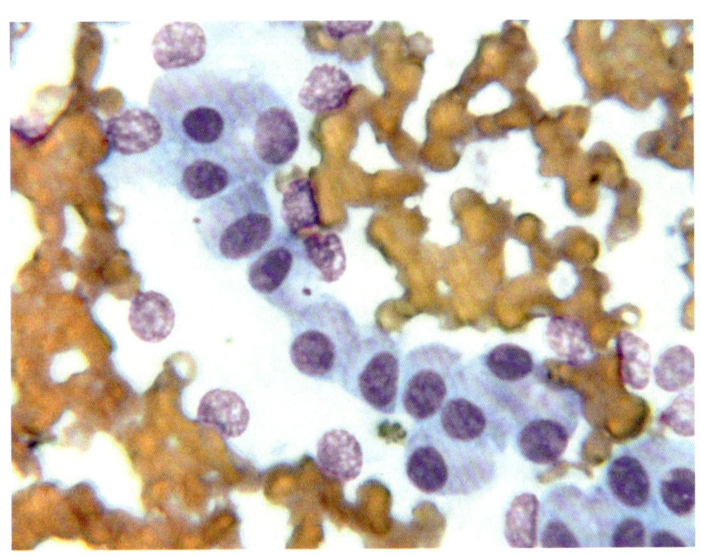

图7.24 犬肾癌FNA（50×）

图 7.25 显示了一例犬肾癌的活检。一只 14 岁雄性已去势的混种可卡犬，其左肾极度肿大，大体评估有一坏死腔。在组织学上表现为肾皮质内的缺血性坏死、出血性坏死和囊性变性。该肿块由中度多角形和立方形的上皮细胞组成，核大小适中，嗜酸性细胞质适量，内有少量颗粒。这些细胞排列成小管，且有些小管扩张。肿块压迫广泛刺激邻近肾实质中的纤维结缔组织，伴有慢性炎症。肿块中心存在大面积缺血性坏死，且伴出血和囊性变性。肿瘤细胞大多是单核细胞，散在含双核的细胞。核大小各不相同，但罕见潜在的有丝分裂。在组织学检查的区域中未发现明确的淋巴管内和血管内栓塞。这是一个分化相当良好的肾小管上皮肿瘤，在组织学上有时难以区分良性和恶性肿瘤，但这些肿瘤在犬上多表现为恶性，偶尔双侧发生。恶性肿瘤易转移到引流淋巴结和更远的器官上，有时定植于腹部。本病例没有进一步的资料。

肾恶性淋巴瘤

图 7.26 显示了一例猫肾淋巴瘤的 FNA。一只 12 岁的雌性已绝育家养短毛猫出现肾脏肿大症状。

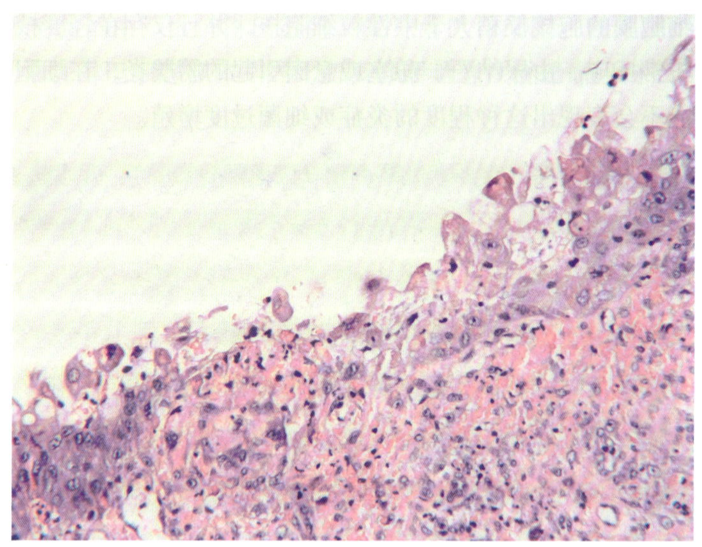

图7.29 犬膀胱炎活检（10×）

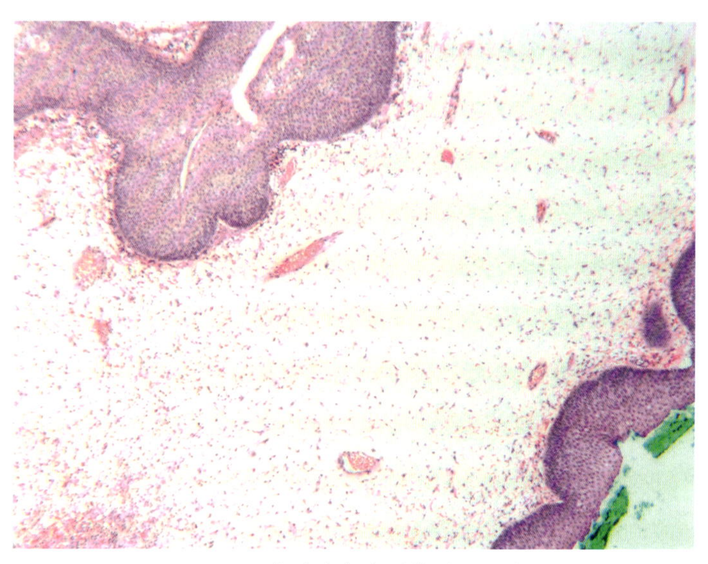

图7.30 犬膀胱息肉活检（2.5×）

移形细胞癌

图 7.31 显示了一例犬膀胱移行细胞癌的 FNA。一只 10 岁雄性斗牛犬出现排尿困难的症状。导管采集尿液后，通过细胞学检查发现有较大的上皮细胞簇，其细胞核是中性粒细胞核的 2–3 倍，核仁明显，细胞质呈嗜碱性。明显的核大小不均是移行细胞癌的标志。如果仅存在轻微炎症，无细菌，则该上皮变化是反应性增生的可能性不大。

图 7.32 显示了一例猫膀胱癌活检。一只 7 岁的雄性已去势草原猫有慢性尿路感染病史。X 线片显示有单个尿石。在手术期间，发现膀胱变厚变硬，因此采集了 2 份黏膜样品进行活组织检查。在一个标本中诊断出浸润性癌，另一个标本主要由黏膜下层和平滑肌构成。病变标本由致密的纤维血管组织组成，组织内含岛状物，与多边形上皮细胞的厚壁小梁吻合，有时会变平或流动。不能明确辨认出细胞间桥，并且角化不明显。在疑似管腔的区域中，腔上皮多层且杂乱无章。无法评估边界和入侵深度。即使完全切除，膀胱上皮肿瘤也可以复发，并且可通过淋巴管转移。

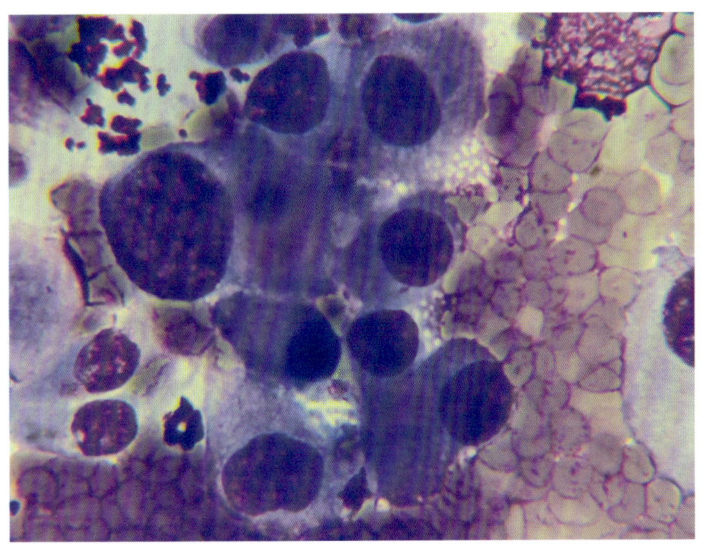

图7.31　犬膀胱移行细胞癌FNA（50×）

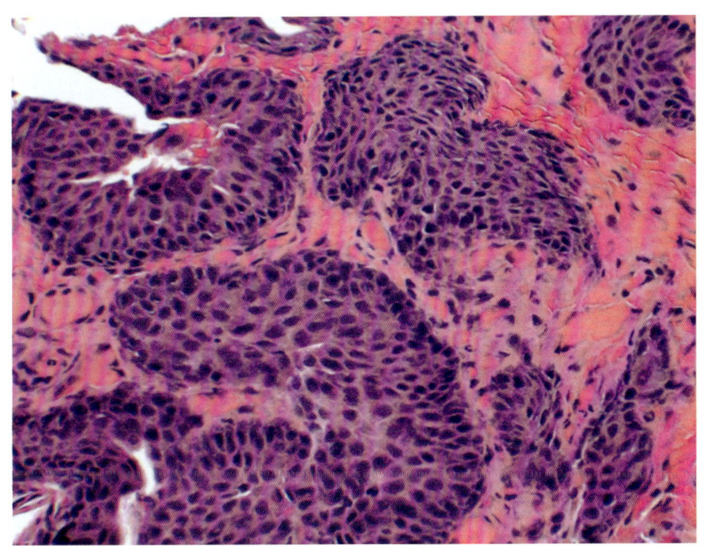

图7.32　猫膀胱癌活检（20×）

脾肿大和脾脏肿物

脾肿大可能是脾脏正常细胞增殖的结果，也可能是脾脏中大量非正常细胞弥漫性浸润所致。主静脉扭转或血栓形成可引起淤血，从而导致脾肿大。转移性肿瘤可结节性或弥漫性浸润脾脏。反应性细胞群可以形成小结节，继而恶化为弥漫性肿瘤。

图 7.33 显示了一例犬脾肿大的 X 线片。脾脏密度均匀，提示弥漫性浸润。

髓外造血

图 7.34 显示了脾髓外造血的 FNA。一只 13 岁的雌性已绝育可卡犬患有溶血性贫血。X 线片显示弥漫性脾肿大。超声引导的 FNA 发现巨核细胞（箭头）、粒细胞（长箭状指针）和红细胞（短箭状指针）等形成造血器官的正常细胞群增殖，从而导致弥漫性脾肿大。这可能是对贫血或缺氧的一种正常反应。

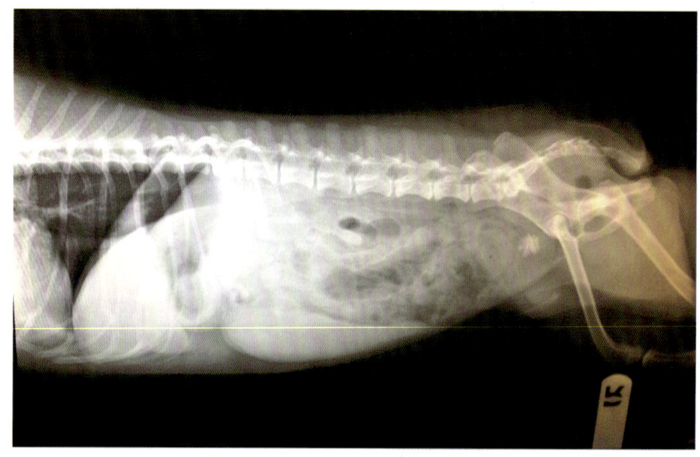

图7.33 犬脾肿大X线片（由Laura Hokett博士提供）

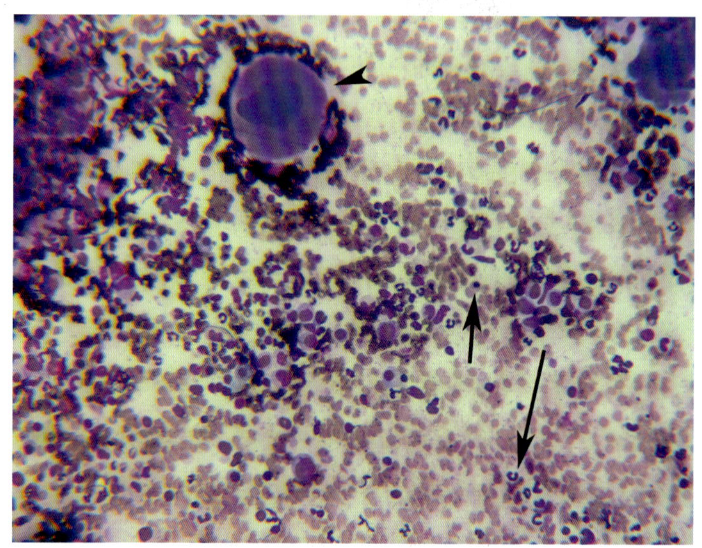

图7.34 髓外造血FNA（10×）

淋巴细胞结节状增生

图 7.35 显示了一例脾脏结节。这个结节是在一只治疗失败的患免疫介导性溶血性贫血犬的尸检过程中偶然发现的。纤维组织细胞结节和淋巴结反应性增生可在脾脏表面产生结节，这些结节在肉眼检查时看似惊人，但其生物行为呈良性。

图 7.36 显示了一例脾纤维组织细胞结节活检。在一只 10 岁半的雄性已去势吉娃娃体内发现一个似乎在手术中已经破裂的大型脾脏肿块，同时腹部有游离血液。该肿物最大径为 4.5cm，分割为两部分送检。组织学上观察到局灶性血栓形成，伴有多灶性淋巴结滤泡增生、多灶性轻度含铁血黄素沉着症和大量间质髓外造血。局部以细胞成分为主，更多的呈纤维状。组织学检查典型病变处未发现肿瘤细胞群，邻近的脾脏区域呈现急性淤血和髓外造血丰富。这是一个良性病变，可能在脾内呈单发或多中心性。血栓形成、出血性坏死和出血是常见的并发症。及时实施脾切除术是治疗的首选。有恶化为纤维肉瘤或转移至肝的报道，但极为罕见。

图 7.37 显示了一例犬脾淋巴结反应性增生。在图 7.35 中的脾脏小结触片中，存在中小型淋巴细胞混合群，散在浆细胞伴有少量幼稚细胞。上述细胞群可解读为淋巴结反应性增生。

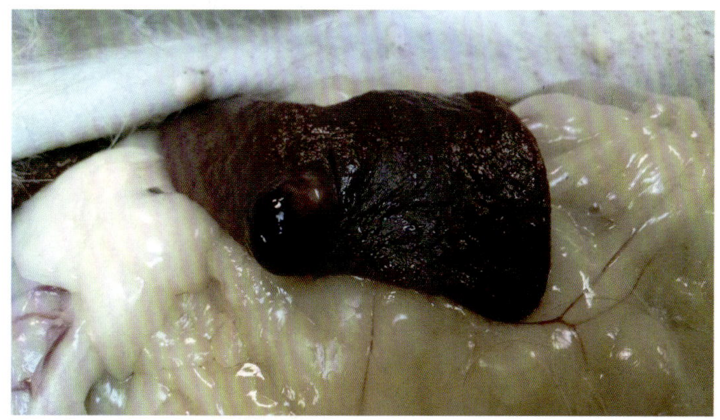

图7.35　脾脏结节的大体图片

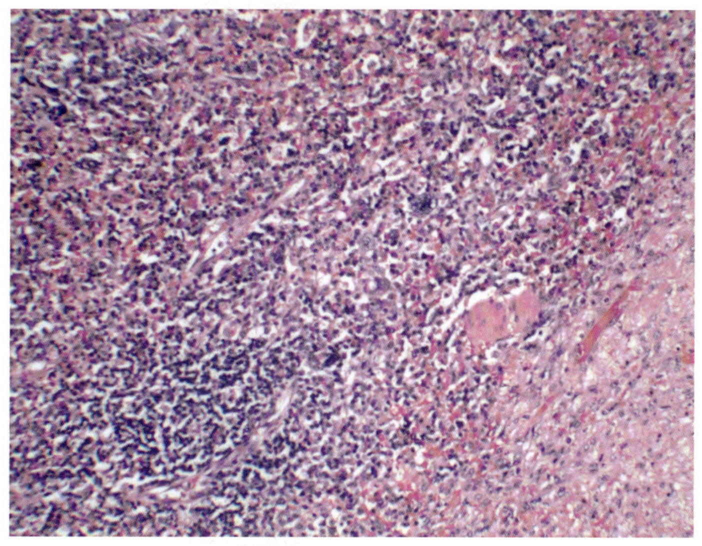

图7.36　脾纤维组织细胞结节活检（10×）

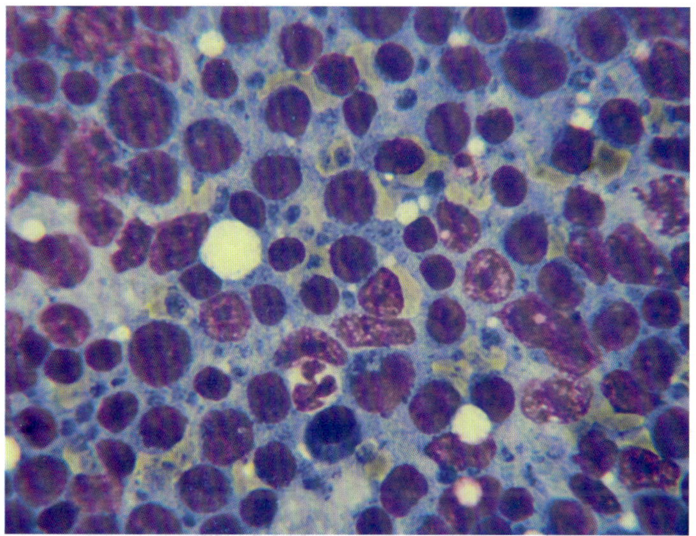

图7.37　脾淋巴结反应性增生FNA（50×）

图 7.38 显示了一例犬脾淋巴结反应性增生的活检。对图 7.36 所示的脾结节进行组织学检查，发现较小的淋巴细胞和浆细胞环绕在淋巴母细胞的生发中心，形成了大的淋巴滤泡。可用免疫组织

化学鉴定 B 和 T 淋巴细胞（参见第 8 章），抗原受体位点重排 PCR 可用于寻找克隆性，如果存在的话，提示有新发肿瘤的过程。淋巴结肿瘤可从淋巴结反应性细胞群的部位发展而来。

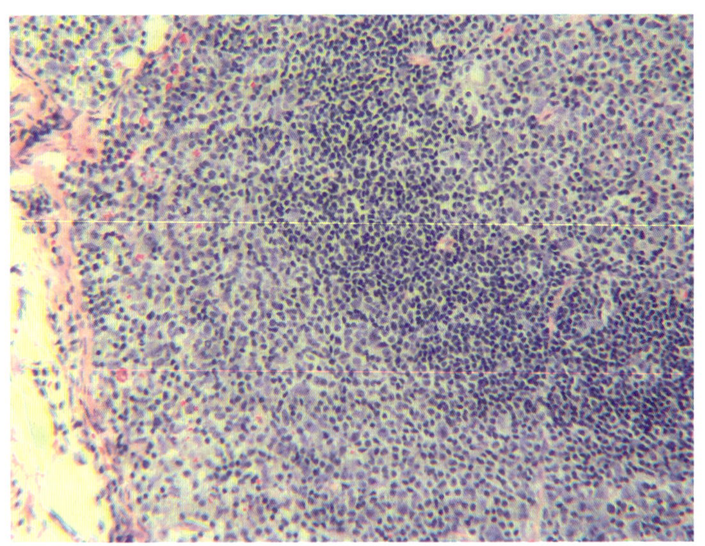

图7.38 脾淋巴结增生活检（10×）

恶性淋巴瘤

图 7.39 显示了一例脾淋巴肉瘤 FNA。超声引导下于一只 10 岁雌性马尔济斯犬的脾脏肿大处抽吸，发现大的淋巴细胞和淋巴母细胞形成的密集细胞群，这些细胞比切片中下部所见的中性粒细胞大。有些细胞核内有多个小核仁，细胞质呈中至轻度嗜碱性。这与淋巴细胞性淋巴肉瘤（一种高级别肿瘤）相一致。

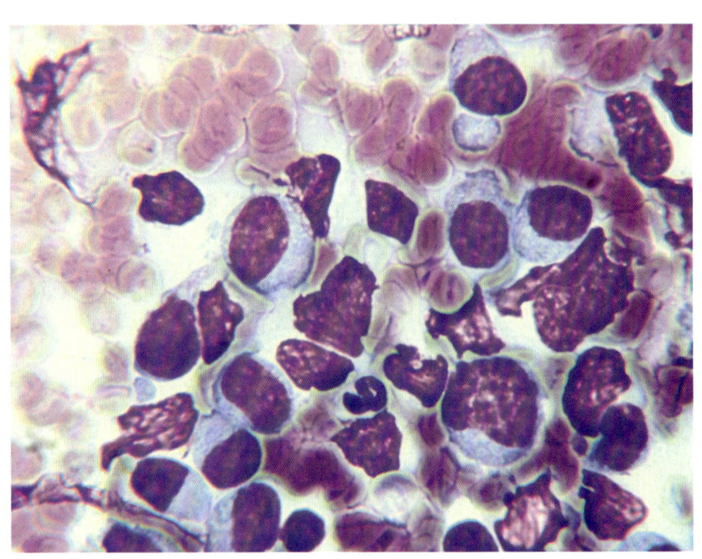

图7.39 脾淋巴肉瘤FNA（50×）

图 7.40 显示了一例犬脾淋巴肉瘤活检。这只 10 岁雌性已绝育马尔济斯犬体内正常脾脏结构被大片大淋巴细胞和淋巴母细胞所取代，其中散在巨噬细胞。核分裂相为 6–12/HPF，表明这是一种侵袭性肿瘤。

图7.40　大脾淋巴肉瘤活检（2.5×）

MCT

图 7.41 显示了猫脾脏肥大细胞增多症的 FNA。这种密集的肥大细胞群体见于一只脾明显肿大的成年已绝育家养短毛猫的抽吸物，将此诊断为脾 MCT。这些细胞可以脱颗粒，释放组胺和其他血管活性胺，引起低血压危象。切除该肿大的脾脏之前应小心处理，需通过血常规检查循环中的肥大细胞，并检查有无皮肤肿块或其他肿大的内部器官。需要注意的是，许多肿瘤细胞并不会表现出胞质颗粒，这是猫科动物肥大细胞瘤的典型特征，它们在细胞学切片观察时通常仅含少量颗粒，易与淋巴细胞或巨噬细胞混淆。

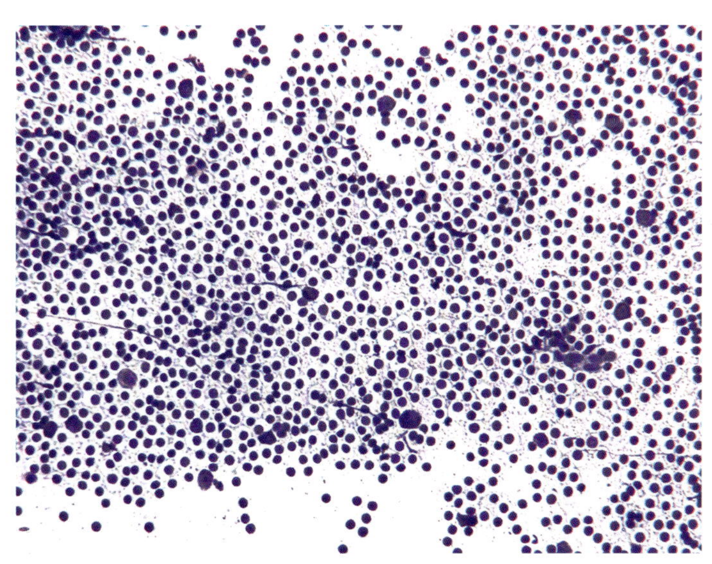

图7.41　猫脾脏肥大细胞增多症的FNA（10×）

图 7.42 显示了一例猫脾脏肥大细胞增多症的活检。超声波检查发现，一只 12 岁的家养中毛猫体内有一大的脾脏肿块。患猫在治疗前死亡，对其进行剖检并将病变部位制作触片。这个脾脏内的淋巴结节小且稀疏，轻度增大的肥大细胞呈弥漫性浸润，其中伴有散在的嗜酸性粒细胞，未见有丝分裂相。在患 MCT 的猫上，若浸润仅局限于脾脏，则选择切除脾脏治疗；但也可能出现 MCT 和肥大细胞浸润其他器官（如皮肤、淋巴结和肠道）。

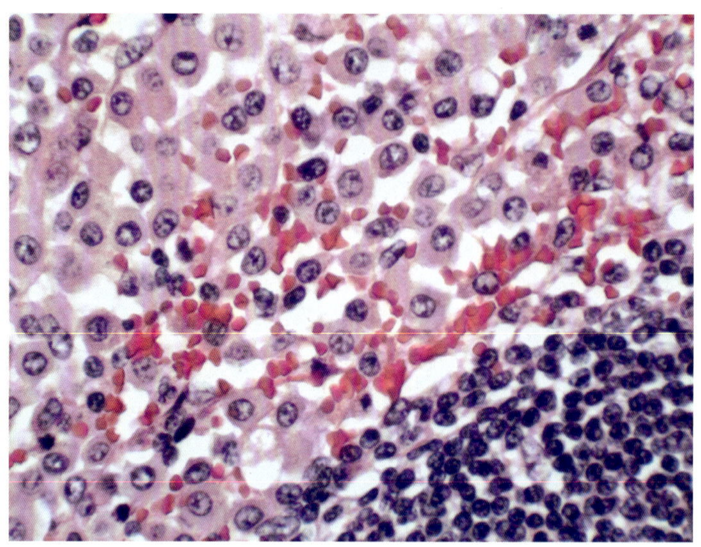

图7.42 猫脾脏肥大细胞增多症活检（40×）

图 7.43 显示了一例猫脾脏 MCT 的活检。在该成年雌性已绝育家养短毛猫的肿大脾脏处 FNA，发现肥大细胞增多症，初步诊断为 MCT 后，通过手术移除脾脏，并且经组织学检查确诊。值得注意的是，整个脾实质充满了肥大细胞，手术过程中用力触诊或粗暴处理会导致脱颗粒，从而引发致命的低血压。

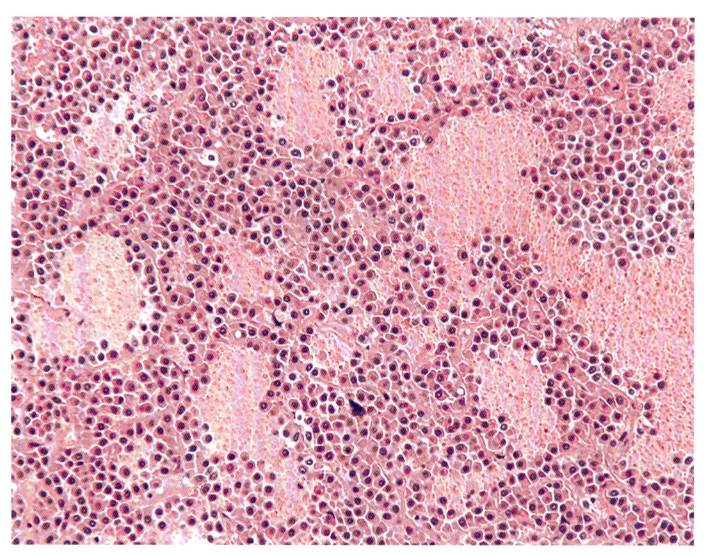

图7.43 猫脾脏肥大细胞瘤活检（10×）

脾扭转

图 7.44 显示了一例成年已去势雄性患脾肿大的巴塞特猎犬左侧位 X 线片。

图 7.45 为图 7.44 所示的犬因脾动脉周围发生脾扭转所致脾脏扩大的超声图像。

图 7.46 显示了一例犬脾脏坏死的 FNA。于图 7.44 所示的巴塞特猎犬脾脏处抽吸，发现血液、血小板团块和变性坏死的中性粒细胞，伴有细胞破裂后释放的游离核，以上提示坏死。剖腹探查发现脾扭转。

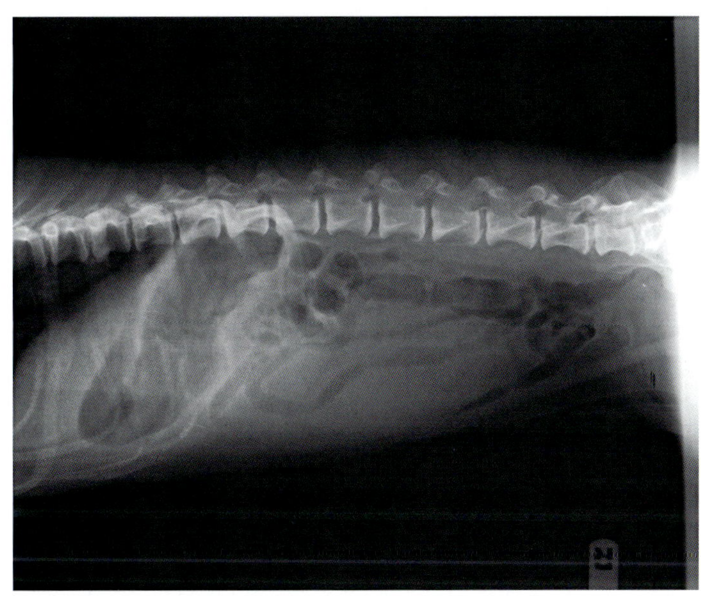

图7.44 一只成年雄性已去势患脾肿大的巴塞特猎犬左侧位X线片（由Laura Hokett博士提供）

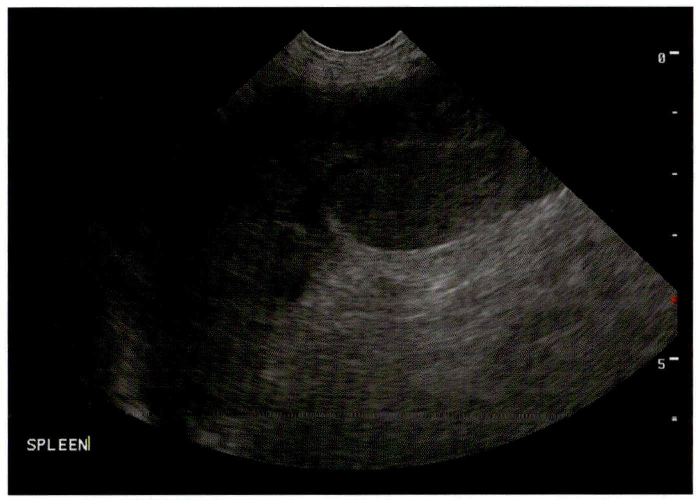

图7.45 图7.44中犬脾肿大超声图像（由Laura Hokett博士提供）

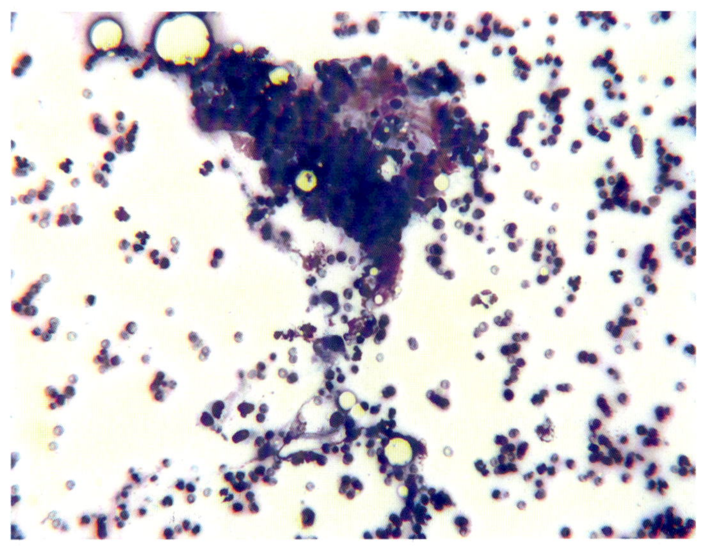

图7.46 犬脾坏死FNA（10×）

图 7.47 显示了一例犬脾脏坏死的活检。这是图 7.44—图 7.46 所示扭转脾脏的活检。边界存在弥漫性坏死，散在出血，伴有中性粒细胞浸润，与 FNA 发现的细胞群相似。

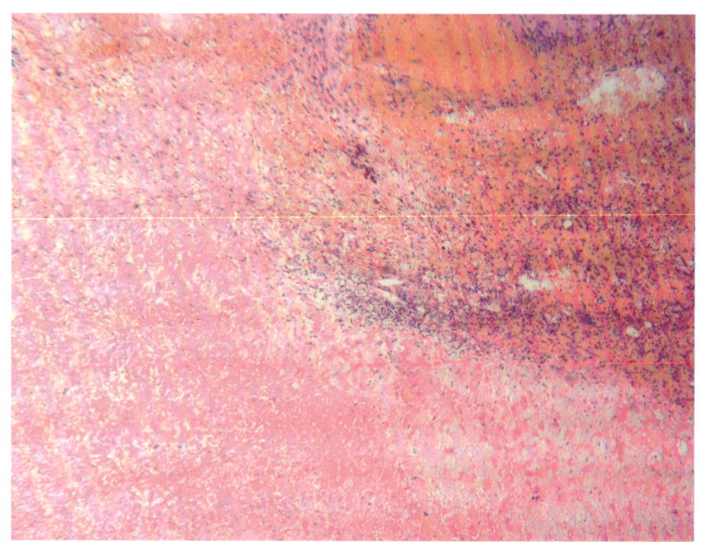

图7.47　犬脾脏坏死活检（10×）

脾血肿

图 7.48 显示了一例犬脾脏空洞性肿块的超声图像。

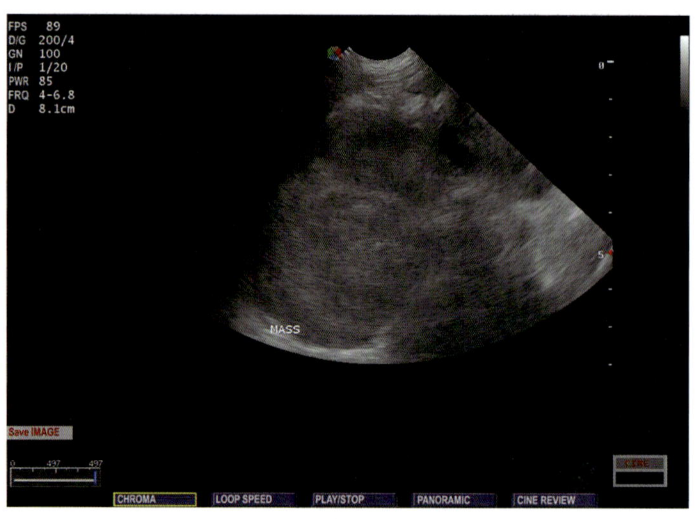

图7.48　犬脾脏空洞性肿块的超声图像（由Laura Hokett博士提供）

图 7.49 显示了一例犬脾脏空洞性肿块的大体表现。组织学检查中，应在坏死组织和周围正常组织（箭状指针）的边界处制成代表性切片。

图 7.50 显示了一例犬脾血肿的 FNA。于脾血肿处抽吸，发现中性粒细胞、坏死碎片、血细胞多少不一、核较小的纺锤形或上皮样细胞。含椭圆形核的细胞可能来自坏死区域中恶化的血管；这也可见于血肿和血管肉瘤，但并不能作为鉴别诊断特征。通常不推荐对局部空洞性肿块进行抽吸，因为其难以确诊，且容易导致肿块破裂、腹腔内出血或肿瘤细胞种植。

图7.49　脾空洞性肿块的大体图像

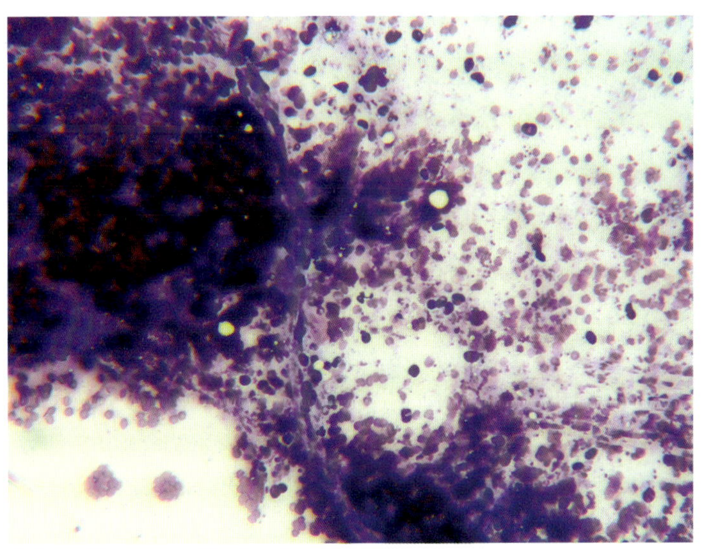

图7.50　犬脾脏血肿FNA（10×）

图 7.51 显示了一例犬脾血肿的活检。一只 10 岁的雌性已绝育的金毛猎犬出现脾肿大症状，切除脾脏后，组织学检查发现大血管内有血栓形成，伴有中性粒细胞密集浸润，并且在相邻的充血和坏死基质中发现血红素巨噬细胞，这与脾血肿形成相一致。血肿的原因包括外伤、血管血栓形成或血管破裂，以及受检切片上未显示的血管肿瘤外渗。

脾血管肉瘤

图 7.52 显示了一例犬脾血管肉瘤的 FNA。于一侵入性和增殖性血管肿瘤处抽吸，偶见大的细胞，核及核仁大，细胞质呈嗜碱性（箭状指针）。即使发现少量这类细胞，都提示血管肉瘤。本次样本源自一只成年雄性威玛猎犬，它由于患有严重的脾肿大和腹腔游离血而被安乐死。组织学证实为血管肉瘤。

图7.51 犬脾血肿活检（10×）

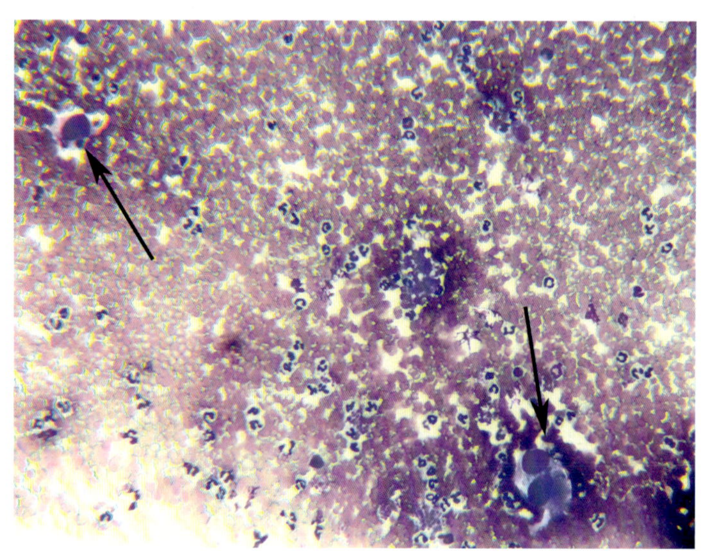

图7.52 犬脾血管肉瘤FNA（10×）

图 7.53 显示了一例犬脾血管肉瘤活检。一只年龄未知的雄性已去势金毛猎犬出现嗜睡症状，诊断为血腹症。剖腹探查证实出血来源一直径 5cm 的中型脾脏肿块。在腹部或胸部 X 线片中未发现转移性病变。选取部分脾脏浸泡于福尔马林中，组织学显示肿块由多形性中至大的圆形和多边形血管内皮细胞组成，其中细胞和核大小差异较大。这些细胞排列吻合成毛细血管，一层或多层覆盖着海绵状充血腔。在该细胞群中有丝分裂相为 0–3/HPF，一些细胞含多个核。可见异常的有丝分裂纺锤体。发现这些肿瘤时，它们在脾脏中可能是多中心的，可以通过血管和淋巴管转移，也可以定植于腹腔，预后谨慎。

脾脏组织细胞肉瘤

图 7.54 显示了一例犬脾脏组织细胞肉瘤的 FNA。于一只成年雌性混种犬的脾脏肿块处抽吸，发现上皮样细胞群，呈中度核大小不均，嗜两性细胞质。肿瘤细胞通常消耗红细胞（箭状指针）和细胞碎片，且有时呈多核。这些细胞是组织细胞谱系。当具有多核时，需要鉴别巨核细胞——一

类细胞含大量胞质颗粒且核分叶较多的细胞。巨核细胞不会在脾脏细胞中成群出现，也不表现吞噬现象，此现象可见于一些组织细胞肉瘤，偶尔见于纺锤状外观。

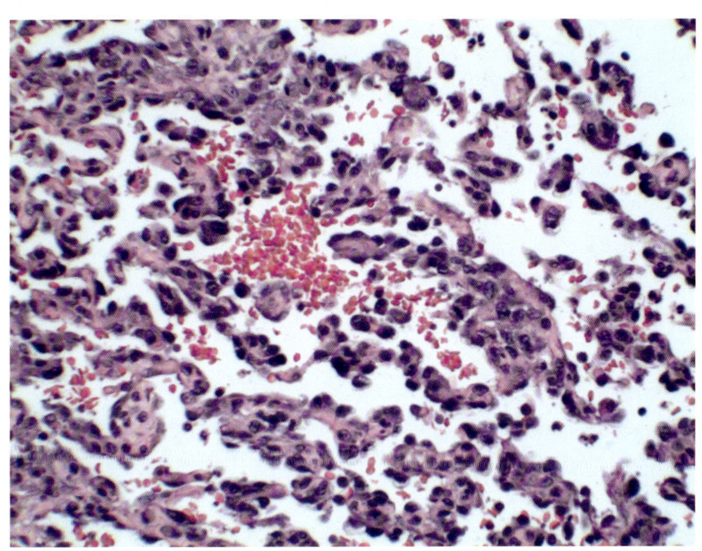

图7.53 犬脾血管肉瘤活检（20×）

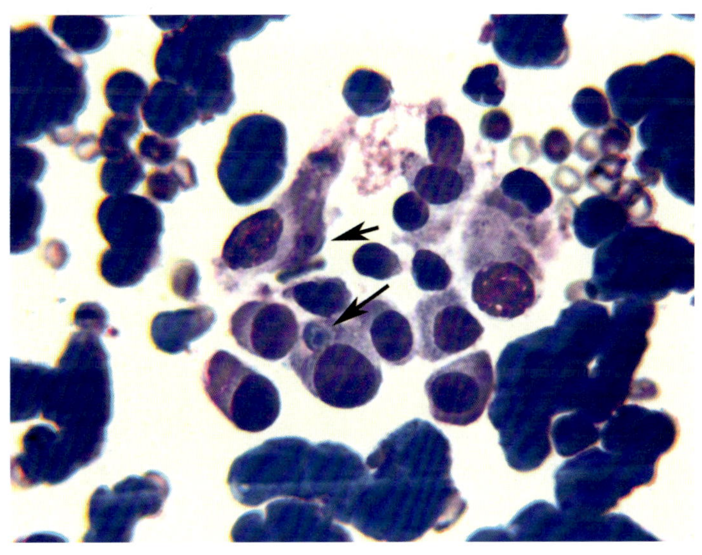

图7.54 犬脾脏组织细胞肉瘤的FNA（50×）

图 7.55 显示了一例犬组织细胞肉瘤活检。在 7 岁雄性已去势金毛猎犬体内发现脾脏肿块。该部分没有正常的脾实质，呈现多灶性缺血性坏死。在可见的区域中，肿块由类似于组织细胞的多形性多角形细胞组成，细胞和核大小差异较大。细胞核具有 1–4 个核仁，细胞质适量，呈嗜酸性，具有双核或多核的细胞多见。MI=13/10HPF，存在异常的有丝分裂纺锤体。该品种患异常组织细胞增殖的发生率增加。病灶可能呈局灶性或弥漫性。皮肤、皮下组织、肝脏、脾脏、骨髓和其他部位都可能被单个肿瘤或多中心肿瘤的一部分所累及。

脾恶性纤维组织细胞瘤

图 7.56 显示了一例犬脾脏梭形细胞瘤的 FNA。在正常的脾脏抽吸物中偶尔会见到小的梭形细胞簇，但是一只 14 岁具有脾脏肿块的雄性已去势混种犬的脾脏抽吸物中随处可见这些散在的大团

块。其中细胞分化良好，细胞核呈小卵圆形至圆形，胞质淡染且含纤维。存在大量的这类细胞，与梭形细胞瘤形成相一致，需通过活检确诊。

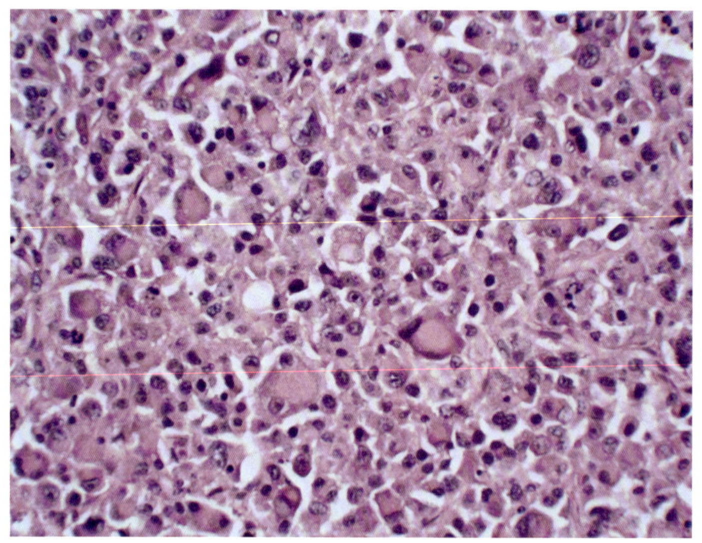

图7.55 犬组织细胞肉瘤活检（20×）

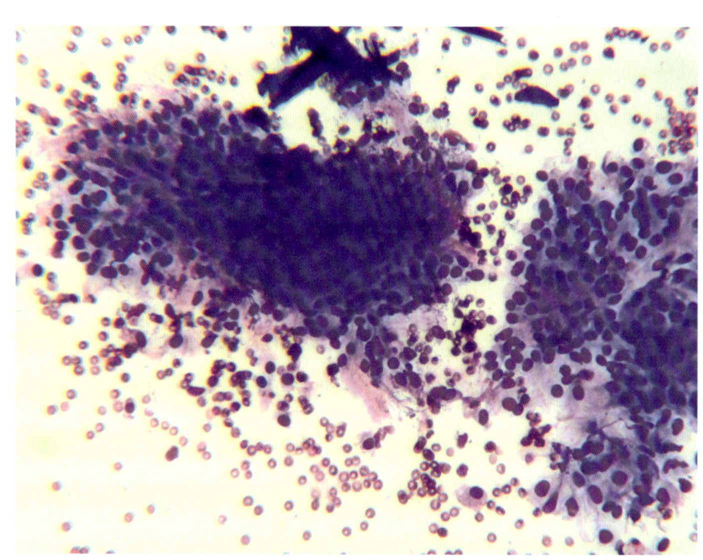

图7.56 犬脾脏梭形细胞瘤FNA（10×）

图 7.57 显示了一例犬脾脏恶性纤维组织细胞瘤的活检。在一只 7 岁雌性已绝育斗牛犬的 X 线片上观察到脾脏肿块，且红细胞压积（PCV）为 18%。腹部探查显示，脾脏中部有一直径为 20cm 的圆形肿块。送检 2 个 4cm 厚的脾切片，其中一部分呈坚硬、白色、结节状的肿块，最大直径为 9.5cm。肿块由组织细胞状的大型多角形细胞组成，具有适量的胶原基质，这是由多形性多角形和胖梭形细胞组成的相交束构成，在有些区域呈组织细胞状，而在其他区域呈成纤维细胞状。细胞和核大小差异显著，散在肿瘤巨细胞。有丝分裂指数为 0–3/HPF，这种脾脏肿块与恶性纤维组织细胞瘤最为一致。它是席纹状 - 多形性和炎性的混合型。这些肿瘤可能原发于犬皮肤、皮下组织或脾脏。推荐及时切除脾脏，以治疗该脾脏肿瘤。然而，这类肿瘤可以转移，发现时常呈多中心性。

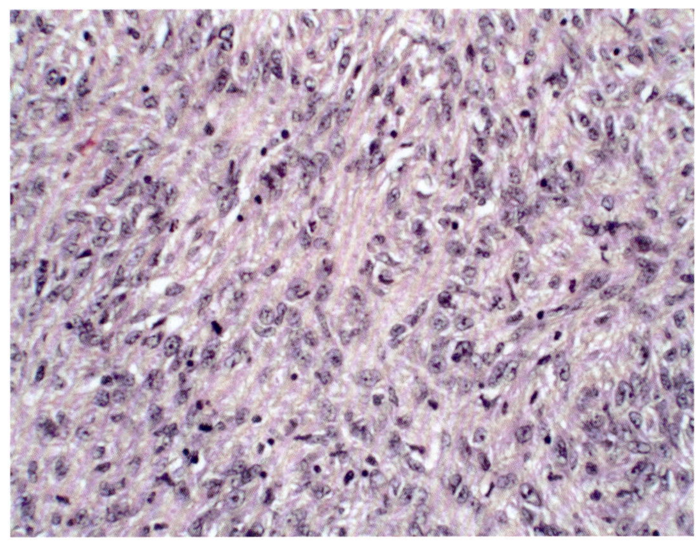

图7.57 犬脾脏恶性纤维组织细胞瘤活检（20×）

推荐阅读

导致肝脏肿大的疾病

[1] Arndt TP, Shelly SM. The Liver. In Cowell and Tyler's Diagnostic Cytology and Hematology of the Dog and Cat. 4th ed. Valenciano and Cowell. 2014. 354-371.
[2] Cullen JM, Stalker MJ. Liver and Biliary System. In Jubb, Kennedy and Palmer's Pathology of Domestic Animals. Vol 2. 6th ed. M. Grant Maxie, Editor. Elsevier. St Louis. 2016. 258-352.
[3] Liptak, JM. Hepatobiliary Tumors. In Small Animal Clinical Oncology, 5th ed. Withrow and MacEwen. 2013. Elsevier. St. Louis. 405-412.
[4] Meyer DJ. The Liver. In Canine and Feline Cytology; A Color Atlas and Interpretation Guide. 3rd ed. Raskin and Meyer. 2016. Elsevier. St. Louis. 259-283.

空泡性肝病

[1] Center SA. Hepatic Lipidosis. In Blackwell's Five-Minute Veterinary Consult: Canine and Feline. 5th ed. Tilley LP and Smith FWK, Jr. 2011. John Wiley & Sons, Inc. West Sussex, UK. 560-561.
[2] Center SA. Vacuolar Hepatopathy. In Blackwell's Five-Minute Veterinary Consult: Canine and Feline. 5th ed. Tilley LP and Smith FWK, Jr. 2011. John Wiley & Sons, Inc. West Sussex, UK. 1286-87.

胆管增生

[1] Center SA. Hepatic Nodular Hyperplasia. In Blackwell's Five-Minute Veterinary Consult: Canine and Feline. 5th ed. Tilley LP and Smith FWK, Jr. 2011. John Wiley & Sons, Inc. West Sussex, UK. 562.

肝细胞瘤形成

[1] Morrison WB. Hepatocellular Adenoma. In Blackwell's Five-Minute Veterinary Consult: Canine and Feline. 5th ed. Tilley LP and Smith FWK, Jr. 2011. John Wiley & Sons, Inc. West Sussex, UK. 572.
[2] Morrison WB. Hepatocellular Carcinoma. In Blackwell's Five-Minute Veterinary Consult: Canine and Feline. 5th ed. Tilley LP and Smith FWK, Jr. 2011. John Wiley & Sons, Inc. West Sussex, UK. 573.

胆管癌

[1] Clifford C. Bile Duct Carcinoma. In Blackwell's Five-Minute Veterinary Consult: Canine and Feline. 5th ed. Tilley LP and

Smith FWK, Jr. 2011. John Wiley & Sons, Inc. West Sussex, UK. 168.

肝血管肉瘤

[1] Clifford C. Hemangiosarcoma, Spleen and Liver. In Blackwell's Five-Minute Veterinary Consult: Canine and Feline. 5th ed. Tilley LP and Smith FWK, Jr. 2011. John Wiley & Sons, Inc. West Sussex, UK. 545-546.

胃肠病变

[1] Haddad JL, Marks Stowe DA, Neel JA. The Gastrointestinal Tract. In Cowell and Tyler's Diagnostic Cytology and Hematology of the Dog and Cat. 4th ed. Valenciano and Cowell. 2014. 312-340.
[2] Jergens AE, Jones Hostetter S, Andreasen CB. Oral Cavity, Gastrointestinal Tract,and Associated Structures. In Canine and Feline Cytology; A Color Atlas and Interpretation Guide. 3rd ed. Raskin and Meyer. 2016. Elsevier. St. Louis. 220-246.
[3] Selting KA. Intestinal Tumors. In Small Animal Clinical Oncology, 5th ed. Withrow and MacEwen. 2013. Elsevier. St. Louis. 412-431.
[4] Uzal FA, Plattner BL, Hostetter JM. Alimentary System. In Jubb, Kennedy, and Palmer's Pathology of Domestic Animals. Vol 2. 6th ed. M. Grant Maxie, Editor. Elsevier. St Louis. 2016. 1-258.

嗜酸性粒细胞性肠炎

淋巴浆细胞性肠炎

[1] Jergens AE. Inflammatory Bowel Disease. In Blackwell's Five-Minute Veterinary Consult: Canine and Feline. 5th ed. Tilley LP and Smith FWK, Jr. 2011. John Wiley & Sons, Inc. West Sussex, UK. 700-701.

道恶性淋巴瘤

[1] Coyle KA, Steinberg H. Characterization of Lymphocytes in Canine Gastrointestinal Lymphoma. Vet Path 2004; 41:141-146.

胃肠腺癌

[1] Garrett LD. Adenocarcinoma, Stomach, Small and Large Intestine, Rectal. In Blackwell's Five-Minute Veterinary Consult: Canine and Feline. 5th ed. Tilley LP and Smith FWK, Jr. 2011. John Wiley & Sons, Inc. West Sussex, UK. 32.

胃肠道梭形细胞肿瘤

[1] Garrett LD. Leiomyoma, Stomach, Small and Large Intestine. In Blackwell's Five-Minute Veterinary Consult: Canine and Feline. 5th ed. Tilley LP and Smith FWK, Jr. 2011. John Wiley & Sons, Inc. West Sussex, UK. 741.
[2] Garrett LD. Leiomyosarcoma, Stomach, Small and Large Intestine. In Blackwell's Five-Minute Veterinary Consult: Canine and Feline. 5thed. Tilley LP and Smith FWK, Jr. 2011. John Wiley & Sons, Inc. West Sussex, UK. 742.

肾脏和膀胱肿物

[1] Borjesson DL, DeJong K. Urinary Tract. In Canine and Feline Cytology; A Color Atlas and Interpretation Guide. 3rd ed. Raskin and Meyer. 2016. Elsevier. St. Louis. 284-294.
[2] Cianciolo RE, Mohr FC. Urinary System. In Jubb, Kennedy, and Palmer's Pathology of Domestic Animals. Vol 2. 6th ed. M. Grant Maxie, Editor. Elsevier. St Louis. 2016. 376-464.
[3] Ewing PJ, Meinkoth JH, Cowell RL, Tyler RD. The Kidneys. In Cowell and Tyler's Diagnostic Cytology and Hematology of the Dog and Cat. 4th ed. Valenciano and Cowell. 2014. 387-401.

提示猫传染性腹膜炎的化脓性肉芽肿炎症

[1] Scott FW. Feline Infectious Peritonitis. In Blackwell's Five-Minute Veterinary Consult: Canine and Feline. 5th ed. Tilley LP and Smith FWK, Jr. 2011. John Wiley & Sons, Inc. West Sussex, UK. 468-469.

肾癌

[1] Chun R. Adenocarcinoma, Renal. In Blackwell's Five-Minute Veterinary Consult: Canine and Feline. 5th ed. Tilley LP and Smith FWK, Jr. 2011. John Wiley & Sons, Inc. West Sussex, UK. 29.

膀胱炎伴发反应性上皮增生

膀胱息肉

[1] Osborne CA, Lulich JP. Polypoid Cystitis. In Blackwell's Five-Minute Veterinary Consult: Canine and Feline. 5th ed. Tilley LP and Smith FWK, Jr. 2011. John Wiley & Sons, Inc. West Sussex, UK. 1028-1029.

移行细胞癌

[1] Chun R. Transitional Cell Carcinoma. In Blackwell's Five-Minute Veterinary Consult: Canine and Feline. 5th ed. Tilley LP and Smith FWK, Jr. 2011. John Wiley & Sons, Inc. West Sussex, UK. 1247-1248.

[2] Knapp DW, McMillan SK. Tumors of the Urinary System. In Small Animal Clinical Oncology, 5th ed. Withrow and MacEwen. 2013. Elsevier. St. Louis. 572-582.

脾肿大和脾脏肿物

[1] Raskin RE. Hemolymphatic System. In Canine and Feline Cytology; A Color Atlas and Interpretation Guide. 3rd ed. Raskin and Meyer. 2016. Elsevier. St. Louis. 91-137.

[2] MacWilliams PS, McManus PM. The Spleen. In Cowell and Tyler's Diagnostic Cytology and Hematology of the Dog and Cat. 4th ed. Valenciano and Cowell. 2014. 372-386.

[3] Valli VEO, Kiupel M, Bienzle D. Hematopoietic System. In Jubb, Kennedy and Palmer's Pathology of Domestic Animals. Vol 3. 6th ed. M. Grant Maxie, Editor. Elsevier. St Louis. 2016. 102-268.

髓外造血

[1] Balkman CE. Splenomegaly. In Blackwell's Five-Minute Veterinary Consult: Canine and Feline. 5th ed. Tilley LP and Smith FWK, Jr. 2011. John Wiley & Sons, Inc. West Sussex, UK. 1179-1180.

淋巴细胞结节状增生

[1] Spangler WL, Kass PH. Pathologic and prognostic characteristics of splenomegaly in dogs due to fibrohistiocytic nodules: 98 cases. Vet Path 1998; 35:488-498.

MCT

[1] London CA, Thamm DH. Mast Cell Tumors. In Small Animal Clinical Oncology, 5th ed. Withrow and MacEwen. 2013. Elsevier. St. Louis. 335-355.

脾扭转

[1] Rozanski EA. Splenic Torsion. In Blackwell's Five-Minute Veterinary Consult: Canine and Feline. 5th ed. Tilley LP and Smith FWK, Jr. 2011. John Wiley & Sons, Inc. West Sussex, UK. 1178.

脾血管肉瘤

[1] Clifford C. Hemangiosarcoma, Spleen and Liver. In Blackwell's Five-Minute Veterinary Consult: Canine and Feline. 5th ed. Tilley LP and Smith FWK, Jr. 2011. John Wiley & Sons, Inc. West Sussex, UK. 545-546.

[2] Thamm DH. Hemangiosarcoma. In Small Animal Clinical Oncology, 5th ed. Withrow and MacEwen. 2013. Elsevier. St. Louis. 679-688.

第8章 样品处理

若一个样品由于采集或处理不当导致结果不可用，这是十分遗憾的。本章为如何获得最佳的细胞学或者活检标本结果提供了一些建议。

细胞学标本

细胞学标本可以通过在病变处压片或者吸一滴液体在载玻片上，然后用另外一个载玻片轻轻覆盖的方式获得。样品采集和涂片制作的方法在很多细胞学检查的书中都有详细的描述。图 8.1—图 8.3 的标本是由一个商业化的实验室制作，可见好的制备技术可以得到厚薄均匀、不延伸到玻片边缘的细胞涂片（图 8.1）。该涂片是通过将两个载玻片的平面合在一起，轻轻滑动得到的。需要注意的是，滑动的速度要迅速，否则玻片之间的样品层可能会散开，并随着细胞破裂而变薄。如果两个玻片合在一起干燥，那么样品中的蛋白就会变得像胶水一样，使得玻片不易分开，进而导致无法染色。除非涂片已经在医院贴好标签，否则一定要使用带磨砂面的载玻片制作细胞涂片，以便使用铅笔或者不易洗掉的记号笔在磨砂处做标记。只有金刚石蚀刻能够永久标记光滑的玻片，其他的标记方法在染色过程中会被酒精洗脱掉，导致标记难以辨认（图 8.2）。涂片时如果样品过多，细胞相互堆积导致染料不能通过较厚的区域，以至于能够观察到细胞细节的区域很少（图 8.3）；而具有诊断意义的细胞可能处于玻片边缘不利于显微镜观察，或者部分样品被标签所覆盖。从法医学的角度来说，如果一个涂片没有临床医生的确认信息（至少是一个患病动物名字），那么不能确保这个涂片是正确的。另外，只是在玻片的盒子上标记，而未在每个玻片上标记也是不够的，因为可能会将玻片从盒子里拿出并错误标记。

如果将细胞学涂片用于瑞氏 – 吉姆萨染色，首先应使用甲醇固定，否则冷藏时玻片表面的水分冷凝，导致细胞破裂（图 8.4）。没有经过固定的涂片不能和活检样品放在同一个盒子里送至实验室，因为福尔马林蒸气会导致细胞在进行瑞氏 – 吉姆萨染色时不宜着色（图 8.5），提前用甲醇固定则不会出现这种情况。固定液应经常更换，因为废旧的固定液可能会导致固定时出现瑕疵，如细胞脱落、不宜着色、胞浆内出现气泡等，在染色过程中还会导致肥大细胞颗粒洗脱等情况。

细胞学上最常用的是改良的瑞氏 – 吉姆萨染色（也叫快速浸染）（图 8.6），该方法可以对细胞、细菌、真菌、寄生虫以及其他的物质着色，但是不能染色晶体物质或者分枝杆菌。

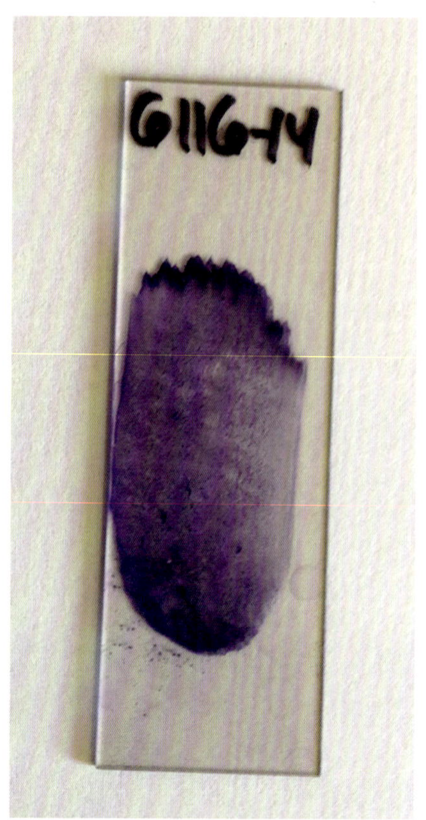

图8.1　制作完好的细胞学玻片（瑞氏-吉姆萨染色）

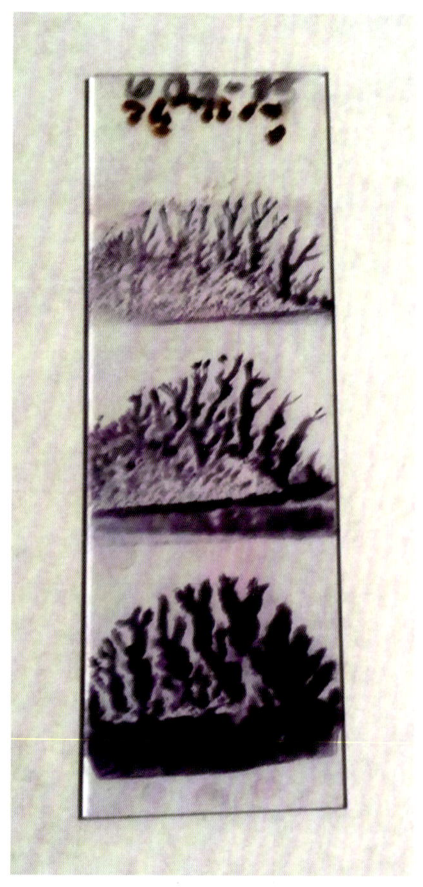

图8.2　非磨砂面处的标记易导致难以识别（瑞氏-吉姆萨染色）

图8.3　制作质量较差的细胞玻片（瑞氏-吉姆萨染色）

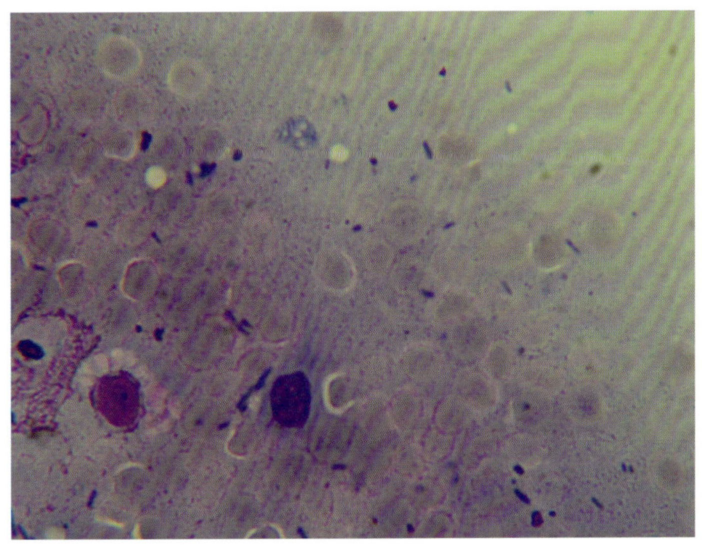

图8.4　40倍镜下所示破裂的细胞，由未固定玻片表面的水分所致（瑞氏-吉姆萨染色）

染色液不足时，玻片可能出现伪影，从而不利于精确的细胞学评估；通常嗜碱性成分不易透过细胞核，因此核的变化不易诊断。染色不充分时，玻片可能出现脱色现象，而染色过度时，染料过于集中也不利于准确评估；染色质量好的玻片可以清楚地区分细胞质和细胞核，边缘清晰，对比度好，有时可能通过肉眼就可以区分出玻片染色的质量。在同一个批次的 8 个玻片中，其中 4 个（图 8.7）可以看到深蓝色处（长箭状指针），是典型的染色质量较好的表现，细胞的形态以及胞浆和胞核都可以明显区分（图 8.8）；另外 4 个呈浅粉色、有蓝色斑点（短箭状指针）的涂片是典型的染色不足表现，这种情况下胞质和胞核均不能很好地区分（图 8.9）。

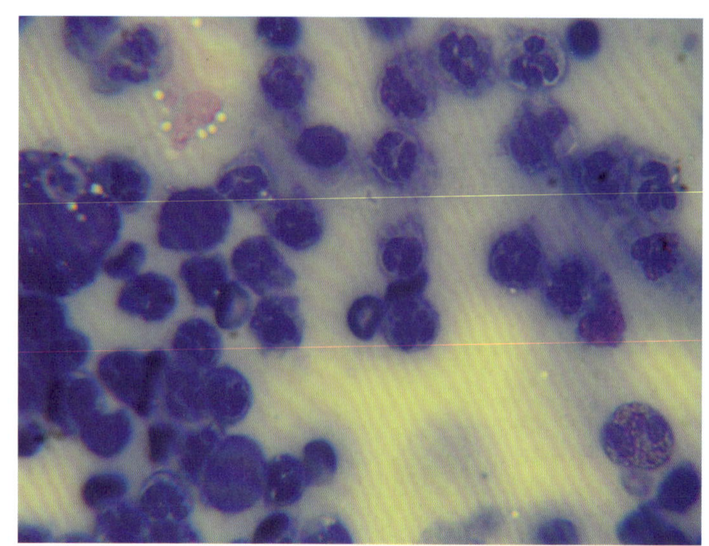

图8.5 玻片在固定前暴露于福尔马林蒸气致不易着色（瑞氏-吉姆萨染色）

图8.6 改良的瑞氏-吉姆萨染色装置

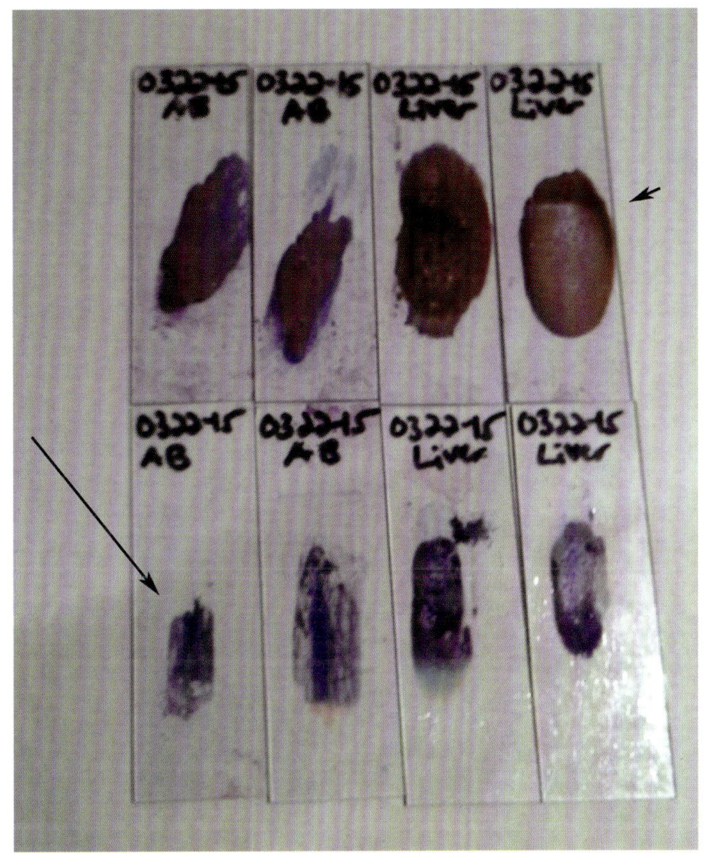

图8.7 肉眼观察染色良好（深蓝色）和染色不良（棕色）的玻片（瑞氏-吉姆萨染色）

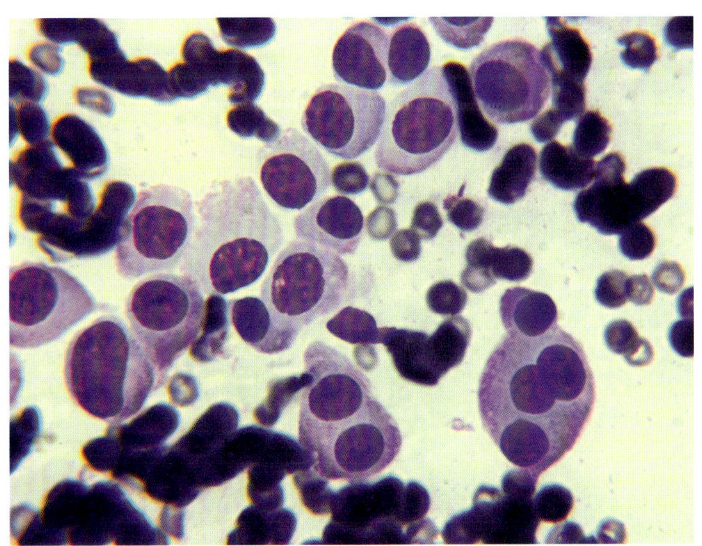

图8.8 染色良好的细胞玻片（40×；瑞氏-吉姆萨染色）

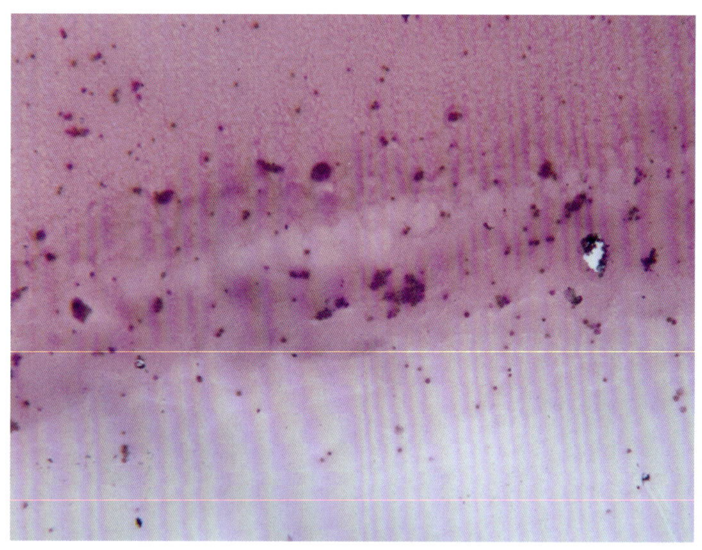

图8.9 染色不充分的细胞玻片（40×；瑞氏–吉姆萨染色）

因此，通过肉眼鉴别出染色不充分的玻片后，可以继续延长染色时间，一旦盖上盖玻片或者浸油后都不能进一步染色。

新亚甲蓝染色时需要注意，该方式只在染色后几个小时内有效，因为用密封剂保存时，随着时间的推移，细胞会发生降解（图 8.10，图 8.11）。如果在医院采用新亚甲蓝染色作初步诊断，应预留一些样本或提前制做玻片，一旦进行染色则不能再做瑞氏 – 吉姆萨染色。

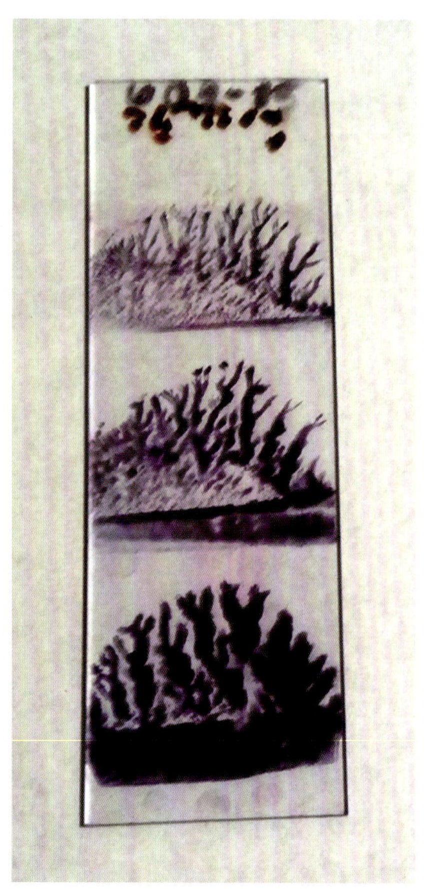

图8.10 新亚甲蓝染色

超声用的凝胶和润滑剂在染色时会呈现深紫到洋红色，在收集样品时应牢记这点（图 8.12），因为这些试剂可能在使用针头或者导管时带到样品里，较大的团块会掩盖细菌或者细胞。

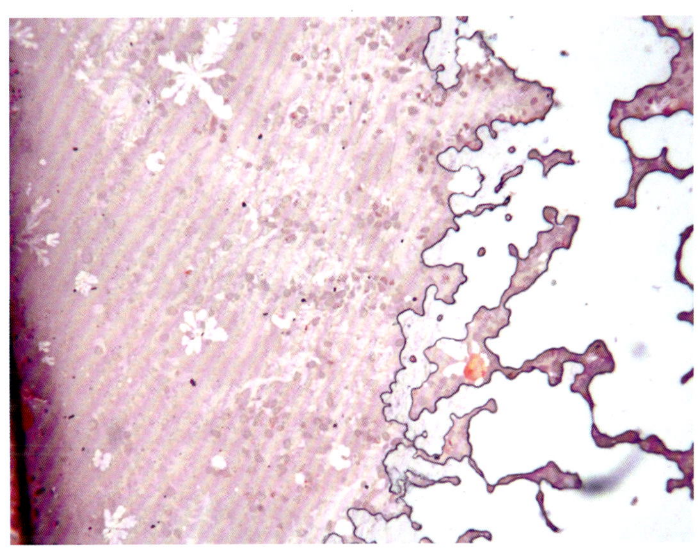

图8.11 新亚甲蓝染色久置后高倍镜评估

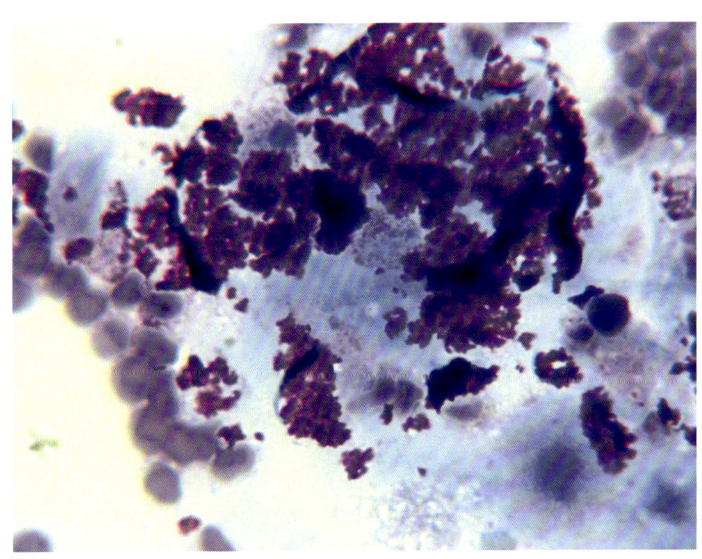

图8.12 细胞学检查时超声用的凝胶染色情况（瑞氏-吉姆萨染色）

活检标本

活检标本可显示最佳的细胞细节，需要注意的是，标本在收集后应及时放入 10% 的中性福尔马林溶液中，体外长时间放置会使细胞发生自溶，进而失去原有的完整性。

活检所用的容器最好是带螺纹的塑料宽颈瓶（图 8.13），而不是玻璃、窄颈罐（图 8.14，图 8.15 和图 8.16）或塑料的食品容器（图 8.17）。若使用窄口瓶，较大样品必须用力挤压到其中，而一旦固定后很难取出，除非把样品切成小块，但这样会破坏其边缘结构；或者打破瓶子取出（图 8.15）。不建议使用胶带固定盖子，因为胶带一般不能防水，会导致渗漏，并且使用胶带后不易取下盖子。运输过程中发生泄露常见的一个原因是盖子螺纹没有正确螺好以致密封不严，往往使得福尔马林溶液流到袋子或吸水材料中，有时会导致较小的样品丢失，比如 FNA 或者内镜活检样品。

图8.13 适用于组织学检查送检的容器

图8.14 不适合用于组织学送检的容器，包括玻璃瓶和窄颈塑料瓶

图8.15 破碎的玻璃瓶

图8.16　一个大的睾丸样品置于窄颈瓶上

图8.17　一个大的脾脏样品置于食品容器中寄送到实验室。这不是一个防渗漏的容器，注意容器中残留的福尔马林溶液很少

如果样品过大不能放置到广口瓶中，可以用密封性能好的密封袋包装，外面包裹吸水材料后再放入更大的密封袋中，之后置于硬的运输盒内，这样可以保护样品并防止福尔马林溶液渗露。运输过程中如出现福尔马林溶液渗漏，一般可认定为生物危害，运输者可以按照危险废物处置，而处置

的费用由托运人承担（图 8.18）。如果样品运输距离长，通过商业公司运输时最好先用 10% 的福尔马林溶液固定后，倒去多余的液体再运输（图 8.19）。

图8.18 为图8.17中样品的外箱，由于发生渗漏无法邮寄

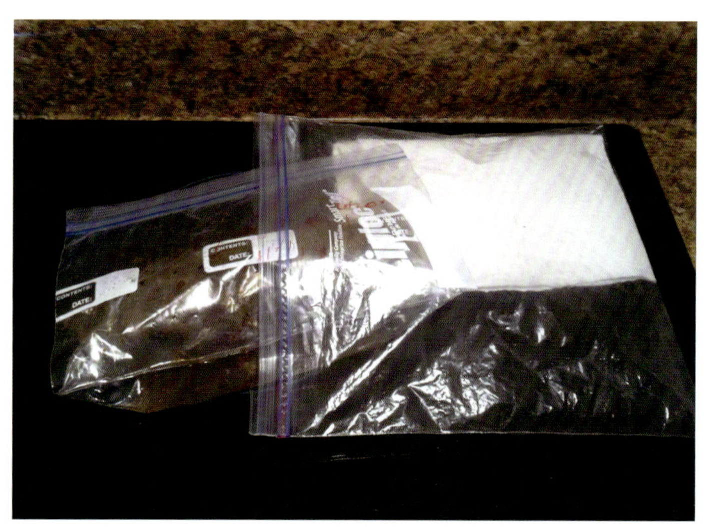

图8.19 较大的样品可以放置在合适的密封袋中

对于可以放入 60mL 活检瓶中的小样品，通常按照标准的活检程序进行即可。当运输用福尔马林溶液固定的样品时应提前与托运人联系，确定可以允许的福尔马林溶液最大量、外包装的类型以及标签说明等信息。10% 的福尔马林溶液少于一定量时（通常为 35mL），只要包装得当，一般不认为具有生物危害。大多数的操作要求将样品放入螺纹盖的塑料瓶中，外层包裹防水材料，之后再用密封袋封闭后放到坚硬的盒子中（图 8.20），有的会要求在外层再加一层塑料袋。

根据实验室的要求，在第二层袋子外面再加一层，可以防止福尔马林溶液渗漏造成浸泡，样品应标记为“待诊断样品”并提供返回地址。违反《联邦危险品运输法》的，可以处置 250–27 500 美元的罚款，而且作为责任方的托运人，此后禁止运输。

较小的样品应在固定后再修块或切割，以防止组织碎裂（图 8.21）；诸如脾脏之类的大肿块可以先切成小块，并且在容器上标记切下的位置。对于皮肤肿物，在固定时可以在皮肤表面做一切口以便固定液进入内部，但如果切口较深的话应倍加小心，因为任何的撕裂或者破碎都可能影响到周围的正常组织。另外，如果切口较深，组织在固定期间收缩，导致肿瘤凸向表层，这样会造成肿瘤侵袭到浅层的假象。因此在固定前做切口一定要尽量避免触及到肿瘤边缘。

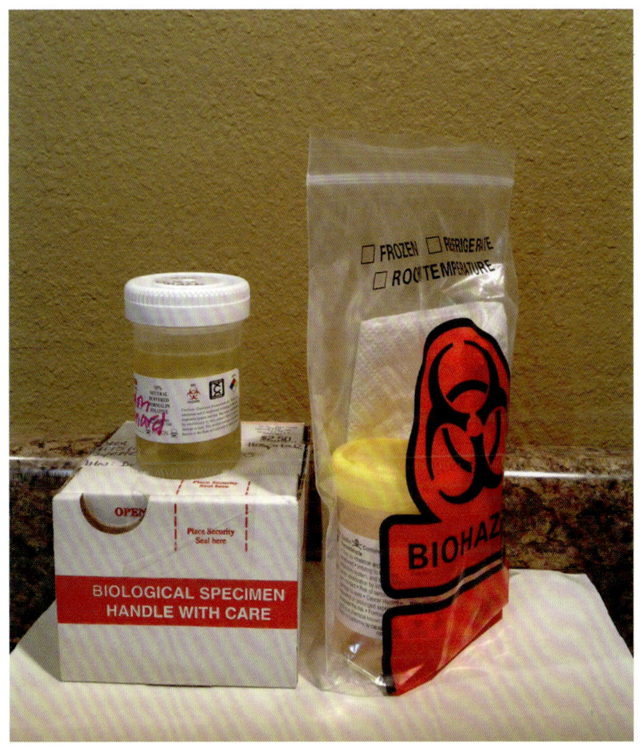

图8.20　理想的做法是将组织样品放入螺纹盖的塑料瓶中，然后放入有吸水材料的袋子，纸质说明放到外层的袋子，最后放到坚硬的箱子里

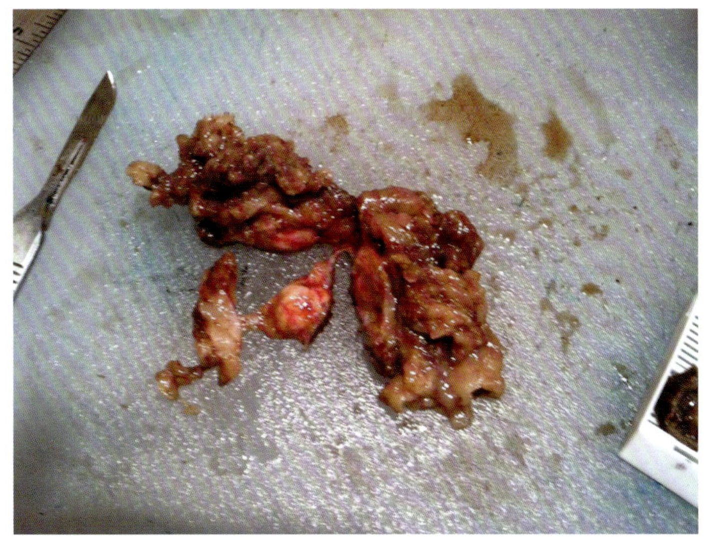

图8.21　切割未固定的组织时会导致最终碎裂

如果需要评估肿瘤的边缘部位，可以使用缝线或者墨水对相应的位置进行标记，涉及到多处位置的可以分别采用不同的缝线或者不同颜色的墨水标记。肿物的边缘外观、大小和数量等需要详细记录在病历中。如果肿物是从多个小的组织中切除，且要求记录所有组织边缘时，手术切除的位置需要在每个组织上标记。

需要注意的是，送检样品同时应附带详细的表格描述，如果表格没有记录姓名、种类、品种、性别、病变描述以及简要的病史等信息，可能会丢失有价值的诊断信息。切片一旦完成，应及时进行标记，所有的容器（包括盖子）都应用不易洗掉的墨水标记患病动物和医生或者医院名称。

组织学处理、切片制作及常规染色

接下来是对活检组织制作切片的过程的概述。新鲜或固定不良的组织必须在 10% 的中性福尔马林溶液中进行固定，这可能需要 1d 甚至更长时间。不推荐使用纯的福尔马林溶液，因为它是一种很强的呼吸系统刺激物，另外还会导致组织固定时出现瑕疵。固定不及时会使组织发生自溶，导致观察时出现伪影。

将盛放组织的容器进行编号以便对应各自的信息，然后对样品进行大体检查、简单描述并进行测量。如果怀疑恶性肿物，可用墨水涂染标记；如果有多个组织需要区分，可以使用不同颜色的墨水标记；含钙的组织在处理前先进行脱钙处理。然后，技术员或者病理学家会切下小部分有代表性的组织放入对应的塑料盒中。之后组织在自动脱水机中进行脱水、清除脱水剂、液体石蜡浸润等步骤，通常需要 9–12h。随后，技术员手工将组织块包埋到融化的石蜡中，并在石蜡凝固前摆正位置。石蜡凝固后，技术员将蜡块放到切片机上切片，在温水浴中展片后轻轻放到载玻片上，然后在烤箱中干燥 5min，使组织黏附到载玻片上，干燥后的组织需进行脱蜡以进行后续的 H&E 染色。染色后的组织盖上盖玻片并进行标记和质量检查，如果组织出现皱褶、撕裂或者显示部位不全，则需要重新制作。

病理学家接收到切片和相应的病例信息后开始出具报告。病例切片制作过程繁多，很多步骤都有可能出现延迟，但很少有步骤可以缩短时间或者忽略。

活检组织一般采用 H&E 染色，该方法对细胞染色效果很好，但对于细菌、真菌、寄生虫以及低分化肿瘤胞质中的颗粒染色往往不足，例如恶性程度高的肥大细胞瘤胞质内颗粒。因此有时需要特殊染色方法来鉴定病原或者肿瘤标记物，比如细菌的革兰染色，抗酸菌的 Ziehl-Neelsen 和 Fite 抗酸染色（图 8.22，图 8.23），真菌的 PAS 染色，真菌、腐生菌、链壶菌的 Gomori Methenamine Silver 染色，以及针对肥大细胞颗粒的吉姆萨和甲苯胺蓝染色（图 8.24，图 8.25）。

有的经福尔马林溶液固定、石蜡包埋制作的切片可以用于免疫组化染色，兽医中常用的是 CD79a（图 8.26，图 8.27）和 CD20 抗体（取决于现有的试剂），这两种试剂都可以鉴别犬猫恶性淋巴瘤的 B 淋巴细胞，而 T 淋巴细胞只能用 CD3 抗体鉴别（图 8.28）。同组的切片分别用只含缓冲液（阴性对照）或含有一抗的缓冲液孵育，然后用苏木精复染。犬的梭形细胞瘤可以用 S100 抗体来区分神经纤维肉瘤（阳性）和纤维肉瘤（阴性），但是该试剂用于经福尔马林溶液固定的切片时效果不佳。

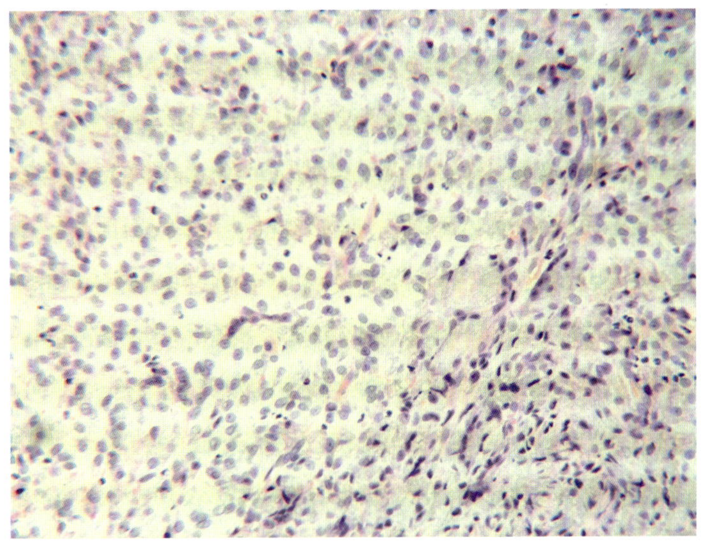

图8.22　成年猫鼻腔肿物活检，显示大量胞质有颗粒的上皮样多核细胞（H&E；40×）

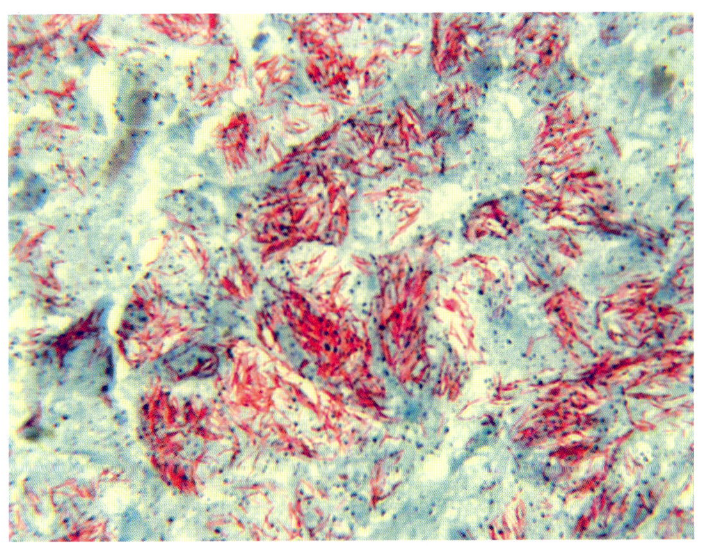

图8.23　抗酸染色显示上皮样细胞内充满细长的抗酸阳性菌，经PCR鉴定为分枝杆菌

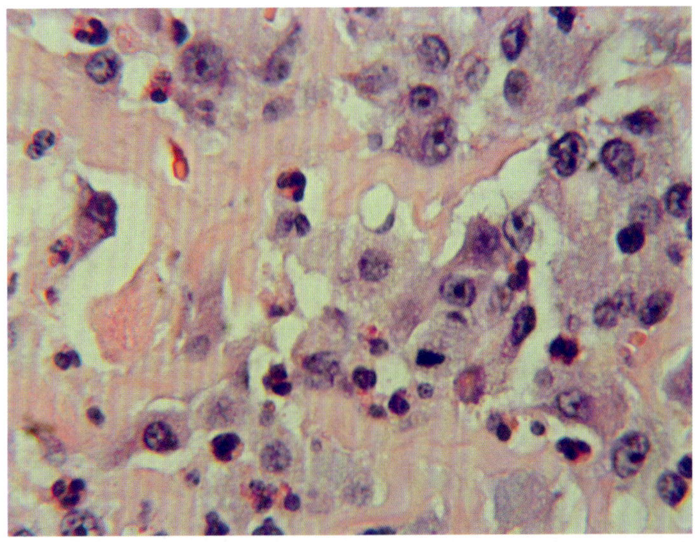

图8.24　肥大细胞瘤有时经H&E染色无明显颗粒

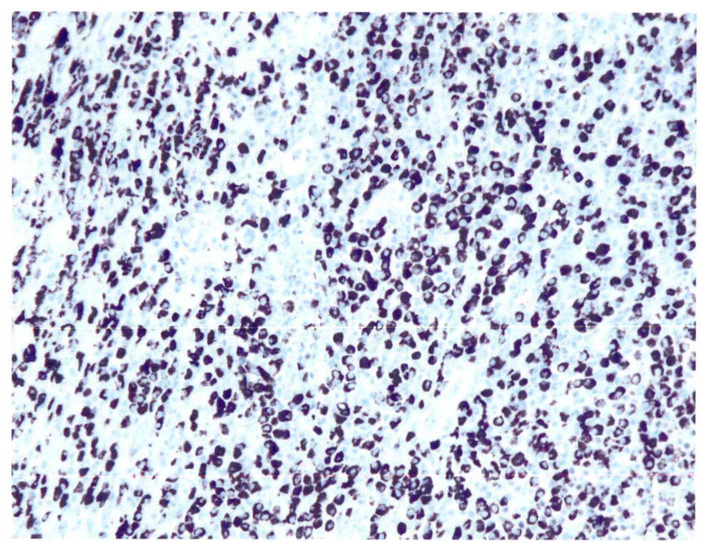

图8.25 甲苯胺蓝或吉姆萨染色显示胞质内的颗粒，可以对疑似肥大细胞瘤确诊；该方法对区分和肥大细胞瘤比较相似的良性组织细胞瘤尤为有用

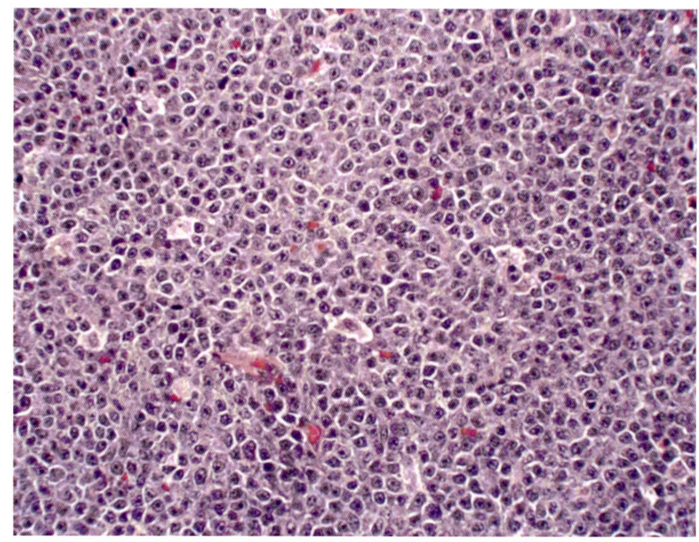

图8.26 恶性淋巴瘤活检（H&E）

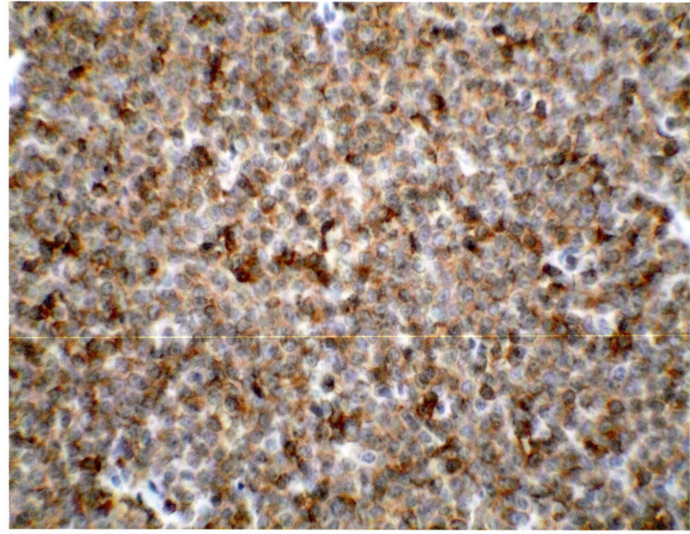

图8.27 恶性淋巴瘤活检，采用免疫组化方法检测CD79a抗原；淋巴细胞呈棕黄色

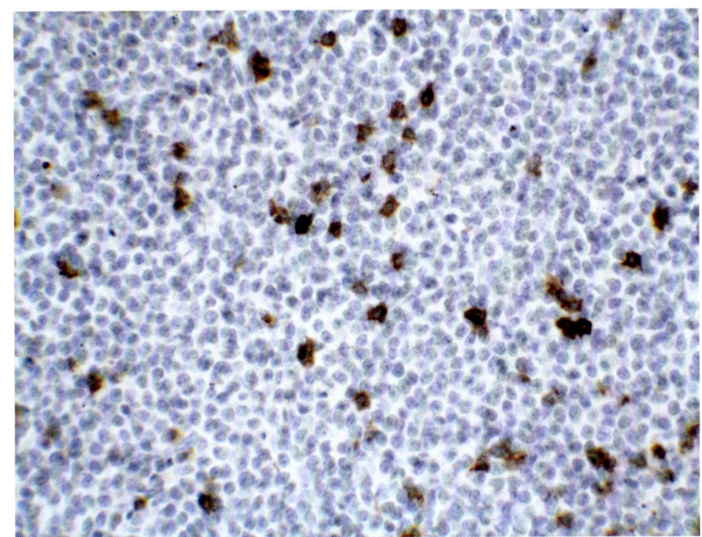

图8.28 恶性淋巴瘤活检，采用免疫组化方法检测CD3抗原；T淋巴细胞呈暗褐色

经福尔马林溶液固定、石蜡包埋的切片也可以用于分子标记物的诊断，例如，犬肥大细胞瘤上常用的关键分子［如 c-KIT、Ki-67 和 Agnor（对核仁组成区的嗜银染色）］，可以对预后做出更准确的判断。

推荐阅读

[1] Avery AC, Olver C, Khanna C, Paoloni M. Molecular Diagnostics. In Small Animal Clinical Oncology, 5th ed. Withrow and MacEwen. 2013. Elsevier. St. Louis. 131-142.

[2] Ramos-Vara JA, Avery PR, Avery AC. Advanced Diagnostic Techniques. In Canine and Feline Cytology; A Color Atlas and Interpretation Guide. 3rd ed. Raskin and Meyer. 2016. Elsevier. St. Louis. 453-494.

细胞学标本

[1] Barger AM. Immunocytochemistry. In Cowell and Tyler's Diagnostic Cytology and Hematology of the Dog and Cat. 4th ed. Valenciano and Cowell. 2014. 532-539.

[2] Corn SC, Chapman SE, Pieczarka EM. Flow Cytometry. In Cowell and Tyler's Diagnostic Cytology and Hematology of the Dog and Cat. 4th ed. Valenciano and Cowell. 2014. 540-549.

[3] Friedrichs KR, Young KM. Diagnostic Cytopathology in Clinical Oncology. In Small Animal Clinical Oncology, 5th ed. Withrow and MacEwen. 2013. Elsevier. St. Louis. 111-130.

[4] Leutenegger CM, Cornwell D. Molecular Methods in Lymphoid Malignancies. In Cowell and Tyler's Diagnostic Cytology and Hematology of the Dog and Cat. 4th ed. Valenciano and Cowell. 2014. 550-553.

[5] Meinkoth JH, Cowell RL, Tyler RD, Morton RJ. Sample Collection and Preparation. In Cowell and Tyler's Diagnostic Cytology and Hematology of the Dog and Cat. 4th ed. Valenciano and Cowell. 2014. 1-19.

[6] Meyer DJ. The Acquisition and Management of Cytology Specimens. In Canine and Feline Cytology; A Color Atlas and Interpretation Guide. 3rd ed. Raskin and Meyer. 2016. Elsevier. St. Louis. 1-15.

活检标本

[1] Ehrhart NP, Withrow SJ. Biopsy Principles. In Small Animal Clinical Oncology, 5th ed. Withrow and MacEwen. 2013. Elsevier. St. Louis. 143-148.

[2] Farese JP, Withrow SJ. Surgical Oncology. In Small Animal Clinical Oncology, 5th ed. Withrow and MacEwen. 2013. Elsevier. St. Louis. 149-156.

英（拉）汉词汇对照表

actinic keratosis 光化性角化病
adenoma 腺瘤
adnexal proliferations 附件增生
anal sac apocrine gland carcinoma 肛门囊顶泌腺癌
anisokaryosis 核大小不均
antigen receptor site rearrangement pcr 抗原受体位点重排聚合酶链式反应
apocrine adenocarcinoma 顶泌腺癌
apocrine adenoma 顶泌腺瘤
apoptosis 细胞凋亡
atypical mammary ductal hyperplasia 非典型乳腺导管增生
aural polyp 耳息肉

B-cell lymphoma B 细胞淋巴瘤
benign 良性
biopsy 活组织检查，活检
body cavity effusions 体腔渗出物
bone 骨
bone invasion 骨侵犯
bone lysis 骨溶解
Bowen's disease (squamous cell carcinoma in situ)
鲍温病（鳞状细胞原位癌）
bronchoalveolar carcinoma 支气管肺泡癌

calcinosis circumscripta 局限性钙质沉着
calcinosis cutis 皮肤钙质沉着
cancer 癌症
carcinoma 癌
cartilage 软骨
ceruminous adenoma 耵聍腺瘤
ceruminous carcinoma 耵聍腺癌
chondrosarcoma 软骨肉瘤
complex mammary adenoma 乳腺复合瘤
conjunctiva 结膜
Cryptoccocus neoformans 新型隐球菌
cystic adnexal proliferations 囊状附件增生
cytologic specimen techniques 细胞学标本技术

ear canal 耳道
ear pinna 耳郭
eosinophilic inflammation 嗜酸性粒细胞炎症
epithelial tumors 上皮性肿瘤
epithelioma 上皮瘤
epitheliotrophic cutaneous T-cell lymphoma 嗜上皮皮肤 T 细胞淋巴瘤
epulis 牙龈瘤
eyelid masses 眼睑肿物

feline 猫
fibroadnexal hamartoma 纤维附件错构瘤
fibroadnexal hyperplasia 纤维附件增生
Fibropapilloma 纤维乳头状瘤
fibrosarcoma see spindle cell tumor 纤维肉瘤，见梭形细胞瘤
fine needle aspirate (FNA) 细针抽吸
follicular cyst 滤泡囊肿，卵泡囊肿
fungal granuloma

Giemsa stain 吉姆萨染色
gingival masses 牙龈肿物
granulation tissue 肉芽组织

heart 心脏
hemangioma 血管瘤
hemangiopericytoma see spindle cell tumor 血管外皮细胞瘤 见梭形细胞瘤
hemangiosarcoma 血管肉瘤
hematoxalin and eosin (H&E) stain 苏木精伊红染色，H&E 染色
hemorrhage, acute 急性出血
hemorrhage, chronic 慢性出血
histiocytic proliferations 组织细胞增生
Hypercalcemia 高钙血症
Hyperplasia 增生

immunohistochemistry 免疫组化
infiltrative lipoma 浸润性脂肪瘤
Inflammation 炎症
infundibular keratinizing acanthoma 毛囊漏斗部角化棘皮瘤
intestinal masses 肠道肿物
Invasion 侵犯

kidney 肾
KIT gene KIT 基因

lick granuloma 嗜舔性肉芽肿
Lipoma 脂肪瘤
Liposarcoma 脂肪肉瘤
Liver 肝
lung 肺
lymph node 淋巴结
lymphoma 淋巴瘤
lymphoplasmacellular stomatitis 淋巴浆细胞口炎

malignant 恶性
malignant transformation 恶（性）变，恶性转化
mammary 乳腺的
mast cell tumor 肥大细胞瘤
mediastinal masses 纵隔肿瘤
meibomian gland adenoma 睑板腺瘤
melanoma 黑色素瘤
mesenchymal tumors see Sarcoma metastasis 间质肿瘤，见肉瘤转移
mitotic figures 有丝分裂象
mitotic index 有丝分裂指数
mitotic rate 有丝分裂率
mixed mammary tumor 乳腺混合瘤
mouth lesions 口腔病变
mucocutaneous lymphosarcoma 黏膜皮肤